Kohlhammer

Stephan Vogt/Alexander Wellisch

Grundlagen des vorbeugenden Brandschutzes für Führungskräfte

Verlag W. Kohlhammer

Dieses Werk einschließlich aller seiner Teile ist urheberrechtlich geschützt. Jede Verwendung außerhalb der engen Grenzen des Urheberrechts ist ohne Zustimmung des Verlags unzulässig und strafbar. Das gilt insbesondere für Vervielfältigungen, Übersetzungen, Mikroverfilmungen und für die Einspeicherung und Verarbeitung in elektronischen Systemen.

Die Wiedergabe von Warenbezeichnungen, Handelsnamen und sonstigen Kennzeichen in diesem Buch berechtigt nicht zu der Annahme, dass diese von jedermann frei benutzt werden dürfen. Vielmehr kann es sich auch dann um eingetragene Warenzeichen oder sonstige geschützte Kennzeichen handeln, wenn sie nicht eigens als solche gekennzeichnet sind.

Die Bilder stammen – soweit nicht anders angegeben – von den Autoren.
Umschlagbild: Alexander Wellisch

1. Auflage 2025

Alle Rechte vorbehalten
© W. Kohlhammer GmbH, Stuttgart
Gesamtherstellung:
W. Kohlhammer GmbH, Heßbrühlstr. 69, 70565 Stuttgart
produktsicherheit@kohlhammer.de

Print:
ISBN 978-3-17-039073-7

E-Book-Formate:
pdf: ISBN 978-3-17-039075-1
epub: ISBN 978-3-17-039076-8

Für den Inhalt abgedruckter oder verlinkter Websites ist ausschließlich der jeweilige Betreiber verantwortlich. Die W. Kohlhammer GmbH hat keinen Einfluss auf die verknüpften Seiten und übernimmt hierfür keinerlei Haftung.

Inhaltsverzeichnis

	Was ist der Sinn dieses Buches?	9
	Vorwort	12
	Einleitung	13
1	**Die Einsatzziele**	**18**
2	**Die sichere Rettung von Menschen und Tieren**	**24**
2.1	Die Rettungswegsystematik	24
2.2	Der erste und zweite Rettungsweg	26
2.3	Der notwendige Flur	35
2.4	Weitere bauliche und technische Brandschutzeinrichtungen	38
2.4.1	Rauchwarnmelder	38
2.4.2	Automatische Brandmeldeanlage	39
2.4.3	Dicht- und selbstschließende Türen	40
2.4.4	Unterteilung eines notwendigen Flurs in Rauchabschnitte	41
2.4.5	Die Besonderheiten in der »gelebten Praxis« von Rauchschutztüren	47
2.5	Der notwendige Treppenraum	50
2.5.1	Allgemeine Anforderungen an den notwendigen Treppenraum	51
2.5.2	Innen- und außenliegende notwendige Treppenräume	60
2.5.3	Der Sicherheitstreppenraum	64
3	**Taktische Schlussfolgerungen aus den Vorgaben des vorbeugenden Brandschutzes**	**70**
3.1	Länge der Angriffsleitung	70
3.2	Der verrauchte Treppenraum	72
3.3	Die Leitern der Feuerwehr als zweiter Rettungsweg	76
3.4	Fazit und Ausblick	82
4	**Die Verhinderung der Ausbreitung von Feuer und Rauch**	**84**
4.1	Die Gebäudeklassen	85
4.1.1	Gebäudeklasse 1	88
4.1.2	Gebäudeklasse 2	91

Inhaltsverzeichnis

4.1.3	Gebäudeklasse 3	93
4.1.4	Gebäudeklasse 4	99
4.1.5	Gebäudeklasse 5	100
4.1.6	Zusammenfassung der Gebäudeklassen	103
4.2	Brandwände	105
4.2.1	Brandwände als Gebäudeabschlusswand	106
4.2.2	Innere Brandwände	107
4.3	Türen	117
4.4	Abstände zu anderen Gebäuden	118
4.5	Bedachung	121
4.6	Außenwände	125

5 Taktische Schlussfolgerungen aus den Rahmenbedingungen des vorbeugenden Brandschutzes zur »Verteidigung« **129**

5.1	Angriffswege und Verteidigungslinien	129
5.2	Einsatzszenario: Brand in einem großen Verwaltungsgebäude	130
5.2.1	Option 1: Zugang über den Treppenraum an der Gebäudevorderseite rechts	132
5.2.2	Option 2: Zugang über den Treppenraum an der Gebäudevorderseite links	133
5.2.3	Option 3: Zugang über den Treppenraum an der Gebäuderückseite	134
5.2.4	Option 4: Zugang über die Drehleiter	135
5.2.5	Taktische Konsequenzen zur Wahl des Angriffsweges	136
5.2.6	Mögliche Verteidigungslinien	137
5.3	Fazit	145

6 Ermöglichung wirksamer Löschmaßnahmen **146**

6.1	Brandbekämpfung in kleinen und mittleren Wohn- und Verwaltungsgebäuden	146
6.2	Brandbekämpfung in größeren, komplexeren Gebäuden	149
6.2.1	Brandmeldeanlagen	152
6.2.2	Wandhydranten und Steigleitungen	161

Inhaltsverzeichnis

7 Taktische Schlussfolgerungen aus »Ermöglichung wirksamer Löschmaßnahmen« **167**
- 7.1 Einsatzstichwort »Ausgelöste Brandmeldeanlage« 167
- 7.1.1 Auswertung der aus der Brandmeldeanlage zu gewinnenden Informationen 169
- 7.1.2 Zusammenfassung der Lage 176
- 7.1.3 Vorteile des Feuerwehrplans in der taktischen Planung 182
- 7.2 Einsatz von Wandhydranten 182

8 Muster-Beherbergungsstättenverordnung **187**
- 8.1 Sonderbauvorschriften als Erweiterung der Musterbauordnung 187
- 8.2 Beherbergungsstätten als Herausforderung für die Feuerwehr .. 188
- 8.2.1 Begriffe 189
- 8.2.2 Problemaufriss: In Sicherheit bringen in Beherbergungsstätten .. 190
- 8.2.3 Problemaufriss: Verteidigung in Beherbergungsstätten 194

9 Taktische Schlussfolgerungen aus der Muster-Beherbergungsstättenverordnung **199**
- 9.1 Das Szenario 199
- 9.1.1 Szenario 1: Eine Pension mit zwölf Betten, die nicht unter die Muster-Beherbergungsstättenverordnung fällt 200
- 9.1.2 Szenario 2: Ein Hotel mit bis zu 60 Gastbetten 206
- 9.1.3 Szenario 3: Ein Hotel mit mehr als 60 Gastbetten 211
- 9.2 Fazit 220

Fazit/Ausblick **224**

Quellen- und Vorschriftenverzeichnis **226**
- Quellen 226
- Vorschriften 226

Was ist der Sinn dieses Buches?

Du kennst sicher den Spruch: »Eine Kette ist nur so stark wie ihr schwächstes Glied.« Gemeinhin wird er herangezogen, um zu beschreiben, dass sich die maximale Leistungsfähigkeit einer Gruppe an den Fähigkeiten des schwächsten Gruppenmitglieds orientiert. Aber es muss bei der Interpretation dieses Satzes gar nicht um Personen und deren Leistung innerhalb einer Gruppe gehen. Man kann diesen Satz auch so verstehen, dass die maximale Gesamtleistung einer Person bestimmt wird durch ihre am schwächsten ausgeprägte Fähigkeit. Das taktische Können einer Führungskraft ergibt sich daher u. a. aus ihrem Geschick beim Erkunden, Planen von Einsatzmaßnahmen und Befehligen von Einheiten, aber eben auch aus Kommunikationstaktik, ihrer Fähigkeit den baulichen und technischen Brandschutz in die Einsatzmaßnahmen einzubinden und vielen anderen Facetten des Feuerwehrhandwerks.

Leider begrenzen viele Führungskräfte ihren Begriff von Taktik auf die Anwendung des Führungsvorgangs, was in der Tat ein sehr wichtiger, aber nicht der einzige zu betrachtende Bestandteil einer professionellen Feuerwehrtaktik ist. Der Führungsvorgang ist quasi der »Grundkurs Feuerwehrtaktik«, ohne den alle anderen Bereiche sinnlos sind. Doch sollte es das Bestreben jeder Führungskraft sein, sich nach erfolgreichem Aneignen des Wissens aus dem Grundkurs auch den »Aufbaukurs Feuerwehrtaktik« anzuschauen. Darunter fällt unter anderem das Wissen über den Vorbeugenden Brandschutz: Denn wenn Du eine grundsätzliche Vorstellung davon hast, welche baulichen und technischen Brandschutzmaßnahmen ein Gebäude mitbringt, kannst Du diese gezielt in Deine einsatztaktischen Maßnahmen einbinden und damit ein wesentlich besseres Ergebnis in Bezug auf den Einsatzerfolg erreichen. Und genau dazu dient dieses Buch! Es soll Dir Schritt für Schritt erläutern, welche Brandschutzmaßnahmen im Baurecht vorgesehen sind und wie Du diese im Einsatz zu Deinen Gunsten nutzen kannst.

Um das Zusammenspiel von Taktik und Vorbeugendem Brandschutz stärker herauszuarbeiten, werden die im Bauordnungsrecht festgelegten baulichen und anlagentechnischen Brandschutzmaßnahmen in drei Kapitel aufgeteilt: Maßnahmen, die ein »In-Sicherheit-bringen« der Gebäudenutzer ermöglichen, Maßnahmen, die der »Verteidigung« gegen die Brandausbreitung dienen und solche Maßnahmen, die uns als Feuerwehr im »Angriff« unterstützen. Wahrscheinlich hast Du schnell bemerkt, dass es sich dabei um die Grundtaktiken der Feuerwehr (mit Ausnahme des »Rückzugs«, der im Baurecht keinen Sinn ergibt) handelt, in die sich alle einsatz-

Was ist der Sinn dieses Buches?

taktischen Maßnahmen zur Brandbekämpfung einteilen lassen. Nach jedem dieser drei Kapitel folgt jeweils ein Kapitel, in dem die einsatztaktischen Konsequenzen der erläuterten bauordnungsrechtlichen Regelungen betrachtet werden. Abgerundet wird das Buch durch zwei Kapitel zu Beherbergungsstätten, in denen ebenfalls sowohl die rechtlichen Vorgaben als auch die daraus folgenden taktischen Konsequenzen erörtert werden. Du merkst vielleicht jetzt schon, dass die Ausrichtung dieses Buches sehr stark einsatztaktisch geprägt ist.

Daher solltest Du Dir auch stets bewusst sein, dass die bauordnungsrechtlichen Regelungen an vielen Stellen sehr vereinfacht dargestellt werden. Zugunsten der Verständlichkeit nehmen wir manche fachliche Unschärfe in Kauf – denn der Umfang und die Tiefe an baurechtlichen Regelungen im Brandschutz sind enorm! Über die Zeit sind viele positive wie negative Einsatzerfahrungen ausgewertet, in die Bauordnungen aufgenommen und in bauliche und/oder technische Maßnahmen umgesetzt worden. In den Brandschutzdienststellen und Bauaufsichtsbehörden arbeiten hochqualifizierte Spezialisten, die sich über viele Jahre in die Tiefen der bauordnungsrechtlichen Details und technischen Baubestimmungen eingearbeitet haben. Du wirst nur durch das Lesen dieses Buches nicht mit diesem enormen Fachwissen mithalten können – und das ist auch nicht der Anspruch dieses Werkes! Du solltest Dich also auf Grundlage dieses Buches keinesfalls in laufende oder abgeschlossene Baugenehmigungsverfahren der Brandschutzdienststelle einmischen oder einen Bauherrn »fachlich beraten«.

Es ist aber nicht nur die begrenzte fachliche Tiefe dieses Buches, die zur Vorsicht bei der Kommentierung von baulichem Brandschutz in bestehenden oder zu errichtenden Gebäuden mahnt: Denn wir werden in diesem Buch ausschließlich die Muster-Bauordnung und die Muster-Beherbergungsstättenverordnung thematisieren. Dazu muss man wissen, dass das Bauordnungsrecht Sache der Bundesländer ist. Demnach gibt es in Deutschland 16 verschiedene Landesbauordnungen, die sich in Details unterscheiden. Damit aber wenigstens ein gemeinsamer Nenner vorhanden ist und Gebäude in Nordrhein-Westfalen nicht vollkommen anders geplant werden müssen als in Hamburg, verständigen sich die Bauminister der Bundesländer auf die Musterbauordnung – eine künstliche Bauordnung, die zwar nirgendwo gilt, aber einen gemeinsamen »roten Faden« darstellt. Jedes Bundesland kann zwar in Details hier und da von der Musterbauordnung abweichen, aber die grundsätzliche Ausrichtung ist bundesweit dieselbe. Für uns bietet es sich daher an, die Musterbauordnung zu betrachten: Egal aus welchem Bundesland Du kommst, mit Kenntnis der Musterbauordnung hast Du eine gute Vorstellung davon, welche grundsätzlichen Regelungen in Bezug auf den vorbeugenden Brandschutz gelten. Falls Du Dich für ein

Was ist der Sinn dieses Buches?

Thema näher interessierst, solltest Du aber auf jeden Fall in Deine Landesbauordnung schauen, da sie möglicherweise von der Musterbauordnung abweicht.

Zum Schluss dieser Ausführungen solltest Du noch eine Sache beachten: Wir betrachten in diesem Buch stets den im November 2023 aktuellen Stand der Musterbauordnung bzw. der Muster-Beherbergungsstättenverordnung. Viele Gebäude in Deinem Einsatzbereich wurden lange zuvor errichtet und somit nach einer älteren Fassung der jeweiligen Landesbauordnung (die auch einer älteren Fassung der Musterbauordnung entsprechen würde) geplant. Daher gibt es eine gute und eine schlechte Nachricht für Dich: Die schlechte Nachricht ist, dass die in diesem Buch dargestellten Regelungen nicht auf jedes beliebige Gebäude in vollem Umfang übertragen werden können. Die gute Nachricht ist jedoch, dass ein Großteil der wirklich fundamentalen und für die Feuerwehr entscheidenden bauordnungsrechtlichen Prinzipien bereits so alt sind, dass Du sie für viele Gebäude in Deinem Einsatzbereich voraussetzen kannst: Das Vorhandensein eines ersten und zweiten Rettungswegs, Brandwände, Zellenbildung, durchgehende notwendige Treppenräume mit der Möglichkeit zur Entrauchung sollten im überwiegenden Teil der Gebäude vorhanden sein. Die Fakten in diesem Buch sind also in vielen Punkten auch auf bereits bestehende Gebäude anwendbar.

In diesem Sinne wünschen wir Dir viel Spaß beim Lesen!

Stephan Vogt und Alexander Wellisch

Vorwort

Es muß hier aber besonders betont werden, daß durch feuersichere Stoffe und Konstruktionen niemals eine absolute Feuersicherheit erreicht werden kann; dieselben können nur bewirken, daß ein entstandenes Feuer sich nicht schnell verbreiten, ein schon entwickeltes Feuer leichter in gewissen Grenzen gehalten werden kann, bis die Löschhilfe in Thätigkeit tritt. (Stude und Reichel 1893, S. 4)

Alexander Stude und Maximilian Reichel, die damals dem Offizierskorps der Berliner Feuerwehr angehörten, verdeutlichten mit diesem Satz, dass vorbeugende und abwehrende Brandschutzmaßnahmen zusammen gedacht werden müssen. Nur durch Maßnahmen des vorbeugenden und des abwehrenden Brandschutzes kann das beabsichtigte Sicherheitsniveau erreicht werden. Diese Feststellung hat auch nach 130 Jahren nichts von ihrer Aktualität eingebüßt.

Wie greifen die vorbeugenden und die abwehrenden Brandschutzmaßnahmen ineinander? Wie kann man als Einsatzleiter das brandschutztechnische Potential eines Gebäudes nutzen? Warum ist es wichtig, als Praktiker an der Einsatzstelle auf theoretisches Wissen des Bauordnungsrechts zurückgreifen zu können? Die letzte Frage kann mit einem Zitat von Goethe beantwortet werden, auf die anderen Fragen wird in diesem Buch eingegangen.

Man erblickt nur, was man schon weiß und versteht. (Goethe)

Mit diesem Buch wird das Ziel verfolgt, die Schnittstellen von vorbeugendem und abwehrendem Brandschutz hervorzuheben, um dem Praktiker die Möglichkeit zu geben, mit seinem Wissen und seiner Erfahrung als Feuerwehrführungskraft unmittelbar anzuknüpfen. Die Aneignung eines bislang gegebenenfalls weitgehend unbekannten Themenbereiches soll durch die bewusste Vereinfachung von bauordnungsrechtlichen und bautechnischen Sachverhalten erleichtert werden. Wer sich zum Experten für vorbeugenden Brandschutz qualifizieren möchte, dem seien andere Bücher empfohlen.

Nur durch ein solides Grundverständnis für den vorbeugenden Brandschutz kann das brandschutztechnische Potential eines Gebäudes erkannt und die Basis für einen effizienten Feuerwehreinsatz gelegt werden. Andernfalls wäre es dem Zufall überlassen, ob vermeidbare Schäden abgewandt werden können und sich damit die Investitionen in den Brandschutz als lohnend erweisen.

Einleitung

Stell Dir vor, Du wirst zum Einsatz »Gebäudebrand – Brand im 2.OG, unklare Lage« alarmiert und sitzt nun als Führungskraft im Fahrzeug auf dem Weg zur Einsatzstelle. Die Adresse ist Dir unbekannt, es sind auf der Einsatzdepesche keine Angaben zu Art oder Besonderheiten des Objektes gemacht worden. Auch ist nichts darüber bekannt, ob noch Menschen im Gebäude sind oder wie die Lage aussieht. In solch einer Situation fragt sich sicher jeder, was auf ihn wartet: Was für ein Objekt werde ich vorfinden? Sind Menschen akut durch Feuer und/oder Rauch bedroht? Welches taktische Vorgehen wird sich bei der vorgefundenen Lage und der Gebäudestruktur wohl anbieten?

Diese Fragen werden wir ohne Kenntnis der Lage und des Gebäudes nicht beantworten können. Eines ist aber sicher: Egal, wo und wie intensiv es in einem Gebäude brennt oder ob Menschen gefährdet sind – es bleibt immer dasselbe Gebäude. Seine Bausubstanz, die Raumaufteilung, seine brandschutztechnischen Einrichtungen und seine Umgebung werden erheblichen Einfluss auf die taktischen Entscheidungen haben, die Du an dieser Einsatzstelle treffen wirst (auch wenn Du dies oftmals gar nicht merkst, da viele Gebäudeinformationen »still« und fast unterbewusst verarbeitet werden). Man spricht hier auch von der »kalten Lage«, die auch noch weitere Aspekte umfassen kann.

Wie groß der Einfluss des Gebäudes auf die taktischen Entscheidungen tatsächlich ist, möchten wir Dir mit einem ziemlich verrückten Gedankenexperiment zeigen. Wir werden zwischen »ereignisbezogener Erkundung« und »objektbezogener Erkundung« unterscheiden und Du stellst Dir bitte kurz vor, dass Du Dich nur zwischen diesen beiden Optionen und keiner Mischform entscheiden kannst.

1. Ereignisbezogene Erkundung

Stell Dir vor, Du bist kurz vor der Einsatzstelle und jemand zieht Dir, noch bevor Du das Objekt sehen kannst, eine Augenbinde über. Du kannst nun nichts mehr sehen. Dein Melder wird Dir von nun an Informationen zur Lage mitteilen, aber er gibt Dir keine Beschreibung des Gebäudes. Du erhältst also folgende Informationen:

»Es handelt sich um einen Zimmerbrand mit starker Rauchentwicklung im zweiten Obergeschoss, dichter schwarzer Rauch dringt aus dem entsprechenden Fenster. Vermutlich brennt ein Bett. In der brennenden Wohneinheit befinden sich keine Personen mehr. Der Korridor vor dem brennenden Zimmer ist stark verraucht, der Treppenraum hingegen nicht.«

Einleitung

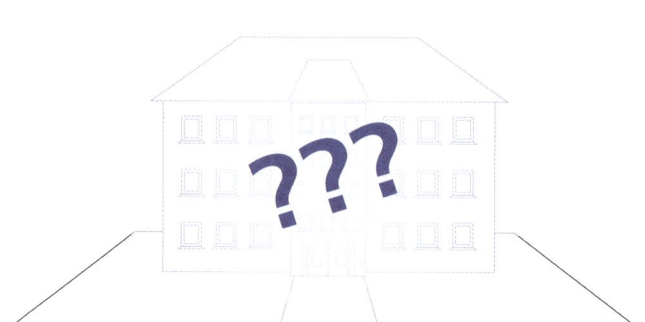

Bild 1: *Bei der ereignisbezogenen Erkundung spielt das Gebäude und dessen Struktur keine Rolle.*

2. Objektbezogene Erkundung

Nun Stell Dir vor, dass Du nicht mehr an der Einsatzstelle bist, sondern mit einem Gebäudeplan, der die Art der Nutzung, die Grundrisse aller Geschosse, die Gebäudeumgebung und die Seitenansichten zeigt, im Büro sitzt. Du weißt nun nichts über die aktuelle Lage vor Ort, dafür hast Du einen umfassenden Blick auf alle brandschutztechnischen Einrichtungen: Auf den Feuerwiderstand der verschiedenen Wände, Decken und Stützen, auf die Art der Türen und auf die Gebäudeaufteilung. Aus den Plänen entnimmst Du folgende Informationen:

»Bei dem Objekt handelt es sich um ein Altenpflegeheim mit einem Kellergeschoss, Erdgeschoss sowie drei Obergeschossen. Jedes Geschoss hat eine Grundfläche von 322 m², im Kellergeschoss sind Wäscherei, Küche und Lagerräume eingerichtet, im Erdgeschoss sind eine Cafeteria und ein Besucherbereich. Die drei Obergeschosse bestehen jeweils aus einem Korridor und daran angeschlossenen Bewohnerzimmern. Es gibt auf dem Korridor in jedem Obergeschoss eine Rauchschutztür, die den Flur in zwei Rauchabschnitte teilt. An den beiden Enden des Korridors befindet sich jeweils ein Treppenraum. Die Bewohnerzimmer, vier pro Seite und Etage, sind an den Korridor mit an drei Türseiten dichtschließenden, aber nicht selbstschließenden Türen angeschlossen. Zwischen den Bewohnerzimmern untereinander sowie den Bewohnerzimmern und dem Korridor sind feuerhemmende (F30) Wände eingezogen.«

Du hast sicher gemerkt, dass bei diesen beiden Beschreibungen ganz unterschiedliche taktische Ansätze herausgekommen wären, obwohl es sich doch um die gleiche Lage handelt. Das liegt daran, dass wir nun zwei ganz extreme Formen der Erkundung kennengelernt haben, die uns sehr unterschiedliche Schwerpunkte in der Lagedar-

Einleitung

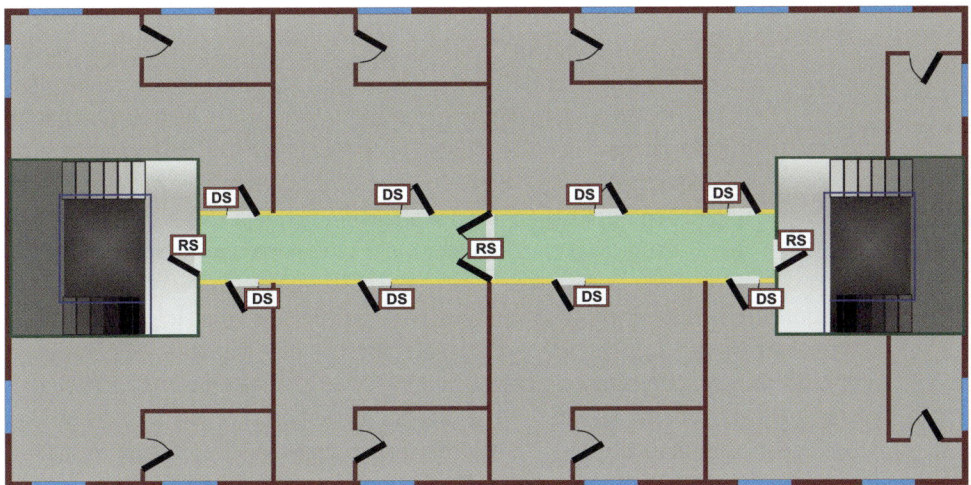

Bild 2: Das in der objektbezogenen Erkundung beschriebene Altenpflegeheim: Gezeigt wird das 2. Obergeschoss. Die Farben in der Skizze dienen der besseren Unterscheidbarkeit von Bewohnerzimmern (rote Umrandung), notwendigem Flur (gelbe Umrandung) und Treppenräumen (grüne Umrandung). Sie stellen keine Feuerwiderstandsklassen dar.

stellung liefern. Zum Glück müssen wir uns an der Einsatzstelle nicht zwischen den beiden Arten entscheiden, sondern können eine Mischung wählen, mit der wir die Einsatzlage möglichst optimal dargestellt bekommen. Doch wie sieht diese Mischung aus? Wann braucht man eine stärker ereignisbezogene und wann eine stärker objektbezogene Erkundung?

Wir behaupten einfach einmal: Wir sollten die Anteile der ereignis- und objektbezogenen Erkundung von der Größe und Komplexität der Objekte abhängig machen. Dazu gehen wir auf ein paar Beispiele ein:

- Bei Bränden in Einfamilienhäusern und kleinen Mehrfamilienhäusern ist es sinnvoll, so wie viele Feuerwehrangehörige es tun, eine stark ereignisbezogene Erkundung durchzuführen. Weil die örtlichen Gegebenheiten so klein und kompakt sind, lässt sich die Taktik nur wenig an die örtlichen Gegebenheiten anpassen: Bei einem Ein- oder Zweifamilienhaus zum Beispiel gibt es oft gar keinen klassischen Treppenraum, der verrauchen könnte – stattdessen wird der Rauch meist so schon ungehindert durch große Teile des Hauses ziehen. Es ergibt sich also nicht die taktische Fragestellung, ob man zur Brandbekämpfung besser durch das Fenster oder die Tür vorgeht, weil gar kein Treppenraum rauchfrei gehalten werden muss/kann.

Einleitung

- Kommt es aber zu dem berüchtigten »dicken Ding«, also beispielsweise einem Brand in einem Seniorenheim, einem Krankenhaus oder einem komplex aufgebauten Hochhaus, so ist eine stark objektbezogene Erkundung notwendig: Es gibt hier sehr viele Menschen im Gebäude und häufig nutzen sie dieselben Rettungswege. Daher muss alles getan werden, um die Menschen in Sicherheit zu bringen und die Rettungswege von Feuer und Rauch freizuhalten. Die Taktik richtet sich nun also maßgeblich nach der Gebäudestruktur und nicht mehr bloß nach dem Ereignis!

Um gut auf die Leitung von Einsätzen vorbereitet zu sein, muss man folglich eine hohe Flexibilität in der Art der Erkundung aufweisen: Man muss bei kleineren und übersichtlicheren Objekten die Lage von außen sehr schnell erfassen und adäquat reagieren können, ohne einen Gebäudeplan zu haben. Für Einsätze in großen Gebäuden muss man die von außen sichtbare Lage auch schnell auffassen, zusätzlich aber ebenfalls Objektpläne schnell und sicher lesen können, um die dort gefundenen Informationen in die taktischen Gefahrenabwehrmaßnahmen einbinden zu können. Diese Fähigkeit vernachlässigen aber leider viele Führungskräfte, sodass eventuell vorhandene Feuerwehrpläne mitunter ungenutzt bleiben oder lediglich als »dekoratives Accessoire« mitgeführt werden.

Exkurs: Feuerwehrpläne

Um zu verstehen, warum die Feuerwehrpläne bei großen Objekten einen so wichtigen Beitrag zur Einsatztaktik leisten können, sollten wir uns zunächst den Inhalt der Feuerwehrpläne und deren Nutzen vor Augen führen. Abhängig von der Art der Nutzung werden Gebäude nach verschiedenen Bauvorschriften, also z. B. der Verkaufsstättenverordnung, errichtet. In manchen Bauvorschriften fordert der Gesetzgeber vom Bauherrn die Erstellung von Feuerwehrplänen für das Gebäude, die u. a. einen Textteil und einen Lageplan enthalten. Im Textteil sind viele relevante Informationen wie z. B. Angaben zu Gebäudenutzern, Telefonnummern von wichtigen Ansprechpartnern oder Informationen zu besonderen Gebäudeausstattungen (beispielsweise Objektfunkanlagen oder Feuerlöschanlagen) aufgeführt. Die Planunterlagen enthalten neben einem Übersichtsplan, auf dem das Gebäude mit seinem Umfeld dargestellt ist, auch Geschosspläne, die die Aufteilungen der verschiedenen Geschosse darstellen.

Die Informationen aus dem Feuerwehrplan können der eine kritische Faktor sein, der über das Erreichen oder Nichterreichen der Einsatzziele entscheidet. Denn bei großen und komplexen Gebäuden sind solide taktische Planungen ohne Feuerwehrpläne quasi unmöglich.

Einleitung

Wie wichtig der Beitrag des baulichen Brandschutzes dabei ist, lässt sich gut erahnen, wenn man die taktischen Einsatzmaßnahmen und die Funktion des vorbeugenden Brandschutzes zusammen betrachtet. Das werden wir im nächsten Kapitel tun.

1 Die Einsatzziele

Was sind unsere Einsatzziele?
Stell Dir wieder die oben beschriebene Brandlage im Altenheim vor: Es brennt in einem Bewohnerzimmer. Dort befindet sich keine Person mehr. Aber ein Rauchabschnitt des Korridors ist verraucht und somit sind die restlichen drei Bewohnerzimmer, die innerhalb des Abschnitts an den Korridor angrenzen, auch durch Rauch bedroht. Der Treppenraum ist rauchfrei, ebenso der zweite Rauchabschnitt.

Was sind unsere Ziele an dieser Einsatzstelle? Was wirst Du tun wollen, um die Lage unter Kontrolle zu bringen?

→ Da Du nicht weißt, ob die restlichen drei Bewohnerzimmer am verrauchten Korridorabschnitt ebenfalls mit giftigen Brandgasen gefüllt sind und Du nicht ausschließen kannst, dass sich dort noch Menschen aufhalten, wirst Du sicher ein Durchsuchen der Zimmer und die Rettung der dort ggf. aufzufindenden Personen befehlen.
Einsatzziel 1: Menschenrettung

→ Du möchtest sicher verhindern, dass sich Feuer und Rauch vom Brandraum weiter auf andere Räume oder sogar andere Geschosse ausbreitet. Daher wirst Du möglicherweise den Befehl geben, die Tür zum Brandraum zu schließen, einen mobilen Rauchverschluss zu setzen und die Tür gegen Durchbrennen zu verteidigen. Damit dämmst Du gleichzeitig die Verrauchung des Korridors als möglichen Rettungsweg ein.
Einsatzziel 2: Verhinderung der Ausbreitung von Feuer und Rauch

→ Gleichzeitig wirst Du im Hintergrund sicherlich alle Vorbereitungen treffen, die Du zur aktiven Brandbekämpfung benötigst: Ob das nun eine Brandbekämpfung von der Drehleiter durch das Fenster zum Bewohnerzimmer oder der Angriff über den Korridor ist – Du wirst bestimmt einen Sicherheitstrupp stellen und für ausreichend Löschwasser sorgen.
Einsatzziel 3: Ermöglichung wirksamer und sicherer Löschmaßnahmen

Diese Einsatzziele dürften Dir eigentlich alle bekannt sein, denn Du verfolgst Sie ja jeden Tag, wenn Du die Gruppen- oder Zugführerweste trägst. Aber ist Dir auch bekannt, dass der vorbeugende Brandschutz genau die gleichen Ziele verfolgt? Dabei setzt er allerdings andere Mittel ein, die Du bestimmt schon hunderte Male gesehen hast, die Dir aber sicher noch nicht bewusst ins Auge gefallen sind? Das möchten wir uns jetzt näher anschauen.

1 Die Einsatzziele

Wie erreichen wir diese Ziele?

Im Folgenden beleuchten wir einmal in einer Aufstellung wie der abwehrende und der vorbeugende Brandschutz die oben dargestellten Ziele erreichen. Dazu werden wir aber zunächst einen kleinen Exkurs machen müssen, damit Du verstehst, was der vorbeugende Brandschutz ist, welche Aufgabe er hat und wie er arbeitet.

Exkurs: Was ist der Vorbeugende Brandschutz?

Der Vorbeugende Brandschutz (auch kurz VB genannt) ist, im institutionellen Sinne, eine Abteilung einer Brandschutzdienststelle, die eng mit der Bauaufsichtsbehörde zusammenarbeitet, um bei der Errichtung oder Veränderung von Gebäuden eine Bewertung aus feuerwehrtechnischer Sicht vorzunehmen. Jedes Gebäude soll den Nutzern ein ausreichendes Maß an Sicherheit bieten, damit diese dort gefahrlos leben können und auch in Ausnahmesituationen wie Bränden oder anderen Schadenslagen sicher das Gebäude verlassen können. Dazu arbeiten in der Brandschutzdienststelle in der Regel feuerwehrtechnische Beamte, die mit ihrem technischen und taktischen Wissen Neubauanträge sowie Anträge zum Umbau bestehender Gebäude bewerten. Die Brandschutzdienststelle ist in der Regel nur der fachkundige Berater der Bauaufsichtsbehörde und gibt lediglich Stellungnahmen ab – die Genehmigung zum Bau oder zur baulichen Veränderung eines Gebäudes erteilt die Bauaufsichtsbehörde.

Dabei entscheiden weder die Bauaufsichtsbehörde noch die Abteilung Vorbeugender Brandschutz aus dem »hohlen Bauch« heraus, sondern richten sich nach den geltenden Bauvorschriften oder, sofern diese nicht anwendbar sind, an gängigen Konzepten zur Erreichung des angestrebten Schutzniveaus. Dabei gilt: Gebäude müssen zwar für die Gebäudenutzer und die Allgemeinheit sicher sein, unverhältnismäßige Auflagen dürfen dem Bauherrn jedoch nicht auferlegt werden.

Gemeinsame Ziele – unterschiedliches Vorgehen

Schauen wir uns einmal an, mit welchen Mitteln der vorbeugende und der abwehrende Brandschutz die vorgegebenen Ziele erreichen. Um an einem konkreten Beispiel diskutieren zu können, betrachten wir noch einmal die oben beschriebene Einsatzlage in einem Altenpflegeheim.

1 Die Einsatzziele

Sichere Rettung von Menschen und Tieren		
Zieldefinition	**Abwehrender Brandschutz**	**Vorbeugender Brandschutz**
Menschen und Tiere sollen im Gefahrenfall das Gebäude sicher verlassen können, möglichst ohne durch Rauch, Feuer oder sonstige Einwirkungen verletzt zu werden.	Die im verrauchten Bereich befindlichen Menschen werden auf dem ungefährlichsten Weg gerettet: Sie werden möglichst schnell und sicher in einen rauchfreien Bereich, hier also den zweiten Rauchabschnitt im Brandgeschoss, gebracht und von dort aus der medizinischen Erstversorgung zugeführt. Die Tür zum Brandraum wird dabei geschlossen und mögliche Lüftungsmaßnahmen eingeleitet, um die Rauchkonzentration im Korridor zu senken. Je nach Mobilität der Bewohner ist zur Not auch eine Rettung über die Drehleiter denkbar, sofern die Fenster mit Hubrettungsgeräten erreichbar und nutzbar sind. Eine Rettung über tragbare Leitern ist für ein Altenpflegeheim meist keine Option.	Brände müssen (z. B. durch Rauchwarnmelder) so früh entdeckt und gemeldet werden, dass alle akut gefährdeten Personen noch gerettet werden können. Es muss sichergestellt werden, dass in jedem Geschoss noch sichere Bereiche vorhanden sind. Daher wird der Korridor in Rauchabschnitte geteilt und die Türen zu den Bewohnerzimmern werden dichtschließend ausgeführt, sodass die Ausbreitung des Rauches behindert wird. Um die Verrauchung des Treppenraumes als Rettungsweg zu verzögern, wird dieser vom Korridor mit einer selbstschließenden Rauchschutztür abgetrennt. Es müssen immer zwei Rettungswege (hier: Treppenräume) vorhanden sein, um Menschen in Sicherheit bringen zu können. Wenn ein Rettungsweg nicht nutzbar ist, kann dieser auch ein anleiterbares Fenster pro Nutzungseinheit sein (bei einem Altenpflegeheim in der Regel nicht akzeptabel, da die Mobilität der Bewohner erwartungsgemäß eingeschränkt ist).

1 Die Einsatzziele

Verhinderung der Ausbreitung von Feuer und Rauch		
Zieldefinition	**Abwehrender Brandschutz**	**Vorbeugender Brandschutz**
Ein in festen, räumlichen Strukturen ausgebrochener Brand soll sich innerhalb einer gewissen Zeitspanne nicht in andere Nutzungseinheiten ausbreiten können.	Ein Trupp unter Atemschutz schließt die Tür vom Brandraum zum Korridor und sichert diese Tür mit einem Strahlrohr gegen Durchbrennen. Falls von außen Flammen aus dem Fenster schlagen, wird ein Flammenüberschlag vom Brandraum ins nächste Geschoss durch einen Außenangriff unterbunden.	Eine brandschutztechnische Raumzelle eines Gebäudes, also z. B. ein Bewohnerzimmer, wird (in manchen Bundesländern) zu den anderen Räumen mit Bauteilen abgetrennt, die dem Feuer mindestens 30 Minuten Widerstand leisten. Alle Öffnungen wie z. B. Bohrungen oder Leitungsdurchführungen müssen so verschlossen werden, dass sich Feuer und Rauch nicht in Nachbarräume ausbreiten können. Die Decken müssen die Räume so abschließen, dass auch hier über eine bestimmte Zeit keine Brandausbreitung in die angrenzenden Geschosse zu erwarten ist.

Ermöglichung wirksamer Löscharbeiten		
Zieldefinition	**Abwehrender Brandschutz**	**Vorbeugender Brandschutz**
Ein Brand soll schnell und wirksam gelöscht werden können, ohne dass die Einsatzkräfte dabei gefährdet werden.	Es geht mindestens ein Trupp unter PA und mit einer Schlauchleitung in den Brandraum vor und bekämpft das Feuer. Ein Sicherheitstrupp geht in Bereitstellung. Es wird eine Löschwasserversorgung von einer Wasserentnahmestelle zum Fahrzeug aufgebaut.	Die tragende Konstruktion des Gebäudes, also Stützen, Wände und Decken, muss einen ausreichenden Feuerwiderstand haben, damit der Feuerwehreinsatz sicher durchgeführt werden kann. Die verlangte Widerstandsdauer richtet sich nach der Größe und der Nutzung eines Gebäudes. Den Festlegungen liegt zugrunde, dass mit steigender Ausdehnung eines Gebäudes auch ein größerer Zeitaufwand für den Feuerwehreinsatz berücksichtigt werden muss. Zudem muss sichergestellt sein, dass ausreichend Löschwasser zur Verfügung steht.

1 Die Einsatzziele

Verhinderung der Brandentstehung		
Hinweis: Das Schutzziel muss im historischen Kontext betrachtet werden und eignet sich nicht zur Darstellung in diesem Buch, auch wenn es der Vollständigkeit halber wünschenswert wäre. Die deutlichste Ausprägung findet dieses Schutzziel in der Feuerungsverordnung, die als technische Baubestimmung mit einem Gesetz vergleichbar ist, und in der geforderten Nichtbrennbarkeit der tragenden Konstruktion.		
Zieldefinition	**Abwehrender Brandschutz**	**Vorbeugender Brandschutz**
Es sollen erst gar keine Brände entstehen.	Auf den abwehrenden Brandschutz nicht anwendbar.	Eine Brandentstehung kann auch der beste vorbeugende Brandschutz nicht verhindern. Es wird jedoch darauf geachtet, dass Bereiche, von denen eine besondere Brandentstehungsgefahr ausgeht, durch feuerwiderstandsfähige Bauteile abgetrennt werden. Zudem werden Anforderungen an das Brandverhalten der Baustoffe gestellt. Nach Möglichkeit sollen die Konstruktionsteile großer Gebäude keinen oder nur einen geringfügigen Beitrag zum Brandgeschehen leisten. Dies wird z. B. durch die Verwendung schwer entflammbarer oder nichtbrennbarer Baustoffe erreicht. Im Bereich des organisatorischen Brandschutzes gibt es zudem z. B. Prüfvorgaben für Elektrogeräte oder Regelungen für den Explosionsschutz.

Du siehst, dass das Vorgehen des abwehrenden Brandschutzes an großen Gebäuden häufig auf den Bedingungen beruht, die der vorbeugende Brandschutz mit der Umsetzung der baulichen und technischen Brandschutzmaßnahmen schon Jahre zuvor geschaffen hat. Man könnte auch sagen, dass durch den vorbeugenden Brandschutz die einsatzbezogenen Arbeitsbedingungen für den abwehrenden Brandschutz gestaltet werden. Vielleicht ist Dir jetzt auch eher klar, warum die Kenntnis der Grundregeln des VB für die Übernahme einer Führungsfunktion so wichtig ist.

1 Die Einsatzziele

> **Merke:**
> Die baulichen und anlagentechnischen Brandschutzeinrichtungen eines Gebäudes sind wie das Musikinstrument, auf dem die Führungskraft ihre Taktik spielt.

Jetzt kann man sich Jahrzehnte lang als Zuhörer in Klavierkonzerte setzen und dennoch kann man nicht einmal einfache Musikstücke selbst spielen. Um eine Sache zu beherrschen, muss man selbst üben und seine Erfahrungen sammeln! Daher ist es wichtig, dass Du Dir all das, was in den nächsten Kapiteln besprochen wird, auch in der Praxis genau ansiehst. Nur wenn Du die baulichen und technischen Brandschutzeinrichtungen im Alltag beobachtest und Dich fragst, welche taktischen Möglichkeiten sich Dir bei der umgebenden Gebäudestruktur bieten, wirst Du eine gute Führungskraft für größere Lagen werden – denn, frei nach Goethe: »Man erkennt nur was man kennt.«

Damit Du Dich überhaupt bewusst mit den baulichen und technischen Brandschutzgegebenheiten auseinandersetzen kannst, müssen wir diese natürlich erst einmal kennenlernen. Das möchten wir im nächsten Abschnitt tun.

2 Die sichere Rettung von Menschen und Tieren

2.1 Die Rettungswegsystematik

Es gibt eine grundlegende Systematik für die Rettung von Menschen und Tieren im vorbeugenden Brandschutz: Man geht davon aus, dass sich Menschen grundsätzlich in ihrer Wohnung aufhalten und sich von dort vor einem Brandereignis retten müssen (Selbstrettung). Je nach baulicher Struktur muss sich eine Person von der Wohnung über den notwendigen Flur und den notwendigen Treppenraum ins Freie retten (Bild 3, schwarzer Pfeil). Wenn die Wohnung nicht über einen notwendigen Flur verfügt, sondern direkt an den Treppenraum angeschlossen ist, muss sie nur noch diesen nutzen, um ins Freie zu gelangen (Bild 3, dunkelgrauer Pfeil). Und wenn die Wohnung im Erdgeschoss liegt und über einen separaten Eingang verfügt, kann sich die Person direkt ins Freie retten (Bild 3, hellgrauer Pfeil). Die Farben von Wohnung, notwendigem Flur, notwendigem Treppenraum und dem Ausgang ins Freie in ▶ Bild 3 verdeutlichen den Gefährdungsgrad, dem die Person auf ihrer Selbstrettung in der Regel ausgesetzt ist: Das Ziel des vorbeugenden Brandschutz ist es, dass die Gebäudenutzer mit jedem weiteren Element des Rettungsweges sicherer sind. Man spricht hier auch von der »Sicherheitskaskade«.

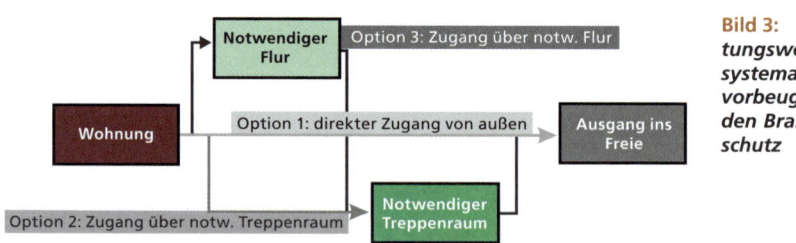

Bild 3: *Rettungswegsystematik im vorbeugenden Brandschutz*

Die Begriffe »notwendiger Flur« und »notwendiger Treppenraum«
Du wunderst Dich vielleicht über die Begriffe »notwendiger Flur« und »notwendiger Treppenraum«. Ist denn nicht jeder Flur oder Treppenraum notwendig? Im Bauordnungsrecht wird hier differenziert, da an ein Gebäude generell nur Mindestanforderungen gestellt werden sollen. So kann es beispielsweise sein, dass in einem repräsentativen Verwaltungsgebäude die Besucher in einer großen Treppenhalle empfangen werden. An die Treppenhalle sollen die angrenzenden Nutzungen möglichst transparent anschließen. Würden nun an die Treppenhalle die gleichen

2.1 Die Rettungswegsystematik

Anforderungen wie an notwendige Treppenräume, also an Rettungswege, gestellt, müssten hohe Brandschutzanforderungen an Wände und Türen umgesetzt werden. Zudem müsste die Eingangshalle »brandlastfrei« gehalten werden, was die Realisierung eines Empfangsbereiches schon erschweren und die Anordnung von z. B. gepolsterten Sitzgruppen ausschließen würde. Um die Ansprüche des Nutzers und die Anforderungen des Bauordnungsrechts überein zu bekommen, werden die als Rettungswege benötigten Treppen in sogenannten »notwendigen Treppenräumen« untergebracht. Diese sind dann zusätzlich zur repräsentativen Treppe im Empfangsbereich vorhanden.

Ähnlich verhält es sich auch mit Fluren, die wir bislang bewusst als »Korridore« bezeichnet haben. Die Flure innerhalb einer Wohnung werden zum Beispiel grundsätzlich nicht als notwendige Flure betrachtet. Erst wenn Nutzer aus mehreren Wohnungen einen Flur benutzen müssen, um einen notwendigen Treppenraum oder einen Ausgang ins Freie zu erreichen, betrachtet man den Flur als notwendigen Flur.

In Bezug auf eine mögliche (wenn auch in Details eher unwahrscheinlichen) Wohnungsstruktur in einem Mehrfamilienhaus könnte das also folgendermaßen aussehen (▶ Bild 4): Die Wohnungen werden über einen notwendigen Flur erschlossen. Der notwendige Flur wiederum ist an mindestens einen Treppenraum angeschlossen.

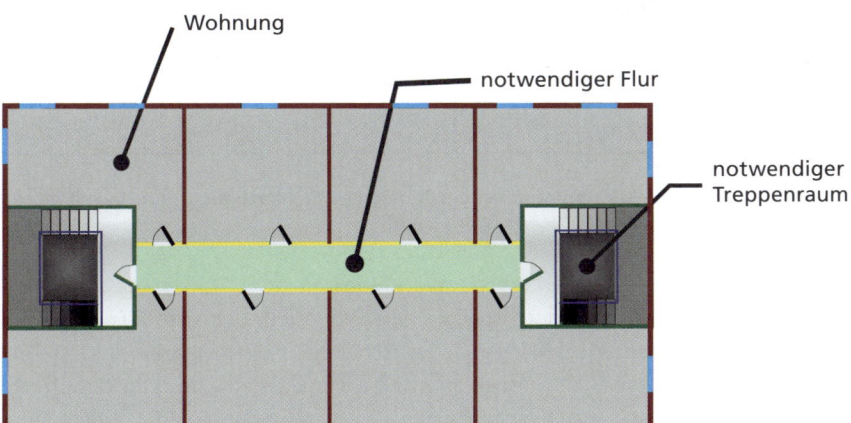

Bild 4: *Grundriss eines Gebäudes mit acht Wohnungen (Nutzungseinheiten) je Geschoss*

2 Die sichere Rettung von Menschen und Tieren

2.2 Der erste und zweite Rettungsweg

Nehmen wir einmal an, es sei in einer der Wohnungen in ▶ Bild 4 zu einem Feuer gekommen und Du müsstest von dort fliehen – wie würde dies wohl ablaufen?

Du sitzt vor dem Fernseher, die Türen zu den anderen Räumen sind geschlossen. In der Küche entsteht ein Brand und der Raum füllt sich mit Rauch. Doch da sowohl die Küchentür als auch die anderen Türen der Wohnung verschlossen sind, bekommst Du davon noch nichts mit (▶ Bild 5).

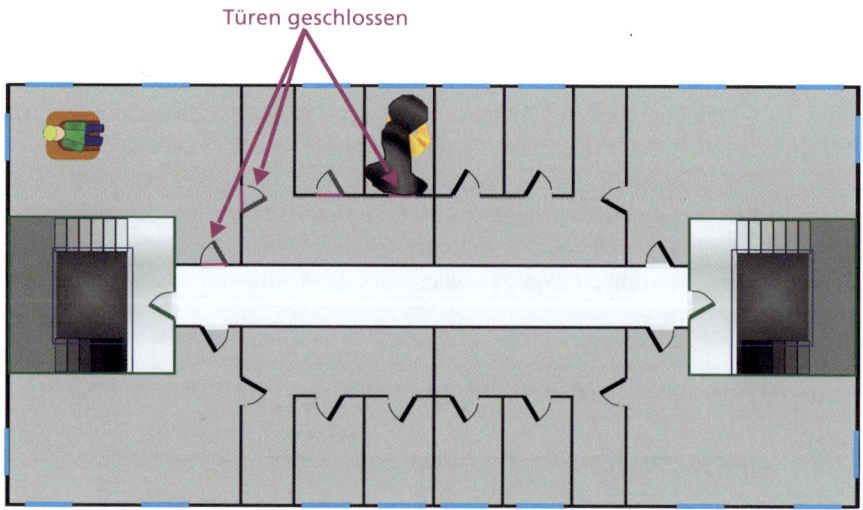

Bild 5: *Küchenbrand bei geschlossenen Zimmertüren. Der notwendige Flur ist nicht in Rauchabschnitte unterteilt.*

Nach einer gewissen Brandentwicklungszeit stellst Du fest, dass es verbrannt riecht. Du stehst auf und durchsuchst Deine Wohnung. Dabei stößt Du auf das Feuer in der Küche, dichter schwarzer Qualm schlägt Dir entgegen als Du die Tür zur Küche öffnest. Du weichst zurück und stellst fest, dass eine Brandbekämpfung nicht mehr möglich ist. Also fliehst Du aus Deiner Wohnung und warnst die Nachbarn – allerdings vergisst Du in der Hektik, die Tür zu Deiner Wohnung zu schließen. Nach und nach füllt sich der notwendige Flur mit dichtem, beißendem Brandrauch. Währenddessen hämmerst Du gegen die Wohnungstüren in Deiner Etage.

2.2 Der erste und zweite Rettungsweg

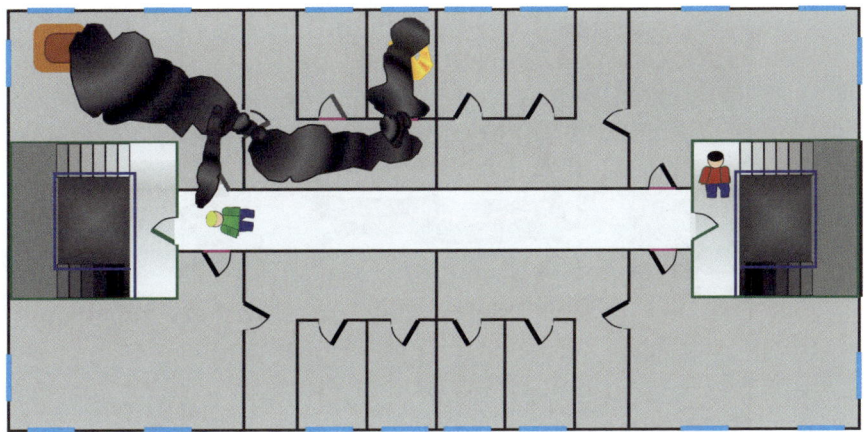

Bild 6: *Mit dem Öffnen der Türen verrauchen Wohnung und notwendiger Flur, die Nutzer fliehen ins Freie.*

Zwei der drei Nachbarn kannst Du erfolgreich warnen und sie haben das Gebäude schon verlassen. Doch der dritte Nachbar, von dem Du weißt, dass er zu Hause sein muss, hat die Tür noch nicht geöffnet. Also versuchst Du noch einmal zu seiner Wohnungstür zu kommen und gehst den Flur zurück in Richtung Deiner Wohnung: Der Rauch wird immer dichter und beißender (▶ Bild 7). Deine Augen brennen ab der Mitte des Flurs. Es fällt Dir nicht nur furchtbar schwer zu atmen, Du kannst auch Deine Augen einfach nicht mehr aufhalten, denn es fühlt sich an als würde Dir jemand dichten Zigarettenqualm in die Augen pusten. Obwohl Du Dich auf dem schon tausend Mal begangenen Flur zu Deiner Wohnung befindest, verlierst Du die Orientierung. Jeder Meter fällt Dir schwer. Jetzt willst Du nur noch zum Treppenraum, um schnellstmöglich ins Freie zu kommen. Als Du endlich die Tür des Treppenraumes in Deinen Händen spürst, greifst Du zu: Bestimmt ist Dein Nachbar schon raus. Oder er ist gar nicht da. Egal. Hauptsache, Du kannst Dich nun endlich retten.

Wir haben nun eindrucksvoll gesehen, warum Brandrauch so gefährlich ist: Er wirkt nicht nur erstickend, sondern er macht uns zusätzlich blind. Daher ist es sehr schwierig für ungeschützte Menschen sich aus verrauchten Räumen zu retten – und dies gilt ganz besonders, wenn sie dort nicht ortskundig sind. Laut Gesetz dürfen daher die Rettungswege zwischen jedem beliebigen Punkt der Wohnung und dem Eingang zum nächsten sicheren Bereich nicht länger als 35 Meter sein. Man nennt dies den **ersten Rettungsweg**. Dieser muss immer baulich ausgeführt sein und dient meistens auch als der normale Zugangsweg zu einer Nutzungseinheit.

2 Die sichere Rettung von Menschen und Tieren

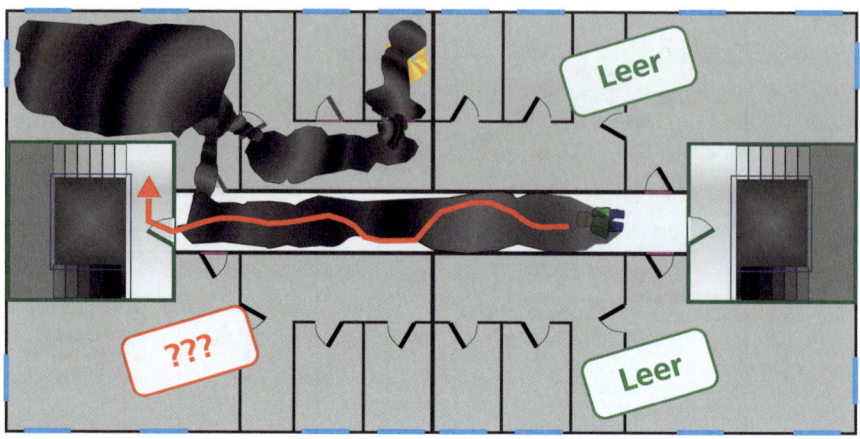

Bild 7: Der notwendige Flur füllt sich mit Rauch, die Selbstrettung ist deutlich erschwert.

Gemessen werden die 35 Meter vom entlegensten Punkt der Wohnung bis in den sicheren Bereich. Der nächste sichere Bereich in diesem Beispiel ist oftmals der Treppenraum, da die selbstschließende Rauchschutztür eine Verrauchung des Treppenraumes weitgehend verhindert. Da die Türen von den Wohnungen zum notwendigen Flur nicht selbstschließend sind, gilt der notwendige Flur nicht als sicherer Bereich (weitere Ausführungen ▶ Bild 8). Bei der Bestimmung der Länge des Rettungsweges geht man von der leeren Wohnung ohne Möbel aus. Schließlich kann man zwar die Wände und Stützen eines Hauses – und damit die daraus resultierende Länge des ersten Rettungswegs – zuverlässig planen, nicht aber, ob der Standort von Tisch und Sofa den Rettungsweg verlängern würden.

Nun könnte es natürlich sein, dass jemand aus irgendeinem Grund den Treppenraum auf der linken Seite nicht erreichen kann, da er beispielsweise spät gewarnt wurde und nun bereits Flammen aus der Wohnungstür schlagen und den Zugang zum Treppenraum blockieren. Der erste Rettungsweg fällt nun also weg – was machen wir dann?

Nun greifen wir auf den **zweiten Rettungsweg** zurück: Dieser darf entweder über den gleichen notwendigen Flur führen, um in einem anderen Treppenraum zu enden (zweiter baulicher Rettungsweg) oder es handelt sich um eine anleiterbare Stelle innerhalb der jeweiligen Nutzungseinheit, bei der eine Fremdrettung möglich ist. Wie das Wort Fremdrettung schon vermuten lässt, sind hier auch Leitern der Feuerwehr als Rettungsgerät zulässig, sofern nicht triftige Gründe dagegensprechen.

2.2 Der erste und zweite Rettungsweg

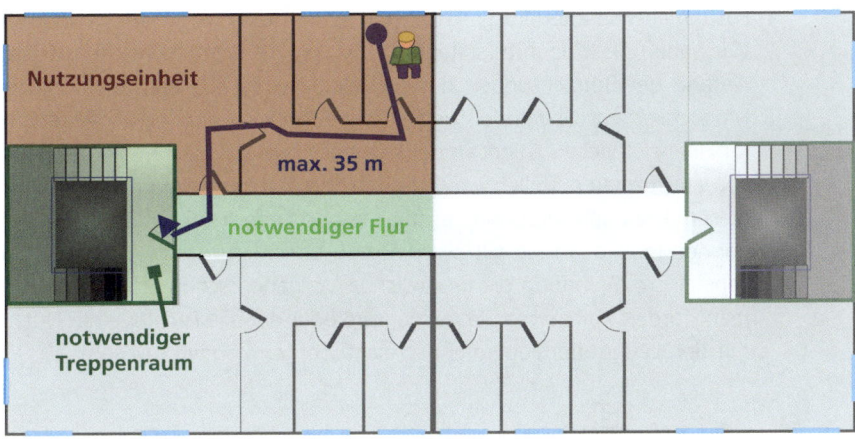

Bild 8: *Maximale Länge des ersten Rettungsweges nach Musterbauordnung*

Triftige Gründe könnten dabei beispielsweise eine größere Zahl von mobilitätseingeschränkten (d. h. bettlägerigen oder im Rollstuhl sitzenden) Personen sein. Für einen baulichen zweiten Rettungsweg gibt es keine Längenbeschränkung, d. h. er darf auch länger als 35 m sein.

In ▶ Bild 9 ist ein Beispiel mit zwei baulichen Rettungswegen gezeigt: Hier gibt es also zwei Treppenräume, die die Bewohner für ihre Flucht nutzen können. Weil diese

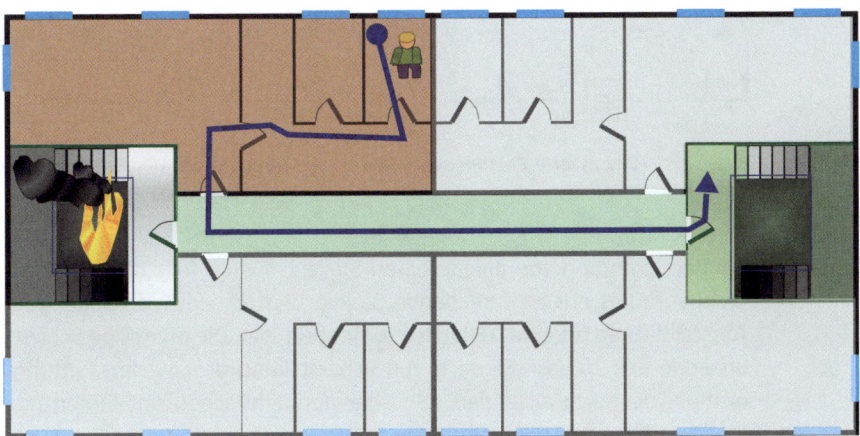

Bild 9: *Erschließung eines zweiten baulichen Rettungsweges über einen notwendigen Flur*

Lösung aber sehr teuer ist, wird sie nur sehr selten für Standardgebäude angeboten. Wir haben sie trotz ihres seltenen Vorkommens aus didaktischen Gründen an den Anfang der Betrachtungen gestellt, weil sie die aus Brandschutzsicht einfachste Möglichkeit zur Gewährleistung des zweiten Rettungsweges darstellt.

Finanziell viel günstiger als der Bau eines zweiten Treppenraumes ist das Schaffen von anleiterbaren Stellen am Gebäude: Pro Nutzungseinheit und Geschoss muss in diesem Fall mindestens ein Fenster mit den Leitern der Feuerwehr erreicht werden können (▶ Bild 10). Es gilt allerdings zu beachten, dass ein einziges anleiterbares Fenster pro Wohnung die gesetzlichen Vorgaben schon erfüllt. Das Bauordnungsrecht fordert keineswegs, dass mehrere oder gar alle Fenster einer Nutzungseinheit mit den Leitern der Feuerwehr erreicht werden können müssen!

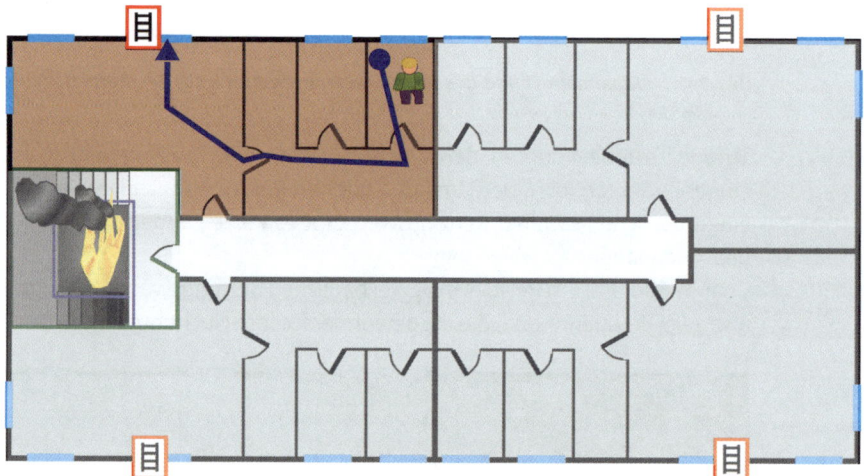

Bild 10: *Der zweite Rettungsweg kann auch über Leitern der Feuerwehr sichergestellt werden.*

Bei der Schaffung von anleiterbaren Stellen müssen folglich anstatt eines zweiten Treppenraums nur entsprechende Stellflächen für eine vierteilige Steckleiter oder Aufstellflächen für eine Drehleiter vorhanden sein. Die dreiteilige Schiebleiter wurde bis Ende des 20. Jahrhunderts zur Sicherstellung des zweiten Rettungswegs bauordnungsrechtlich akzeptiert, gilt aber nunmehr schon seit Jahren nicht mehr als Rettungsgerät, das bei der Planung des zweiten Rettungsweges berücksichtigt werden darf. Der Einsatz der dreiteiligen Schiebleiter ist natürlich weiterhin erlaubt und an vielen Bestandsgebäuden zur Sicherstellung des zweiten Rettungsweges notwendig. Daher muss die Feuerwehr sie oftmals mitführen, weil ansonsten an vielen Bestandsgebäuden eine Menschenrettung möglicherweise nicht mehr zuverlässig durchgeführt werden könnte.

Interessant sind dabei auch die Vorgaben, die bei der Schaffung von anleiterbaren Stellen eingehalten werden müssen: Das Fenster, aus dem die Personen auf die Leiter übersteigen, muss, je nach Bundesland, mindestens 0,90 m breit und 1,20 m hoch sein und darf mit seiner Brüstung nicht höher als 1,20 m gemessen von der Fußbodenoberkante liegen (▶ Bild 11). Die Brüstungshöhe von 1,20 m zu erklimmen, könnte jedoch für körperlich eingeschränkte, alte oder sehr übergewichtige Personen eine Herausforderung darstellen – sie könnten auf die Hilfe durch einen Trupp der Feuerwehr angewiesen sein. Daher wurde die vorgeschriebene Fensterbreite mit mindestens 0,90 m so dimensioniert, dass auch Feuerwehrangehörige mit PA im Reitersitz auf den Fenstersims übersteigen und nach Betreten der Wohnung bei der Selbstrettung der Menschen unterstützen können.

Anleiterbare Stellen, an denen die Verwendung der Steckleiter angedacht ist, dürfen mit ihrer Brüstungskante bis zu 8 m über der Geländeoberfläche (d. h. dem direkt unter dem Fenster befindlichen Boden) liegen.

Wahrscheinlich wirst Du beim Lesen dieser Zeilen irritiert die Stirn runzeln: Eine anleiterbare Stelle, an der die Steckleiter verwendet werden soll und die 8 m hoch liegt? In der Grundausbildung wird doch immer gelehrt, dass die Nennrettungshöhe der Steckleiter bei etwas mehr als 7 m liegt… Wie passt das zusammen?

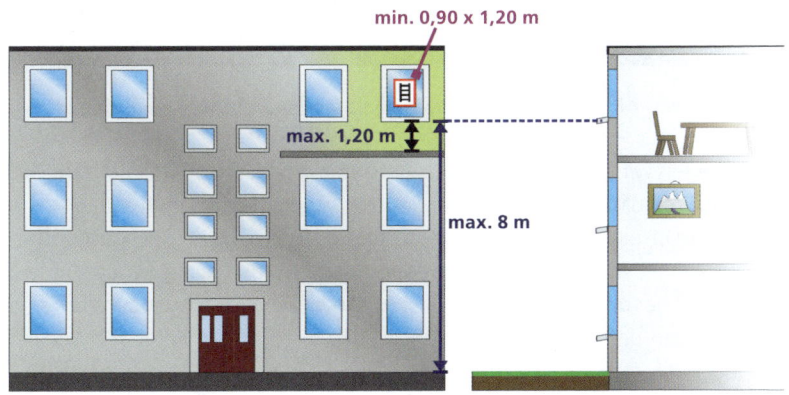

Bild 11: *Baurechtliche Anforderungen an anleiterbare Stellen für tragbare Leitern*

2 Die sichere Rettung von Menschen und Tieren

Beginnen wir damit, dass die vierteilige Steckleiter im senkrechten Zustand, also bei 90° Aufstellwinkel, 8,40 m hoch ist und im Regelfall in einem Winkel von 65° bis 75° an der Einsatzstelle aufgestellt werden soll. Dann resultiert daraus bei 75° Aufstellwinkel eine Höhe von 8,12 m und bei 65° eine Höhe von 7,61 m. Die Differenz zu der angegebenen Nennrettungshöhe von etwas über 7 m ergibt sich aus einem Sprossenüberstand von knapp einem Meter, wie er zum Übersteigen auf z. B. ein Flachdach erforderlich wäre. Nach Feuerwehr-Dienstvorschrift 10 darf auf den Leiterüberstand verzichtet werden, wenn Möglichkeiten zum Festhalten (z. B. Fensterlaibungen, d. h. das Mauerwerk um das Fenster herum) bestehen. Dies wird nach dem Prinzip der Mindestanforderung im Bauordnungsrecht berücksichtigt.

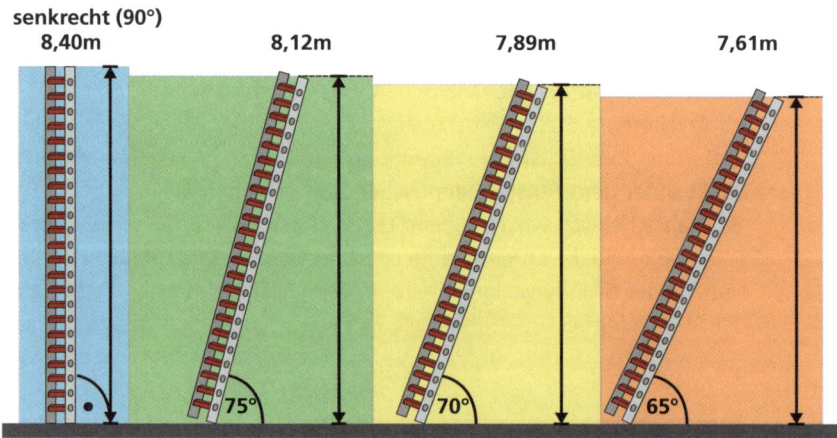

Bild 12: *Anleiterhöhe der vierteiligen Steckleiter in Abhängigkeit des Aufstellwinkels*

Befassen wir uns weiter mit den Anforderungen, die an anleiterbare Fenster gestellt werden: Du wirst aus Deiner Umgebung sicher auch viele Häuser kennen (oder sehen, wenn Du einmal darauf achtest), die im 2. OG bzw. Dachgeschoss Dachgauben aufweisen, über die vermutlich der zweite Rettungsweg verläuft. Die Fensterbrüstungen der als anleiterbare Stellen ausgewiesenen Dachgauben dürfen zusätzlich zu den oben definierten Bedingungen auch noch einen Meter von der Traufe zurückliegen. Man mutet den zu rettenden Personen eben nicht nur eine bis zu 1,20 m hoch liegende Fensterbrüstung zu, sondern auch noch das Überbrücken von einem Meter bis zum Erreichen der rettenden Leiter.

2.2 Der erste und zweite Rettungsweg

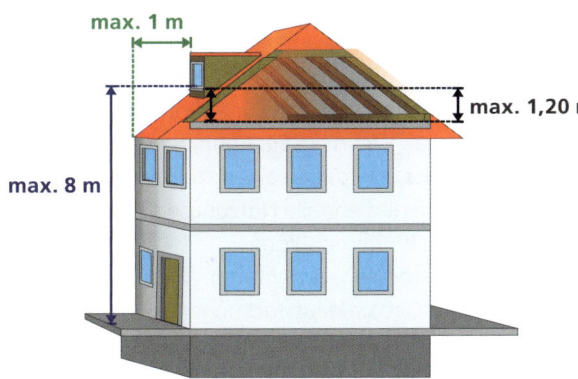

Bild 13: *Anforderungen an anleiterbare Stellen für tragbare Leitern in Dachflächen*

Anleiterbare Stellen müssen so angeordnet sein, dass sie von den im Gebäudeumfeld arbeitenden Einsatzkräften gut gesehen werden können. Damit dürfen anleiterbare Stellen auch durchaus zur Gebäuderückseite angeordnet sein – immerhin gibt es Nutzungseinheiten, die ausschließlich zur Rückseite ausgerichtete Fenster haben. Es muss jedoch gewährleistet sein, dass eine im Umfeld der anleiterbaren Stellen stehende Einsatzkraft hinreichenden Sichtkontakt zur anleiterbaren Stelle hat, um eine dort auf Hilfe wartende Person umgehend wahrzunehmen. Ansonsten könnte es passieren, dass eine zu rettende Person schlichtweg nicht bemerkt wird bzw. ihre Hilferufe nicht lokalisiert werden können. Unter anderem deswegen dürfen anleiterbare Stellen nicht mehr als einen Meter von der Traufkante zurückliegen.

Liegen die Anleiterstellen auf einer Höhe von mehr als 8 m, muss eine Aufstellfläche für Drehleitern nachgewiesen werden. Berücksichtigt werden darf dies natürlich nur, wenn die Feuerwehr auch über ein entsprechendes Rettungsgerät verfügt oder einen gesicherten und zeitgerechten Zugriff darauf hat, z. B. im Rahmen der interkommunalen Zusammenarbeit und nachbarschaftlichen Hilfe. Zudem muss eine Aufstellfläche für eine Drehleiter vorhanden sein. Wie so eine Aufstellfläche für Drehleitern ausgeführt werden muss, ist in einer Richtlinie festgelegt. Die bereits genannten Maße für Fensteröffnungen, Brüstungshöhen und Traufabstände gelten grundsätzlich auch dann, wenn eine Drehleiter eingesetzt werden muss.

Sofern ein Gebäude nicht über eine Drehleiteraufstellfläche auf dem eigenen Grundstück verfügt, sondern eine öffentliche Straße als Aufstellfläche genutzt werden soll, muss dies im Rahmen eines Baugenehmigungsverfahrens berücksichtigt werden. Es sind dann einige Hürden zu überwinden: Die für die Unterhaltung der Straße zuständige Stelle, in Fachkreisen auch Straßenbaulastträger genannt, möchte sich bei der Gestaltung bzw. Umgestaltung von Straßen nicht einschränken lassen,

2 Die sichere Rettung von Menschen und Tieren

weshalb es in Genehmigungsverfahren regelmäßig zu Konflikten kommt. So könnte dort, wo eigentlich eine Aufstellfläche für eine Drehleiter vorgesehen wäre, im Rahmen der Straßenumgestaltung möglicherweise zukünftig ein Parkplatz oder ein Straßenbaum geplant und errichtet werden. Für Führungskräfte der Feuerwehr ist dies im Einsatzfall zunächst egal. Wenn die Situation es hergibt, werden Drehleitern zur Menschenrettung eingesetzt, allerdings sollten die Führungskräfte grundsätzlich darauf vorbereitet sein, dass nicht mehr alle Nutzungseinheiten mit den Leitern der Feuerwehr auch wirklich erreicht werden können.

Durch die Schaffung von neuem Wohnraum, z. B. durch den Ausbau von Dachgeschossen oder durch Gebäudeaufstockungen kann die Situation für die Feuerwehr ebenfalls grundsätzlich verändert werden. Mit steigender Bewohnerzahl steigt meist auch der sogenannte »Parkdruck« auf und an öffentlichen Straßen. Wo vor einigen Jahren eine Drehleiter noch problemlos in Stellung gebracht werden konnte, kann dies nun in der Praxis nicht mehr möglich sein.

Straßenbäume tun ihr Übriges. Werden sie gepflanzt, sind sie noch relativ klein und stellen für die Drehleiter kein Hindernis dar. Einige Jahre oder Jahrzehnte später kann dies schon ganz anders aussehen. In diesem Fall ist ein Rückschnitt erforderlich, um den zweiten Rettungsweg weiterhin sicherzustellen. Die Durchführung dieses Rückschnitts ist jedoch an zwei Kriterien geknüpft, die je nach Örtlichkeit unterschiedlich gehandhabt werden: Einerseits muss die Notwendigkeit eines Rückschnitts erkannt werden, bevor es zum akuten Einsatzgeschehen kommt. Dies wiederum bedarf andererseits einer systematischen und regelmäßig wiederkehrenden Begutachtung der Straßenbäume, bei der auf kommunaler Ebene sehr unterschiedliche Maßstäbe angelegt werden. Sofern die Notwendigkeit eines Rückschnitts erkannt wurde, ist selbstredend die Durchführung der Maßnahme erforderlich. Abhängig

Bild 14: Veränderung der Anleiterbedingungen im Laufe der Jahre. In der Grafik wurde nur ein Fenster als anleiterbare Stelle markiert, um den Fokus auf das konkrete Problem zu lenken. Faktisch muss pro Nutzungseinheit aber je mindestens eine anleiterbare Stelle vorliegen.

2.3 Der notwendige Flur

vom jeweiligen Bundesland kann die Abwägung von ökologischen und baurechtlichen Gesichtspunkten zu unterschiedlich aufwendigen Diskussionen führen. So kommt es, dass in manchen Bundesländern wie z. B. in Nordrhein-Westfalen ein Rückschnitt rigoros durchgesetzt wird, während andere Bundesländer aus baurechtlicher Sicht zaghafter agieren.

2.3 Der notwendige Flur

Als wir die Selbstrettung beim Küchenbrand in einem vorherigen Abschnitt diskutiert haben, hat die flüchtende Person vergessen die Wohnungstür zu schließen. Dies hebelt einen wichtigen Bestandteil der Planungen des vorbeugenden Brandschutzes aus: die dichtschließende Tür.

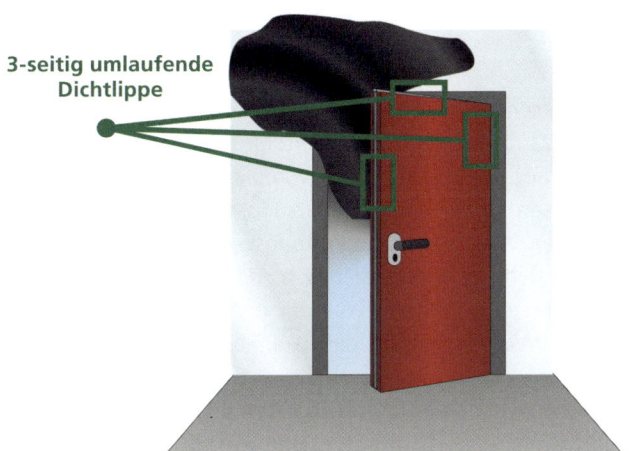

Bild 15: *Die dichtschließende Tür (im Folgenden stets als DS-Tür abgekürzt) im Sinne der Bauordnung*

Diese Türen haben an allen drei Seiten des Rahmens eine umlaufende Dichtung, die den Durchtritt von Rauch zwar nicht verhindert, aber dennoch deutlich verringert. Dies ermöglicht beispielsweise die Warnung der Nachbarn und das sichere Selbstretten der Bewohner, weil die Verrauchung der für die Selbstrettung wichtigen Räume hinausgezögert wird. Um bei Wohnungsbränden den Nachbarn möglichst lange Zeit zur Selbstrettung zu verschaffen, müssen dichtschließende Türen verpflichtend zwischen den Nutzungseinheiten (Wohnungen) und dem notwendigen Flur verbaut werden. Bei geschlossener Tür hätte die Lage also eher so ausgesehen wie in ▶ Bild 16 gezeigt.

2 Die sichere Rettung von Menschen und Tieren

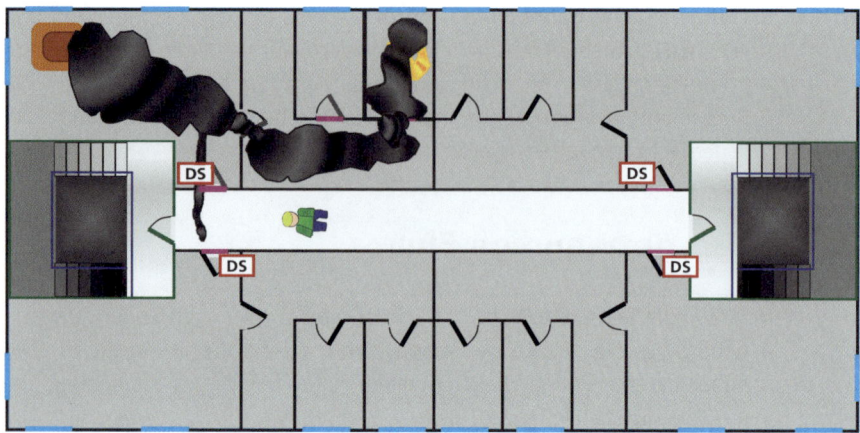

Bild 16: *Bei geschlossener Wohnungstür dringt nur wenig Rauch in den notwendigen Flur.*

Auch die beste dichtschließende Tür würde aber nichts bringen, wenn es Durchlässe und Löcher in den Wänden zum notwendigen Flur geben würde: der notwendige Flur könnte schnell verrauchen und vielleicht würde sogar Feuer den Weg in den Flur finden. Daher müssen die Wände von Nutzungseinheiten (wie z. B. Wohnungen, Geschäftsräume oder Werkstätten) zu Rettungswegen oder anderen Nutzungseinheiten raumabschließend ausgeführt sein, d. h., dass es keine Löcher oder Durchlässe geben darf. So kann gewährleistet werden, dass sich weder Feuer noch Rauch dorthin ausbreiten. Wir werden auf die Raumabschlüsse an späterer Stelle noch einmal eingehen.

Die Trennwände zwischen Nutzungseinheiten und dem notwendigen Flur müssen feuerhemmend (ehemals F30) ausgeführt sein, d. h., dass sie einem dahinter brennenden Feuer theoretisch mindestens 30 Minuten standhalten. Konkret darf eine feuerhemmende Wand bei 30-minütiger Flammenbeaufschlagung durch ein Feuer mit ca. 1 000 °C nur einen geringen Wärmanteil durchlassen. Fugen müssen beispielsweise so dicht sein, dass ein Wattebausch nicht entzündet wird.

Eine flüchtende Person hat also etwa 30 Minuten Zeit, um selbst im Fall eines entwickelten und direkt an die Wand zum notwendigen Flur grenzenden Brandes den Weg in den sicheren Bereich anzutreten (▶ Bild 17). Der Schwachpunkt ist allerdings die Wohnungstür, die lediglich dichtschließend ist und einem Feuer nicht lange widerstehen kann.

2.3 Der notwendige Flur

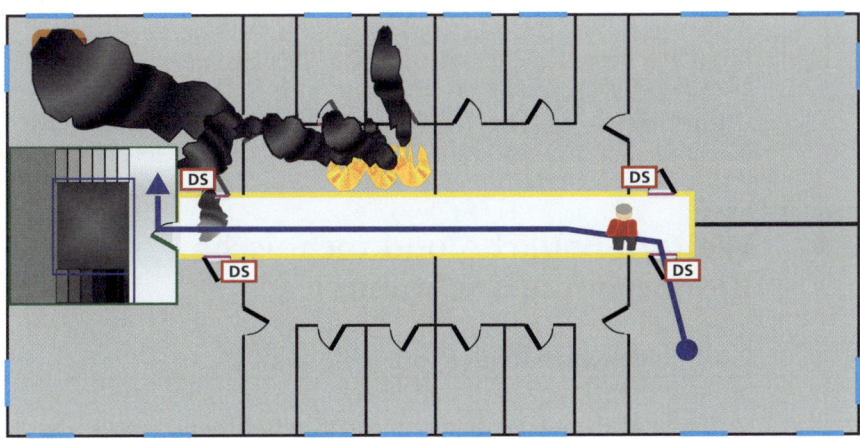

Bild 17: *Trennung des Rettungsweges von angrenzenden Nutzungseinheiten durch feuerhemmende Wände*

Die 30 Minuten ermöglichen aber nicht nur jedem Gebäudenutzer die Flucht aus dem Haus, sondern sie geben auch uns als Feuerwehr die Chance, Menschen aus verrauchten Bereichen mit z. B. einer Fluchthaube zu retten. Stell Dir einfach vor, dass wie im obigen Beispiel der notwendige Flur verraucht ist und daher eine Person aus einer anderen Wohnung zu keinem der beiden Treppenräume gelangen kann

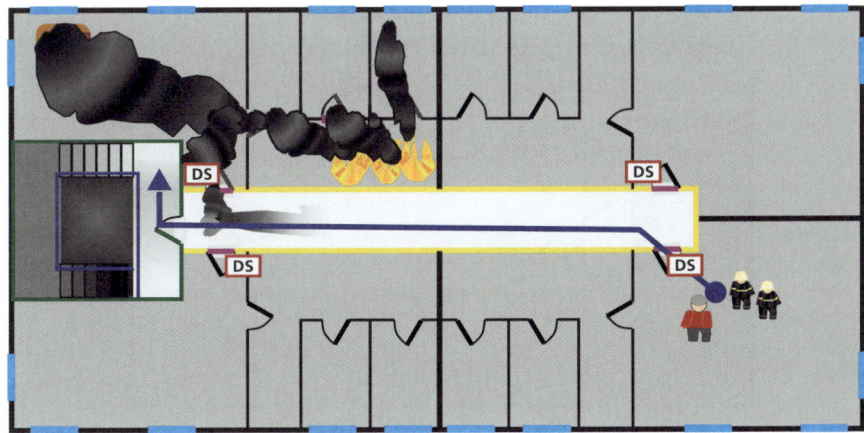

Bild 18: *Wenn es innerhalb einer Wohnung an der Wand zum notwendigen Flur brennt, muss mindestens in den ersten 30 Minuten nach Brandausbruch eine unmittelbare Brandbeanspruchung des Rettungsweges ausgeschlossen werden.*

2 Die sichere Rettung von Menschen und Tieren

(▶ Bild 18). Für uns als Feuerwehr bleibt dann nach Eintreffen innerhalb der Hilfsfrist theoretisch noch ein Ansatz von ca. 15 bis 20 Minuten, um einen mit Atemschutz und einer Fluchthaube ausgerüsteten Trupp zur Menschenrettung vorgehen zu lassen und die Person ins Freie zu führen. Sollten die Wände zum notwendigen Flur durchgebrannt sein, wäre dies keine vielversprechende Option mehr!

2.4 Weitere bauliche und technische Brandschutzeinrichtungen

2.4.1 Rauchwarnmelder

Versetze Dich bitte noch einmal in die oben beschriebene Lage, dass Du vor dem Fernseher sitzt und sich in der Küche ein Brand entwickelt. Stell Dir aber nun vor, der Flur wäre mit Rauchwarnmeldern ausgestattet gewesen, wie es die einzelnen Bauordnungen heute fordern. Du hättest durch diesen Rauchwarnmelder den Brand deutlich früher entdeckt, sodass Du
   a) im Entstehungsstadium den Brand hättest bekämpfen können bzw.
   b) bei entwickeltem Brand flüchten und die Feuerwehr hättest rufen können.

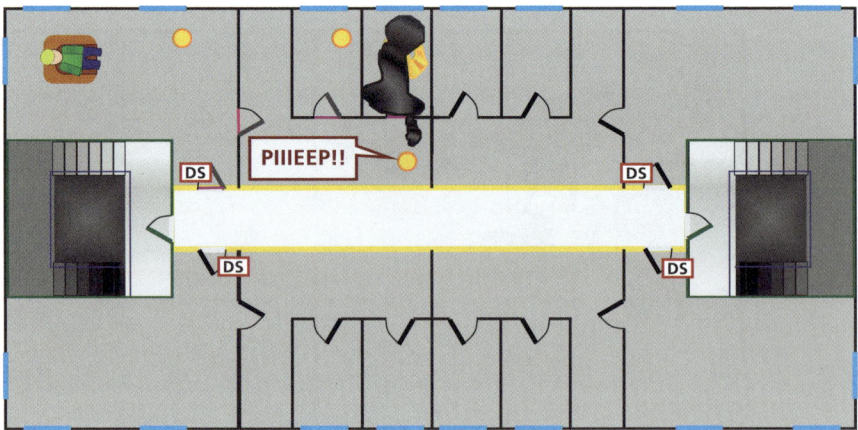

Bild 19: *Durch angebrachte Rauchwarnmelder (gelb eingezeichnet) hätte sich die Entdeckungszeit des Brandes deutlich verkürzt. Dadurch wäre mehr Zeit geblieben, die Wohnungstür zu schließen, die Feuerwehr zu rufen, die Nachbarn zu warnen und das Gebäude zu verlassen.*

2.4 Weitere bauliche und technische Brandschutzeinrichtungen

Dir bliebe viel mehr Zeit, um Deine Nachbarn zu warnen und wahrscheinlich würdest Du auch nicht vergessen, die Wohnungstür zu schließen. Rauchwarnmelder können also einen wesentlichen Beitrag leisten, um einen geordneten Ablauf im Brandfall zu schaffen. Bitte bedenke, dass in vielen Bundesländern mittlerweile eine Rauchwarnmelderpflicht herrscht.

2.4.2 Automatische Brandmeldeanlage

Nun Stell Dir bitte die gleiche Lage in einem Hotel statt in einem Mehrfamilienhaus vor: Es brennt im Nachbarzimmer, dessen Bewohner derzeit nicht da sind. Das Feuer könnte sich lange unbemerkt ausbreiten und mit den enormen Mengen produzierten Rauches und Wärme sehr gefährlich werden. Selbst wenn Du es im Nachbarzimmer mitbekommen würdest: Wie möchtest Du die anderen Nachbarn auf dem Flur warnen? An dem notwendigen Flur sind sehr viele Zimmer angeschlossen – bis Du diese Türen alle »abgeklopft« hast, wird sich der Rauch schon längst stark ausgebreitet haben (▶ Bild 20). Um trotzdem alle Menschen im Gebäude vor einem Brand zu warnen, installiert man in solchen Gebäuden also Alarmierungsanlagen, die manuell ausgelöst werden können. Bei größeren Hotels muss die Alarmierungsanlage auslösen, wenn in einem Flur Rauch detektiert wird. Bei diesen Gebäuden ist zudem eine Brandmeldeanlage zu installieren, wobei nur wiederum die Flure mit automatischen Brandmeldern ausgestattet werden müssen. Während die Brand-

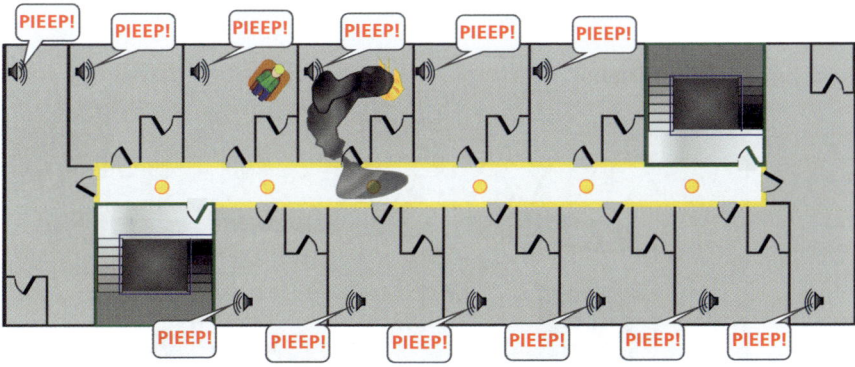

Bild 20: *Bei Gebäuden mit besonders vielen Nutzern werden zur gleichzeitigen Warnung aller gefährdeten Personen häufig Brandmelde- bzw. Alarmierungsanlagen eingebaut. Wir nehmen an, dass der notwendige Flur in diesem Beispiel nicht länger als 30 m ist.*

2 Die sichere Rettung von Menschen und Tieren

meldeanlage bei der Leitstelle der Feuerwehr aufgeschaltet ist und bei Auslösung automatisch ein Notruf bei der Leitstelle abgesetzt wird, löst die Alarmierungseinrichtung nur einen internen Alarm aus, der die Menschen zum Verlassen des Gebäudes auffordert.

2.4.3 Dicht- und selbstschließende Türen

Jetzt Stell Dir bitte vor, dass Du mit Deinen Freunden auf eine Ausflugstour in eine andere Stadt fährst, ihr dort ordentlich feiert und danach in einem Hotel übernachtet. Als ihr ins Bett geht, seid ihr recht stark alkoholisiert und demnach fallt ihr schnell in einen tiefen Schlaf. Nichts Ungewöhnliches für ein Hotel – das kommt so oder so ähnlich täglich vor. Nun brennt es aber genau in jener Nacht in einem Hotelzimmer auf Eurer Etage! Die Brandmeldeanlage löst aus, aber dank Alkohol und Ohrenstöpsel hört ihr erstmal… gar nichts. Irgendwann wirst Du vom Lärm der BMA wach und stellst fest, dass es im Zimmer schon leicht nach Rauch riecht. Beim Öffnen der Zimmertür wird Dir bewusst, dass der notwendige Flur schon massiv verraucht ist (▶ Bild 21). Jemand hat die Tür zum brennenden Zimmer aufgelassen und nun fällt Dein erster Rettungsweg weg!

Nun befindest Du Dich in einem Hotel, d. h., dass sich um Dich herum sehr viele Nutzer befinden könnten, die möglicherweise ein ähnliches Problem haben wie Du. Eine zeitnahe Rettung aller in den Zimmern verbliebenen Personen ist also auch nicht in Sicht, da die Feuerwehr dies im Rahmen ihrer »ausreichenden Leistungsfähigkeit« nicht abbilden kann.

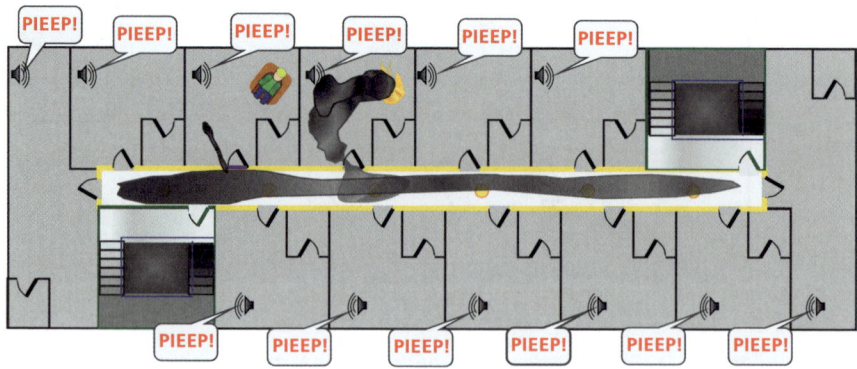

Bild 21:   Nehmen wir an, dass der notwendige Flur eines Hotels verraucht ist, weil jemand vergessen hat, die Tür zu seinem brennenden Zimmer zuzuziehen.

40

2.4 Weitere bauliche und technische Brandschutzeinrichtungen

Dass die Feuerwehr kommt und truppweise Fluchthauben in die Zimmer bringt, ist auch vom Aufwand her nicht in kurzer Zeit durchführbar. Du bist also in Deinem Zimmer gefangen. In dieser Lage können wir auch mit vielen klugen taktischen Überlegungen nicht viel tun, um Dir und allen anderen in ihren Zimmern gefangenen Hotelgästen zu helfen. Also müssen wir früher ansetzen: Wir müssen verhindern, dass diese Lage so eintreten kann!

Nicht verhindern können wir, dass Menschen alkoholisiert in Zimmern schlafen und deshalb die Alarmierung durch die Alarmierungsanlage nicht hören. Aber wir können verhindern, dass der Nutzer des brennenden Zimmers vergisst die Tür zum Flur zu schließen, indem wir rauchdichte und selbstschließende Türen einbauen. Damit haben wir als Feuerwehr deutlich mehr Zeit, um die Hotelzimmer zu durchsuchen, Personen zu retten oder einfach den Brand zu bekämpfen, da der notwendige Flur sehr viel langsamer verrauchen wird. Rauchdichte Türen haben neben einer dreiseitigen Dichtung am Türrahmen auch eine Bodendichtung, um auch bei vollständig verrauchten Räumen ein »Überquellen« des Rauches in den Rettungsweg zu verhindern.

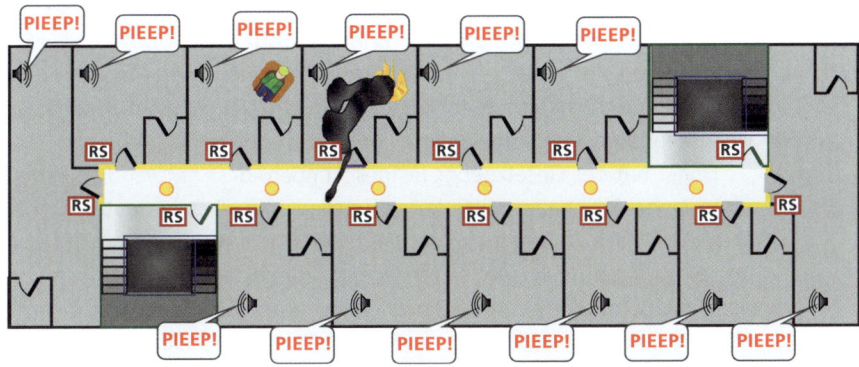

Bild 22: *Durch den Einbau von rauchdichten und selbstschließenden Türen (RS-Tür) kann der Eintritt von Rauch in den notwendigen Flur als Rettungsweg verhindert werden.*

2.4.4 Unterteilung eines notwendigen Flurs in Rauchabschnitte

Wir haben uns eben intensiv damit beschäftigt, was passieren kann, wenn ein für viele Menschen als Rettungsweg vorgesehener notwendiger Flur verraucht: Wir bekommen massive Probleme alle diese Personen zeitnah und sicher aus dem

Gebäude bringen zu können und daher müssen wir den notwendigen Flur auf jeden Fall rauchfrei halten können. Aber warum wird dies thematisiert, obwohl wir doch im vorherigen Abschnitt ausgiebig diskutiert haben, dass dicht- und selbstschließende Türen oder gar rauchdichte Türen ein gutes Mittel sind, um notwendige Flure rauchfrei zu halten?

Die dicht- und selbstschließenden Türen sind eben nur ein Teil des vorbeugenden Brandschutzes. Sie sind wirklich sinnvoll, wenn wir verhindern wollen, dass Rauch aus den Nutzungseinheiten in den notwendigen Flur dringt. In vielen Gebäuden, z. B. bei Wohnnutzung, sind sie jedoch an notwendigen Fluren nicht vorgeschrieben. Außerdem nützen sie nichts, wenn der Rauch bereits im notwendigen Flur ist, beispielsweise weil Einrichtungsgegenstände oder abgestellte Gegenstände brennen. Dies muss zwar unbedingt vermieden werden, kommt in der Praxis aber leider immer wieder vor.

Nehmen wir also einmal an, dass es in einem sehr langen notwendigen Flur mit vielen angeschlossenen Wohneinheiten zur Verrauchung gekommen ist. Wahrscheinlich würden die ersten Menschen, die auf den Rauch aufmerksam geworden sind, laut rufen, was wiederum andere Menschen dazu bewegen wird, ihre Wohnungstür zu öffnen. Damit würden viele Menschen entlang des notwendigen Flurs vom Rauch betroffen sein und ggf. auf Hilfe durch uns als Feuerwehr angewiesen sein. Als erste eintreffende Einheit würde man bei einer solchen Lage in einer ziemlich kniffligen Situation stecken, da man gar nicht einschätzen kann, wie viele Menschen wo und wie stark vom Rauch betroffen sind.

Daher hat der Gesetzgeber festgeschrieben, dass notwendige Flure in maximal 30 m lange Rauchabschnitte zu unterteilen sind: Das bedeutet im Klartext, dass spätestens nach 30 Metern im notwendigen Flur eine Rauchschutztür einzubauen ist und eine raumabschließende Trennung zwischen den Teilen des Flurs vor und hinter der Rauchschutztür einzurichten ist. Rauch kann also unter normalen Umständen nicht bzw. nur sehr langsam von einer Flurhälfte in die andere dringen. Selbst wenn es also in einer Nutzungseinheit am notwendigen Flur brennen sollte und der Bewohner bei seiner Flucht vergisst, die Tür hinter sich zu schließen, bedeutet dies nur, dass ein Teil des langen Flurs verrauchen wird.

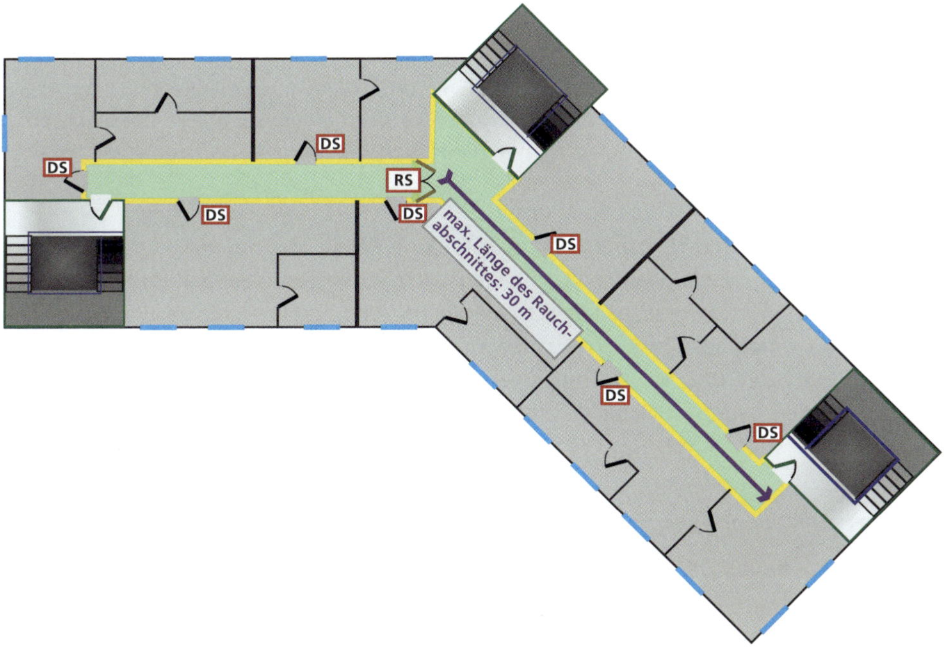

2.4 Weitere bauliche und technische Brandschutzeinrichtungen

Bild 23: *Dieses Gebäude hätte einen notwendigen Flur mit deutlich mehr als 30 Metern Länge, sodass der Flur in zwei Rauchabschnitte geteilt werden muss.*

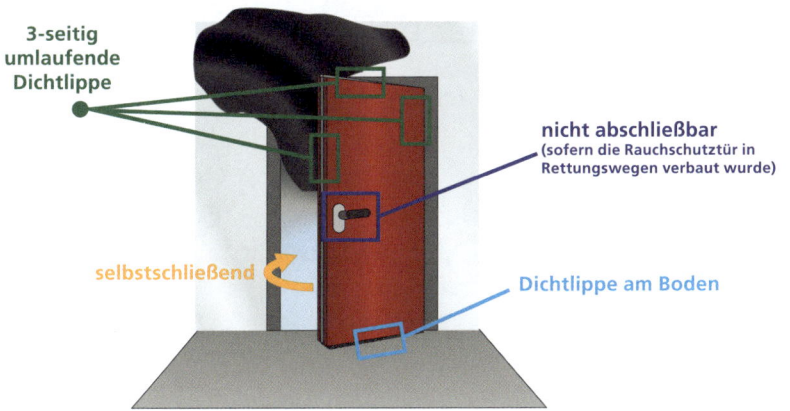

Bild 24: *Die Rauchschutztür muss selbstschließend sein, verfügt über Dichtlippen an allen Seiten und darf nicht abschließbar sein, wenn sie in Rettungswegen angeordnet wurde.*

2 Die sichere Rettung von Menschen und Tieren

Merke:
Eine Rauchschutztür ist eine selbstschließende Tür mit dreiseitig umlaufender Dichtlippe sowie einer Dichtlippe an der Unterseite, durch die der Rauchdurchtritt stark begrenzt wird. Rauchschutztüren werden deshalb vor allem dort eingesetzt, wo die Verrauchung der dahinterliegenden Bereiche deutlich verzögert werden soll.

Wie in ▶ Bild 25 dargestellt ist, kann eine Rauchschutztür die Verrauchung von anderen Gebäudeabschnitten maßgeblich verringern oder gar verhindern, auch wenn der Gesetzgeber lediglich eine Unterteilung des Flures in zwei »Rauchabschnitte« vorschreibt. Dadurch wird aber nur die Rauchausbreitung über den notwendigen Flur begrenzt – wie wir sehen werden, kann sich Brandrauch aber sehr wohl über andere Wege im Gebäude ausbreiten.

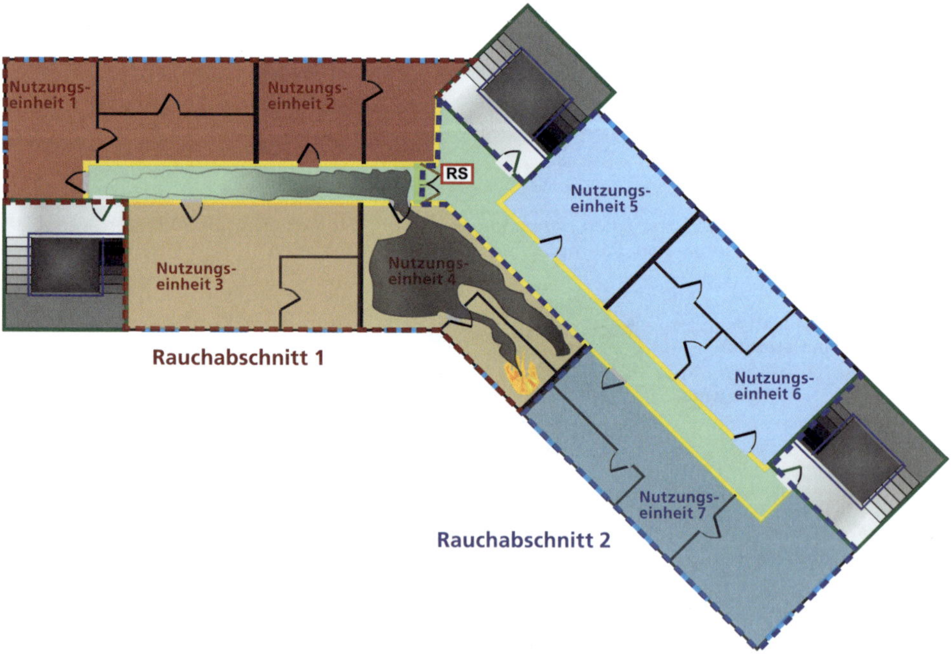

Bild 25: Die Rauchschutztür verlangsamt die Rauchausbreitung im notwendigen Flur deutlich, sodass im rechten Gebäudeteil (blau gekennzeichnet) noch eine sichere Selbstrettung möglich ist, obwohl der linke Teil des Geschosses dicht verraucht ist.

2.4 Weitere bauliche und technische Brandschutzeinrichtungen

Nun könnte man auf die Idee kommen, dass der zweite Rauchabschnitt bereits ein sicherer Bereich ist und daher die 35 Meter Rettungsweg vom entferntesten Winkel einer Nutzungseinheit bis zur Rauchschutztür zu bemessen sind…. Stimmt aber nicht! Denn zum einen werden an einen notwendigen Treppenraum höhere brandschutztechnische Anforderungen gestellt, sodass das Sicherheitsniveau nicht vergleichbar ist. Zum anderen fordert der Gesetzgeber nur die Unterteilung des notwendigen Flurs in Rauchabschnitte und nicht des gesamten Geschosses – deshalb kann eine Rauchschutztür auch »kurzgeschlossen« werden, wie wir uns im folgenden Beispiel ansehen werden:

Stell Dir einfach vor, dass Du die Nutzungseinheit 4 bereits besitzt und zusätzlich noch Nutzungseinheit 7 kaufst, um einen zusammenhängenden Bürotrakt zu schaffen. Also baust Du einfach eine Zwischentür von der Nutzungseinheit 4 zur Nutzungseinheit 7 in die Wand ein und fertig ist Dein Büro. Um eine einladende Atmosphäre für Kunden und Besucher zu schaffen, lässt Du die Türen zum notwendigen Flur aufstehen. Und wenn es nun auf der Etage brennen sollte, hält die Rauchschutztür zwar dicht, doch der Brandrauch kann ganz ungestört über Dein Büro in den anderen Rauchabschnitt dringen. In der Hektik denken weder Du noch Deine Mitarbeiter daran, dass Dein Büro einen Kurzschluss im Rauchschutzkonzept erzeugt und lassen die dichtschließenden Türen zum notwendigen Flur auf – schon hast Du eine Verrauchung der gesamten Etage und der eigentlich als sicherer Bereich angesehene zweite Rauchabschnitt stellt nun auch eine Gefährdung für Personen dar (▶ Bild 26).

Merke:
Notwendige Flure sind in maximal 30 m lange Rauchabschnitte zu unterteilen – dies bezieht sich jedoch nur auf den Rettungsweg. Eine großflächige Rauchausbreitung im restlichen Geschoss kann durchaus möglich sein.

Zwei Nutzungseinheiten durch eine Tür zu verbinden und somit einen Rauchabschnitt kurzzuschließen, ist nur eine kleine bauliche Maßnahme, die (sofern sie nicht von großen anderen Baumaßnahmen begleitet wird) nicht bei der Bauaufsichtsbehörde oder der Fachabteilung vorbeugender Brandschutz gemeldet wird. Man sollte sich demnach nicht darauf verlassen, dass die neu geschaffene Tür auch in den Feuerwehrplänen eines Gebäudes (sofern sie denn vorhanden sein müssen) dargestellt wird. Was also auf dem Papier wie eine saubere Rauchabschnittstrennung aussieht, kann in der Praxis zu bösen Überraschungen führen! Es lohnt sich deshalb,

2 Die sichere Rettung von Menschen und Tieren

die benachbarten Rauchabschnitte möglichst zeitnah auf Rauchfreiheit kontrollieren zu lassen!

Merke:

In der Praxis können bereits kleinere bauliche Veränderungen zu einer Rauchausbreitung führen, die man aufgrund des Feuerwehrplans nicht erwartet hätte.

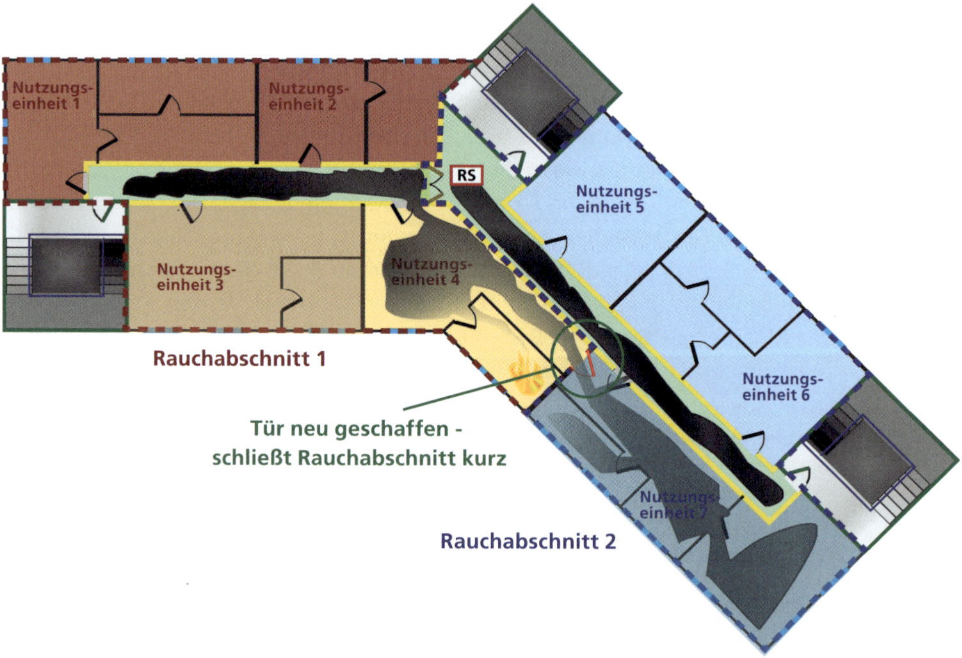

Bild 26: *Rauchschutztüren können durch einfache bauliche Veränderungen oder unachtsamen Umgang mit geschlossen zu haltenden Türen im Gebäude »kurzgeschlossen« werden. Die daher als sicher geglaubten Bereiche sind dann plötzlich doch verraucht!*

2.4 Weitere bauliche und technische Brandschutzeinrichtungen

2.4.5 Die Besonderheiten in der »gelebten Praxis« von Rauchschutztüren

Brandschutzplaner, Architekten, die VB-Abteilungen der Feuerwehren und Bauaufsichtsbehörden machen sich sehr viele Gedanken, wie ein Gebäude für die Nutzer möglichst sicher gemacht werden kann. Dass die Rauchschutztüren dabei eine besondere Rolle spielen, hast Du eben schon mehrfach gesehen.

Trotzdem kommt man oft genug in Gebäude, in denen die Rauchschutztüren mit Keilen auf »dauerhaft offen« gestellt sind, obwohl sie doch eigentlich mit einem Schließmechanismus ausgestattet sind, der ihren dauerhaft geschlossenen Zustand sicherstellen soll. Auf den Mangel angesprochen, rechtfertigen sich viele Nutzer damit wie unpraktisch es doch wäre, diese Tür jedes Mal zu öffnen und dass sie, weil sie den ganzen Tag hin- und herlaufen, deswegen die Tür einfach dauerhaft mit einem Keil auf »offen« gestellt haben.

Für Dich als Führungskraft der Feuerwehr heißt das: Es ist wirklich schön, wenn Du auf dem Feuerwehrplan eine Rauchschutztür entdeckst, und diese kannst Du auch wirklich sinnvoll in Deine Taktik einbinden, aber Du musst Dir sicher sein, dass diese Tür auch ihre Funktion wahrnehmen kann! Daher solltest Du wichtige Rauchschutztüren immer durch einen Trupp auf ihre Funktion prüfen lassen, sobald Du die ersten freien Ressourcen hast! Sicher findet der Trupp den ein oder anderen Keil…

Offene Gänge
Notwendige Flure müssen nicht zwangsläufig durch das Gebäudeinnere verlaufen: Es gibt auch den Sonderfall der **offenen Gänge**, also diese balkonähnlichen Wege, die an den Außenwänden des Gebäudes zu den Wohnungstüren führen. Du hast diese sicher schon oft im Zusammenhang mit den typischen Großprojekten des sozialen Wohnungsbaus aus den 70er Jahren (umgangssprachlich »Plattenbau«) gesehen – es handelt sich hierbei um eine äußerst wirtschaftliche Erschließungsform (▶ Bild 27).

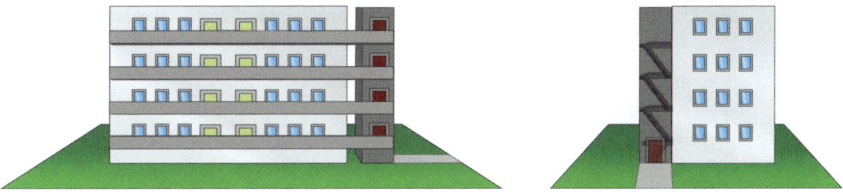

Bild 27: *Offene Gänge wurden in einigen Großwohnsiedlungen realisiert und sind dort heute noch oft zu bewundern. Da sie als eine Art notwendiger Flur nicht im Gebäude liegen, muss nur die Außenwand des Gebäudes und die Brüstung des offenen Ganges geschlossen und mindestens feuerhemmend ausgeführt sein.*

2 Die sichere Rettung von Menschen und Tieren

Im folgenden Abschnitt werden wir zunächst die Anforderungen an offene Gänge diskutieren, die nur eine Fluchtrichtung haben – also so angelegt sind wie in ▶ Bild 27 dargestellt: Du trittst aus Deiner Wohnung in diesem Gebäude, stehst auf dem offenen Gang und kannst nur in eine Richtung zum Treppenraum gehen. Dann müssen wir sichergehen, dass Du diesen Weg auch bei einem Brandereignis, das in Deinem Geschoss auf dem Weg zum Treppenraum liegt, noch nutzen kannst.

Deswegen muss die eine Wand, die an den offenen Gang grenzt (also die Gebäudeaußenwand), ebenso wie in notwendigen Fluren mindestens feuerhemmend und raumabschließend sein. Bestimmte Anforderungen werden jedoch auch an die Fenster gestellt: Stell Dir vor, es brennt in der rechten Wohnung 2. OG im Gebäude in ▶ Bild 27 und Du möchtest aus der linken Wohnung im gleichen Geschoss flüchten – doch auf dem offenen Gang stellst Du fest, dass die Flammen aus dem Fenster schlagen (▶ Bild 28).

Wenn es sich um ein bodentiefes Fenster handeln würde, würdest Du nun in der Falle sitzen: Du könntest nicht weiter! Aber wenn sich das Fenster weit genug vom Boden des offenen Ganges weg befindet, kannst Du unter den Flammen weg am Fenster vorbei kriechen. Da die Wärme mit dem Rauch nach oben steigt, dürfte dies kein Problem sein. Um diese Fluchtmöglichkeit gewährleisten zu können, wurde festgelegt, dass Fenster an offenen Gängen mindestens eine Brüstungshöhe von 90 cm haben müssen, sofern es von dem offenen Gang nur in einer Richtung einen Rettungsweg gibt. Das heißt, dass es bei Gebäuden mit zwei Treppenräumen (▶ Bild 29) auch bodentiefe Fenster zu den offenen Gängen hin geben darf – schließlich könnte man bei Durchbrennen eines Fensters auch einfach den anderen Treppenraum nutzen! Die Wohnungseingangstüren werden hierbei vernachlässigt, da man davon ausgeht, dass im Türbereich keine großen Brandlasten angeordnet werden. Ansonsten würde man die Türen ja auch nicht öffnen können, um in seine Wohnung zu gelangen.

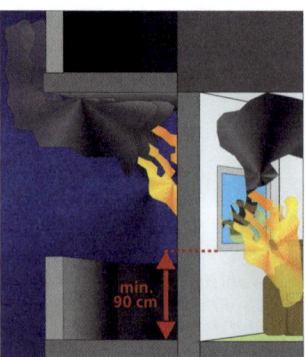

Bild 28: *Die Fenster in offenen Gängen müssen mindestens 90 cm über der Fußbodenoberfläche des offenen Ganges liegen, damit die Gebäudenutzer im Notfall unter den Flammen hindurch krabbeln können.*

2.4 Weitere bauliche und technische Brandschutzeinrichtungen

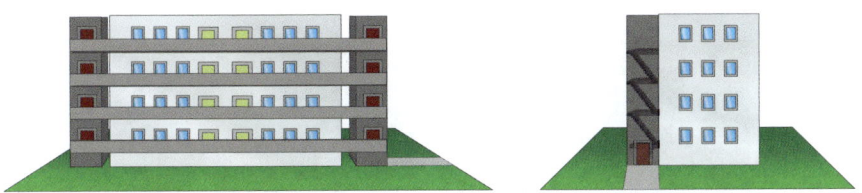

Bild 29: *Wenn Gebäude mit offenen Gängen über zwei unabhängige Treppenräume und somit von jedem Punkt auch über zwei Rettungswege verfügen, gibt es nur noch sehr wenige Anforderungen an die offenen Gänge.*

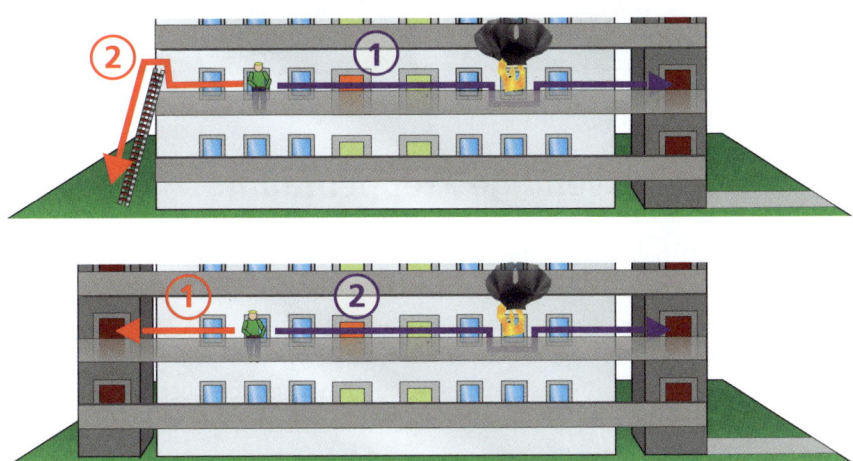

Bild 30: *Auch durch offene Gänge erschlossene Nutzungseinheiten müssen über zwei Rettungswege verfügen. Die anleiterbare Stelle ist vereinfacht dargestellt, nach der Musterbauordnung muss die Wohnung (Nutzungseinheit) erreicht werden können.*

Im Gegensatz zu innerhalb des Gebäudes liegenden notwendigen Fluren ist für offene Gänge keine Unterteilung in Rauchabschnitte vorgesehen, da die Gänge so konstruiert sein müssen, dass aus Fenstern austretender Rauch von sich aus wegzieht (▶ Bild 31). Verglasungen der offenen Gänge, um z. B. vor Kälte oder Regen zu schützen, sind damit nur dann zulässig, wenn sichergestellt werden kann, dass Rauch abziehen kann.

Gleichermaßen dürfen die offenen Gänge allerdings auch nicht mit Gitterrosten ausgeführt sein, da die Böden der offenen Gänge wie die Böden von notwendigen Fluren behandelt werden: Sie stellen die Decke des darunterliegenden Geschosses dar und müssen raumabschließend, also auch rauchdicht, ausgeführt sein.

2 Die sichere Rettung von Menschen und Tieren

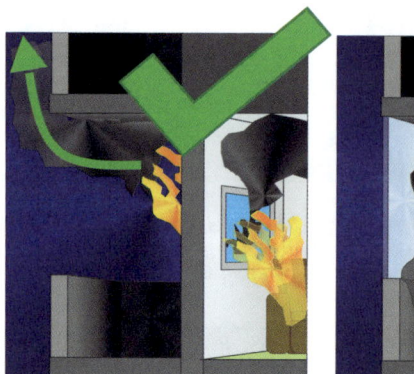

Bild 31: *Offene Gänge müssen so angelegt sein, dass sich austretender Rauch nicht in ihnen sammeln kann.*

2.5 Der notwendige Treppenraum

Eben haben wir uns intensiv um das fluchtartige Verlassen des Gebäudes im Brandfall gekümmert: um verrauchte Nutzungseinheiten, Rauchaustritt in die notwendigen Flure und die Bildung von Rauchabschnitten.

Nun gehen wir einen Schritt weiter: Nehmen wir einmal an, dass Du den notwendigen Treppenraum erreicht hast und darüber das Gebäude verlassen möchtest. Damit dies möglichst sicher möglich ist, gibt es auch an diesen Treppenraum besondere Anforderungen, auf die wir nun eingehen möchten. Exemplarisch diskutieren wir die geltenden Vorschriften am in ▶ Bild 32 gezeigten Mehrparteienhaus. Bitte beachte, dass Ein- und Zweifamilienhäuser normalerweise keinen notwendigen Treppenraum haben müssen.

Frontalansicht   Seitenansicht

Bild 32: *Frontal- und Seitenansicht eines fiktiven Mehrparteienhauses. Der Treppenraum ist, wie häufig auch in der Realität, gut durch andere Fensterformate und seine zentrale Lage im Gebäude zu erkennen.*

2.5 Der notwendige Treppenraum

2.5.1 Allgemeine Anforderungen an den notwendigen Treppenraum

Viele der an einen Treppenraum gestellten allgemeinen Anforderungen sind so selbstverständlich, dass es uns bei näherer Betrachtung fast unvorstellbar erscheint, wie es denn anders sein könnte:

- Jedes Geschoss in einem Gebäude muss durch eine Treppe oder eine flache Rampe erreichbar sein.
- Leitern oder Einschubtreppen dürfen nur in kleinen Gebäuden wie z. B. Ein- und Zweifamilienhäuser zur Erschließung von Nicht-Aufenthaltsräumen im Dachgeschoss (der klassische Dachboden als Lagerraum) verwendet werden.
- Die nutzbare Breite einer Treppe muss für den größten zu erwartenden Verkehr ausreichend dimensioniert sein. Folglich müssen alle Gebäudenutzer in kurzer Zeit das Gebäude verlassen können, ohne dass ein Gedränge auf den Treppen entsteht, welches Stürze mit schweren oder gar tödlichen Verletzungen nach sich ziehen kann.
- Jede Treppe muss über mindestens einen Handlauf verfügen, um ausreichende Trittsicherheit auch für z. B. ältere Menschen zu schaffen.
- Treppen dürfen nicht direkt hinter einer zur Treppe hin aufschlagenden Tür beginnen, sondern es muss ein Treppenabsatz vorhanden sein, der verhindert, dass Menschen aus Unkenntnis von der hinter der Tür angebrachten Treppe überrascht werden und diese herunterfallen.

Öffnungen zu notwendigen Fluren und Nutzungseinheiten
Je nach Gebäudekonzeption kann der erste Rettungsweg aus Deiner Wohnung über einen notwendigen Flur in den Treppenraum und von dort ins Freie führen. Das Gebäude kann aber auch so angelegt sein, dass Deine Wohnung direkt an den Treppenraum angeschlossen ist. Ebenso ist eine Mischung möglich: Manche Wohnungen (bzw. Nutzungseinheiten) sind direkt an den notwendigen Treppenraum angeschlossen, während der Zugang zu anderen Nutzungseinheiten im gleichen Geschoss über einen notwendigen Flur führt.

Merke:
Wichtig ist in jedem Fall, dass der Treppenraum möglichst rauchfrei gehalten wird: Denn der Treppenraum ist DER zentrale Rettungsweg für Menschen aus allen Geschossen eines Gebäudes.

2 Die sichere Rettung von Menschen und Tieren

Auf ihrem Weg aus den Obergeschossen herab ins Erdgeschoss wird ihnen der Rauch (sofern es in den Geschossen unter ihnen brennt) zwangsläufig entgegenziehen – was das Atmen und Sehen für die Betroffenen erheblich erschwert. Die Treppe läuft man zudem zwangsweise langsamer als man die gleiche Strecke in der Horizontalen zurücklegen kann und es besteht eine erhebliche Stolpergefahr, die durch eine Verrauchung noch vergrößert wird.

Im notwendigen Flur ist austretender Rauch zwar auch gefährlich, jedoch können die flüchtenden Personen sich bei beginnender Verrauchung noch ducken, um besser atmen und sehen zu können. Wie bereits beschrieben, ist dies im Treppenraum aufgrund der aufsteigenden Rauchgase keine wirksame Schutzmaßnahme (▶ Bild 33). Zudem sind beim Ausfall des Flures nur die Nutzer des entsprechenden Geschosses, beim Ausfall des Treppenraumes jedoch alle Nutzer des Gebäudes betroffen (sofern nur ein notwendiger Treppenraum vorhanden ist).

Damit sind die Gebäudenutzer bei ihrer Selbstrettung durch den notwendigen Treppenraum besonders verwundbar – was die an den notwendigen Treppenraum gestellten Sicherheitsanforderungen zusätzlich unterstreicht.

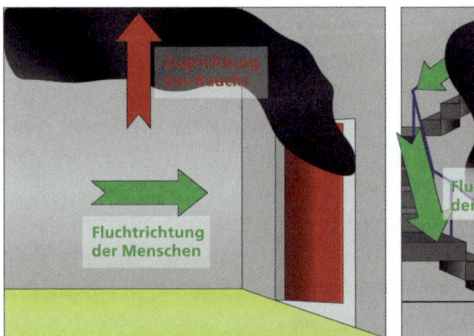
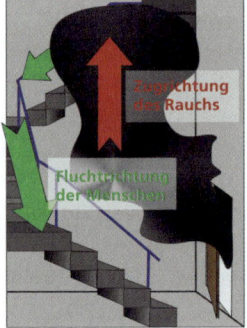

Bild 33: *Während sich Personen bei horizontalem Rettungsweg ducken können, um das Einatmen von Rauchgasen zu vermeiden, ist dies bei verrauchtem Treppenraum nicht möglich. Die aufsteigenden Rauchgase ziehen zwangsläufig an den nach unten flüchtenden Personen vorbei.*

Um den Treppenraum also möglichst rauchfrei zu halten, werden notwendiger Flur und Treppenraum durch eine Rauchschutztür getrennt (▶ Bild 34). Sollte es in einer Nutzungseinheit brennen, könnte der notwendige Flur bei offenstehender Wohnungstür zwar recht zügig verrauchen. Der Raucheintrag in den Treppenraum wird

2.5 Der notwendige Treppenraum

aber gemindert, sodass für die restlichen Bewohner des Mehrparteienhauses eine sichere Selbstrettung möglich ist.

Da Rauchschutztüren selbstschließend sind, muss auch keiner der aus dem Brandgeschoss flüchtenden Bewohner daran denken, die Rauchschutztür zu schließen. Die Verrauchung des notwendigen Treppenraums sollte also auf jeden Fall verzögert werden – es sei denn, dass die Bewohner die Rauchschutztüren mit Keilen dauerhaft geöffnet halten.

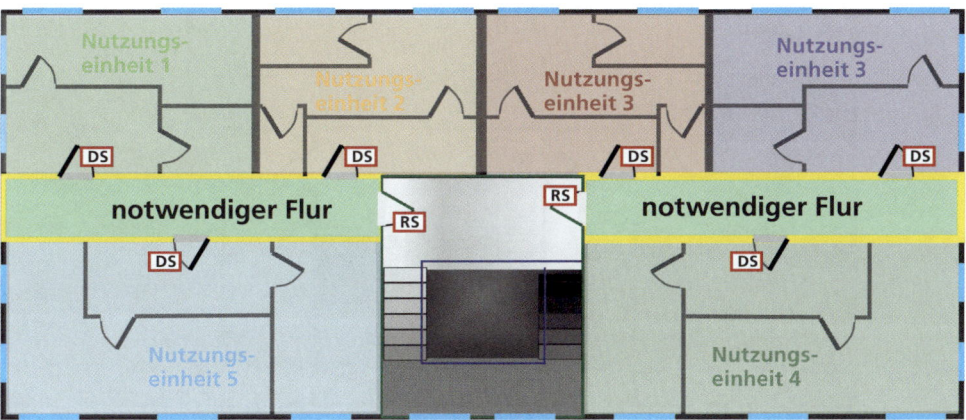

Bild 34: *Ein Treppenraum wird von notwendigen Fluren durch Rauchschutztüren abgetrennt. Diese schließen sich selbsttätig und verringern den Raucheintrag aus dem notwendigen Flur in den Treppenraum deutlich.*

Es muss allerdings auch sichergestellt werden können, dass der notwendige Treppenraum auch dann möglichst rauchfrei gehalten wird, wenn statt notwendigen Fluren nun Nutzungseinheiten an den Treppenraum angeschlossen sind. Für an notwendige Flure grenzende Nutzungseinheiten werden dichtschließende Türen gefordert, die allerdings offen stehen bleiben könnten, wodurch der notwendige Flur verrauchen wird. Da dies im Falle des notwendigen Treppenraumes unbedingt verhindert werden soll, sieht die Musterbauordnung für Nutzungseinheiten, die an den notwendigen Treppenraum angeschlossen sind, seit einigen Jahren dicht- und selbstschließende Türen vor (▶ Bild 35). Diese Türen halten Rauch zwar meist nicht so effektiv zurück wie Rauchschutztüren, aber sie schließen selbsttätig und können daher nicht offen stehen bleiben, nachdem die Bewohner aus der Nutzungseinheit geflüchtet sind. Dadurch wird die Verrauchung des Treppenraumes zumindest verzögert. Du solltest aber bitte beachten, dass in manchen Bundesländern statt

2 Die sichere Rettung von Menschen und Tieren

dicht- und selbstschließender Türen auch nur dichtschließende Türen im notwendigen Treppenraum gefordert werden (z. B. in Nordrhein-Westfalen). Im Gebäudebestand muss ohnehin immer damit gerechnet werden, dass die Türen nicht selbstschließend sind, da diese Regelung nachträglich in die Musterbauordnung aufgenommen worden ist.

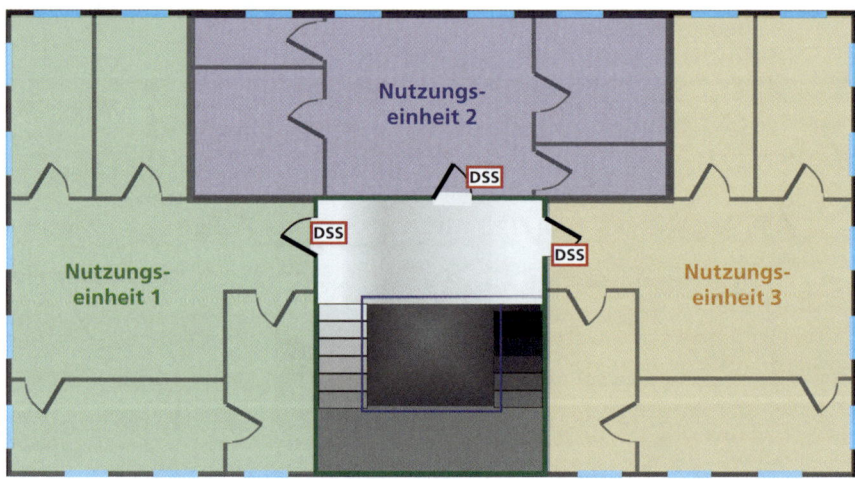

Bild 35: *Für direkt an den notwendigen Treppenraum angeschlossene Nutzungseinheiten sieht die Musterbauordnung dicht- und selbstschließende Türen vor. Diese halten den Rauch zwar in der Regel nicht so gut zurück wie Rauchschutztüren, aber sie bleiben nicht offenstehen und verzögern daher die Verrauchung des Treppenraumes.*

Räume, von denen besondere Brandgefahren ausgehen könnten, wie z. B. Ladengeschäfte, Werkstätten, Lagerräume oder Keller, werden strikt vom notwendigen Treppenraum getrennt. Wären diese Räume vom notwendigen Treppenraum nur durch dichtschließende Türen getrennt, deren Türblätter ja keinen nachgewiesenen Feuerwiderstand haben, könnten sie versagen, bevor sich die Bewohner in Sicherheit gebracht haben. Um dies zu verhindern, werden in solchen Räumen feuerhemmende, rauchdichte und selbstschließende Türen verbaut (kurz genannt T30-RS, ▶ Bild 36): Bis diese Türen nachgeben, dürfte der Brand schon aufgrund von aus den Fenstern schlagenden Flammen oder ähnlichen anderen Erscheinungen entdeckt und die entsprechenden Rettungs- und Brandbekämpfungsmaßnahmen eingeleitet worden sein.

2.5 Der notwendige Treppenraum

Bitte beachte, dass die rauchdichten Eigenschaften einer Tür nur bis zu einer Umgebungstemperatur von 200 °C geprüft werden. Bei höheren Temperaturen können die Dichtungen versagen, wodurch die sogenannte Leckrate, d. h. der Rauchdurchlass pro Zeit, erhöht wird. Unabhängig davon bleiben die feuerhemmenden Eigenschaften des Bauteils erhalten.

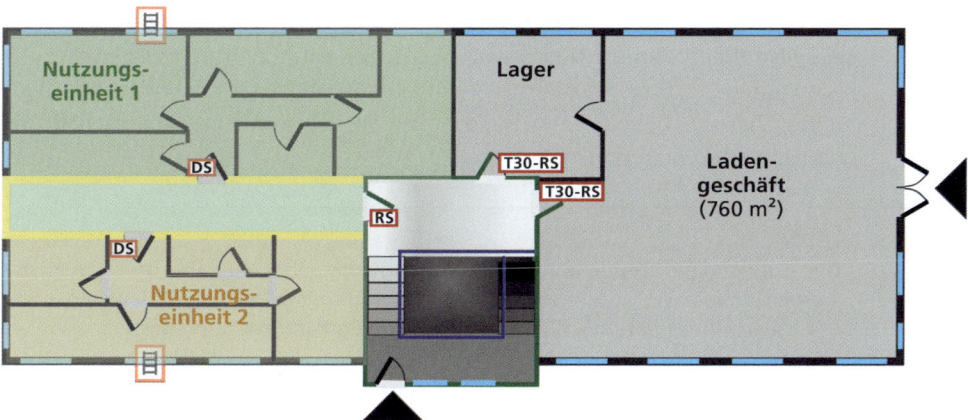

Bild 36: *Wenn Läden, Lagerräume, Werkstätten oder ähnliches an den Treppenraum angeschlossen werden, müssen die Türen feuerhemmend, rauchdicht und selbstschließend (T30-RS) ausgeführt sein.*

Kurzzusammenfassung

Der notwendige Treppenraum ist der wichtigste Rettungsweg für alle Gebäudenutzenden. Er ist durch Rauchschutztüren von notwendigen Fluren und durch dicht- und selbstschließende Türen von Wohnungen abgetrennt, um im Brandfall die Verrauchung hinauszuzögern. Allerdings musst Du immer damit rechnen, dass Rauchschutztüren aufgrund von unterlegten Keilen nicht mehr selbsttätig schließen, die Türschließer von dicht- und selbstschließenden Türen ausgehangen sind oder in der jeweiligen Landesbauordnung gar keine dicht- und selbstschließenden Türen gefordert werden. Einsatztaktisch solltest Du also immer damit rechnen, dass notwendige Treppenräume auch verrauchen können. Andererseits kennst Du nun auch den Wert von Rauchschutztüren sowie dicht- und selbstschließenden Türen. Stell Dir hierzu einfach vor, dass es im Erdgeschoss des in ▶ Bild 32 dargestellten Mehrparteienhauses brennt (keine Menschenleben in Gefahr), wobei die Brandwohnung an einem notwendigen Flur angeschlossen ist. Bevor Du nun also eine Brandbekämpfung befiehlst, durch die die Tür zum notwendigen Flur geöffnet wird und Rauch in den Treppenraum zieht, solltest Du also erst einen Trupp losschicken, um zu überprüfen, ob alle Rauchschutztüren am notwendigen Treppenraum geschlossen oder durch beispielsweise Keile in ihrer Funktion blockiert sind. Ein mobiler Rauchverschluss mit Überdruckbelüftung hilft zusätzlich dabei, die Rauchausbreitung zu minimieren. So kannst Du mit wenig Aufwand unnötigen Schaden vermeiden.

Durchgängigkeit des Treppenraumes
Bei einem Brand sind die Nutzer eines Gebäudes mit hoher Wahrscheinlichkeit in heller Aufregung. Daher müssen die Rettungswege sehr einfach zu finden sein – auch für Besucher oder beispielsweise Handwerker, die sich derzeit im Gebäude befinden und nicht ortskundig sind.

> **Merke:**
> Der notwendige Treppenraum muss durchgängig über alle Geschosse geführt werden. Damit wird die Selbstrettung von ortsfremden Personen erleichtert und der Feuerwehr ein intuitiv nutzbarer Angriffsweg zur Verfügung gestellt.

Dies erleichtert auch uns als Feuerwehr die Arbeit: Sollte eine Person stark von Brandrauch in Mitleidenschaft gezogen worden sein und während der Flucht aus dem Gebäude zusammenbrechen, finden wir sie sehr wahrscheinlich in den notwendigen Fluren oder im Treppenraum. Auch ist ein verrauchter Treppenraum für uns als Feuerwehr einfacher abzusuchen, wenn er durchgängig durch alle Geschosse geht.

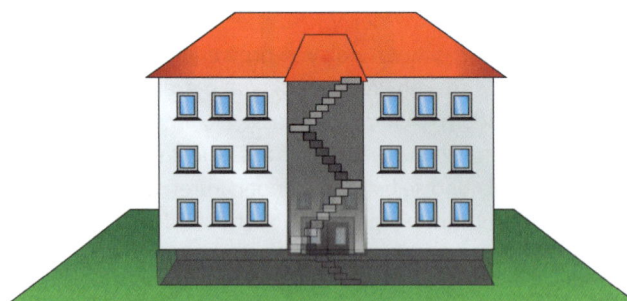

Bild 37: *Der Treppenraum ist für größere Gebäude so auszuführen, dass er durchgängig durch alle Geschosse geht.*

Hier ist auch zu beachten, dass wir als Feuerwehr den Treppenraum auch als Angriffsweg nutzen und es daher bevorzugen, wenn die Orientierung im Gebäude möglichst einfach ist. Bedenke dabei: Würdest Du unter Nullsicht den Weg in die Brandwohnung im 2. Obergeschoss finden, wenn Du zuvor über zwei verschiedene

2.5 Der notwendige Treppenraum

Treppenräume gehen müsstest, um vom Erdgeschoss ins 1. Obergeschoss und wiederum von dort ins zweite Obergeschoss gehen müsstest? Daher bedeutet ein durchgehender Treppenraum auch für uns eine gewisse Sicherheit!

Ausgang ins Freie
Natürlich müssen Menschen auch aus einem notwendigen Treppenraum heraus ins Freie bzw. wir als Feuerwehr aus dem Freien in den notwendigen Treppenraum gelangen können. Daher muss jeder notwendige Treppenraum über einen mittelbaren oder unmittelbaren Ausgang ins Freie verfügen. Es muss gewährleistet sein, dass jeder, der den notwendigen Treppenraum erreicht, von dort auch möglichst sicher ins Freie gelangen kann.

Bild 38: *Ein Treppenraum muss so gebaut sein, dass er die Nutzer direkt ins Freie führt. Sollte dies nicht möglich sein, werden besondere Bedingungen gestellt.*

Dabei ist der Begriff »ins Freie« unbestimmt, sodass viele Interpretationen möglich sind: Wie weit weg muss man vom Gebäude kommen, um »ins Freie« zu gelangen? Reicht ein Abstand von z. B. 5 m zum Gebäude oder muss man die nächste öffentliche Verkehrsfläche erreichen können (wie z. B. bei Versammlungsstätten gefordert wird)? Ein weiterer Interpretationsvorschlag wäre, dass die Nutzer ausreichend weit vom Gebäude weggehen können, um nicht von herabfallenden Trümmern getroffen zu werden: Es reicht dann folglich nicht aus, wenn ein Treppenraum die flüchtenden Bewohner in den engen Innenhof eines Gebäudes führen würde. Stelle Dir einmal diese Situation bei einem ausgedehnten und durchschlagenden Dachstuhlbrand in einem Gebäude mit aufgesetzten Solarpaneelen vor. Da diese Paneele teilweise nur mit kleinen Metallhaken befestigt sind, werden sie durch die Wärmeeinwirkung einen

Teil ihrer Tragfähigkeit einbüßen und könnten folglich herabfallen. Die Paneele würden nun, beschleunigt wie ein Schlitten, in einer Bahnkurve vom Dach stürzen. Mit sehr großer Bewegungsenergie wird der Fallprozess dabei mehr oder weniger eine gerade Linie in Verlängerung der Dachneigung sein, bei geringerer Beschleunigung der Paneele wird ihre Flugbahn einer Kurve ähneln (▶ Bild 39).

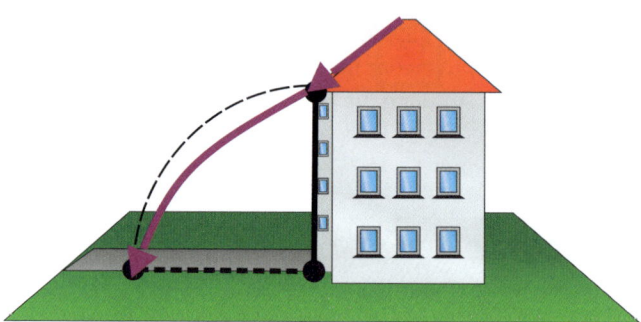

Bild 39: *Grafisch angedeutete Flugbahnen von sehr schnellen (lila Pfeil) vom Dach herabfallenden Objekten wie z. B. Solarpaneelen oder Dachpfannen. Um die Objektnutzer nicht zu gefährden, müssen sie die Gelegenheit haben, sich ausreichend weit vom Gebäude zu entfernen.*

Wenn ein Treppenraum aus baulichen Gründen nicht unmittelbar ins Freie führen kann, sondern einen dazwischengeschalteten Raum nutzen muss, so bestehen an diesen Raum besondere Anforderungen: Es darf nur das minimal nötige Maß an Türen verbaut werden, d. h., dass ausschließlich notwendige Flure und der besagte Treppenraum hieran angeschlossen werden dürfen. Hierdurch wird die Wahrscheinlichkeit reduziert, dass der Ausgang ins Freie durch ein Brandereignis im Ausgangsgeschoss be- oder gar verhindert wird. Zudem muss der Raum mindestens so breit sein wie die Breite der Treppen im Treppenraum, damit sich keine Engstelle ergibt, an der sich flüchtende Menschen gegenseitig behindern könnten (▶ Bild 40).

2.5 Der notwendige Treppenraum

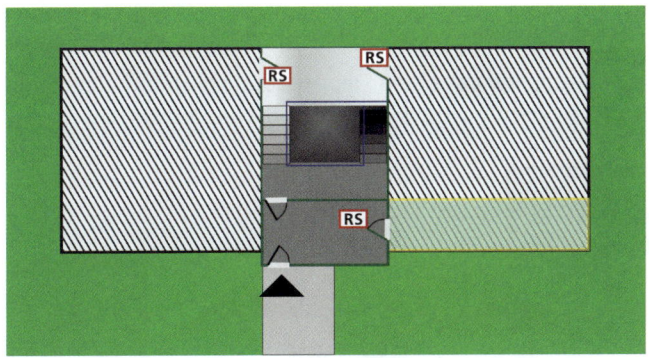

Bild 40: *Wenn ein Treppenraum nicht direkt ins Freie geführt werden kann, muss der Raum, der ihn verlängert, die gleichen Anforderungen an Wände und mindestens die gleiche Breite wie die im Treppenraum befindlichen Treppen haben.*

Natürlich sollte ein Treppenraum aber nicht nur einen Zugang ins Freie haben, um den Nutzern die sichere Flucht zu ermöglichen. Er ermöglicht uns auch das Instellungbringen eines Lüfters, um den Treppenraum taktisch ventilieren zu können. Die in der MBO geforderten Öffnungen zur Rauchabführung können hierzu ebenfalls genutzt werden (siehe nächster Abschnitt). Anforderungen an die Möglichkeit zur Rauchabführung in Treppenräumen wurden allerdings schon in Bauordnungen geregelt, als der Einsatz von Belüftungsgeräten bei Feuerwehren noch nicht verbreitet war.

Fenster im Treppenraum

Wir haben mehrfach darüber diskutiert, wie wichtig es ist, die Rettungswege von Rauch freizuhalten. Wenn es nun aber, aus welchen Grund auch immer, doch zur Verrauchung des Treppenraumes gekommen ist (z. B. durch eine nicht funktionierende Rauchschutztür oder Wohnungstür), bleibt uns als Mittel der Wahl zunächst nur den Raucheintritt zu stoppen und eine taktische Ventilation einzuleiten. Dafür benötigen wir aber nicht nur eine Öffnung zum Instellungbringen des Lüfters, sondern wir benötigen auch mindestens eine Abluftöffnung, um den Brandrauch aus dem Treppenraum zu drücken. In jedem Geschoss muss zu diesem Zweck mindestens ein zu öffnendes Fenster mit einer Fläche von mindestens 0,5 m² oder alternativ ein Rauchabzug an der obersten Stelle vorhanden sein. Dieser Rauchabzug muss mindestens eine Fläche von 1 m² haben und sowohl vom Erdgeschoss als auch vom obersten Treppenabsatz aus zu öffnen sein (▶ Bild 41). Damit kann man sicherstellen, dass bei vollständig verrauchtem Treppenraum direkt bei Eintritt des

Trupps in den Treppenraum die Rauchableitung aus dem Erdgeschoss heraus aktiviert werden kann. Im Falle eines nur in den oberen Geschossen verrauchten Treppenraums kann der Trupp vom obersten Treppenabsatz die Rauchableitung an oberster Stelle öffnen, ohne dazu wieder ins Erdgeschoss laufen zu müssen.

Bild 41: *Betrachtet wird ein Wohnungsbrand im Erdgeschoss mit Rauchausbreitung in den notwendigen Treppenraum. Zur Entrauchung und Belüftung eines Treppenraumes müssen entweder pro Geschoss mindestens 0,5 m² zu öffnende Fensterfläche oder am obersten Punkt des Treppenraums ein Rauchabzug mit mindestens 1 m² Fläche vorhanden sein. Der Rauchabzug muss vom Erdgeschoss wie auch vom obersten Treppenabsatz aus bedienbar sein.*

2.5.2 Innen- und außenliegende notwendige Treppenräume

Es wird zwischen innen- und außenliegenden Treppenräumen unterschieden: ein außenliegender Treppenraum liegt mit mindestens einer Seite an einer Außenwand. Weil innenliegende Treppenräume (▶ Bild 42) nicht durch zu öffnende Fenster entraucht werden können, müssen sie zwangsläufig über eine Rauchableitung an oberster Stelle verfügen.

2.5 Der notwendige Treppenraum

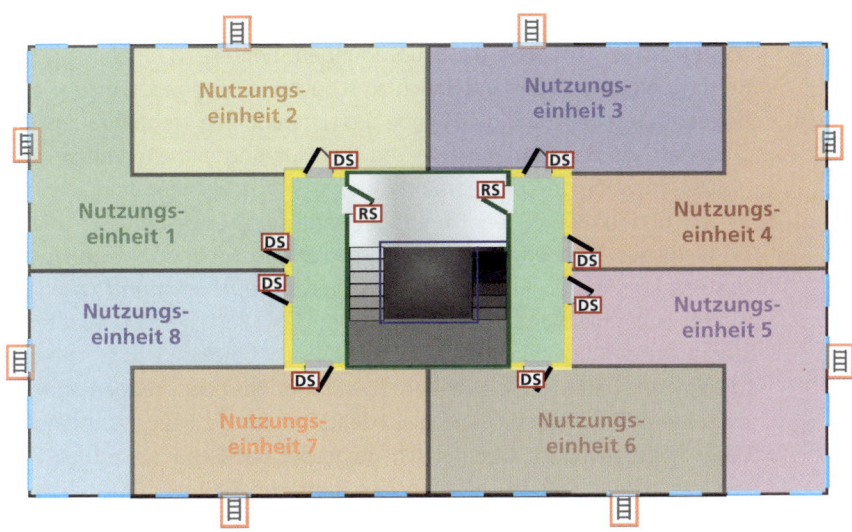

Bild 42: *Beim innenliegenden Treppenraum grenzt keine der Wände des notwendigen Treppenraums an eine Außenwand.*

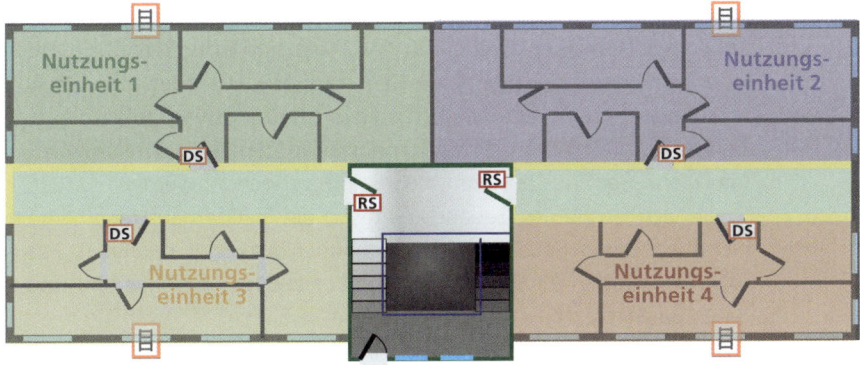

Bild 43: *Beispiel für einen außenliegenden Treppenraum: Mindestens eine Wand des Treppenraums ist eine Außenwand, drei Wände grenzen an weitere Räume im Gebäude.*

Wände von notwendigen Treppenräumen

In den vergangenen Unterkapiteln wurde so viel Wert auf die Durchgängigkeit des Treppenraums, die Entrauchungsmöglichkeiten und die allgemeinen Anforderungen gelegt, weil es der Hauptrettungsweg für Menschen im Gebäude ist: Aus jedem

Obergeschoss ist der Treppenraum der erste Rettungsweg für die dort befindlichen Menschen. Daher sehen die Bauordnungen mehrere Maßnahmen vor, um diesen Rettungsweg vor Feuer und Rauch zu schützen. Dies erreicht man u. a. durch einen hohen Feuerwiderstand der Wände des notwendigen Treppenraums, um eine Zelle zu bilden, die den Treppenraum von den Nutzungseinheiten abgrenzt.

Der notwendige Treppenraum muss raumabschließend von allen Nutzungseinheiten und notwendigen Fluren getrennt sein. Dabei müssen die Wände des notwendigen Treppenraums, je nach Größe des Gebäudes, *feuerhemmend* (mindestens 30 Minuten Feuerwiderstand), *hochfeuerhemmend* (mindestens 60 Minuten Feuerwiderstand) oder *feuerbeständig* (mindestens 90 Minuten Feuerwiderstand) ausgeführt sein und ggf. sogar noch besondere mechanische Festigkeit mitbringen. Damit soll gewährleistet werden, dass der Treppenraum in jedem Fall ein sicherer Rettungsweg und gleichzeitig ein für die Feuerwehr längere Zeit nutzbarer Angriffsweg ist. Generell gilt: Je größer das Gebäude und die Anzahl der zu erwartenden Nutzer ist, desto höher muss der Feuerwiderstand der Wände des Treppenraums sein.

Verwendete Baustoffe

Die besten Maßnahmen zur Sicherung des Treppenraums gegen das Eindringen von Rauch bringen uns nichts, wenn es im Treppenraum selbst brennt: Dies muss daher unbedingt vermieden werden. In der Praxis sind in notwendigen Treppenräumen jedoch immer wieder brennbare Gegenstände wie Kinderwagen, Schuhregale etc. vorzufinden, die im Brandfall den ersten Rettungsweg gefährden oder gar zum Komplettausfall führen. Zusätzlich dürfen in den Treppenräumen z. B. von Mehrfamilienhäusern nur bestimmte Baustoffe verwendet werden:

Je nach Größe des Gebäudes müssen die Treppen aus feuerhemmenden **oder** nichtbrennbaren Baustoffen (für Gebäudeklasse 3, ▶ Kapitel 3), aus nichtbrennbaren Baustoffen (Gebäudeklasse 4) oder aus feuerhemmenden **und** nichtbrennbaren Baustoffen bestehen (Gebäudeklasse 5).

Die Bekleidungen, Putze, Dämmstoffe, Unterdecken und Einbauten müssen aus nicht brennbaren Baustoffen bestehen. Wände und Decken dürfen zwar aus brennbaren Baustoffen (wie z. B. Holz) bestehen, aber sie müssen mit einer ausreichend dicken Bekleidung geschützt werden, dass ihre Entzündung ausgeschlossen werden kann. Die Bodenbeläge müssen aus schwer entflammbaren Baustoffen bestehen.

2.5 Der notwendige Treppenraum

Außentreppen

Nun haben wir schon viele Anforderungen an den notwendigen Treppenraum gesehen, doch aus Deiner Einsatzerfahrung weißt Du wahrscheinlich auch: Man kann machen was man möchte, es kann immer etwas passieren, das die besten und durchdachtesten Vorkehrungen auf vollkommen verrückte Weise konterkariert. Beispielsweise könnten die mit viel Aufwand sicher ausgeführten notwendigen Treppenräume durch Brandlasten wie z. B. Kinderwagen oder Schuhschränke trotzdem gefährdet werden – und damit wäre der erste Rettungsweg unpassierbar. Allerdings muss man sich auch vor Augen führen, dass es sich hierbei um Einzelfälle handelt, in denen unvernünftiger Weise sowohl Brandlast im notwendigen Treppenraum abgestellt wurde als auch diese Brandlast entzündet wurde – was beispielsweise aufgrund von Brandstiftung passieren könnte.

Wir haben auch schon gelernt, dass der zweite Rettungsweg beispielsweise durch Leitern der Feuerwehr sichergestellt werden kann. Dies klappt aber auch nur, wenn wir ausreichende Aufstellflächen für die Drehleiter und/oder Stellflächen für tragbare Leitern haben. Sollte dies nicht der Fall sein, muss man sich bereits bei der Planung des Gebäudes eine andere Lösung überlegen – und dies können beispielsweise Außentreppen sein.

Du hast diese Art von Treppen sicherlich schon mal an verschiedenen Gebäuden gesehen: Sie ermöglichen, dass man aus einem Fenster (ggf. auch durch eine Tür) auf einen vorbereiteten Balkon steigt und von dort über Treppen das umgebende Gelände und damit das Freie erreichen kann.

Doch auch an diese Außentreppen werden gewisse Anforderungen gestellt, sofern sie einen geforderten baulichen Rettungsweg darstellen: Sie dürfen nicht so nah an Gebäuden bzw. an Fenstern vorbeiführen, dass aus diesen Fenstern schlagende Flammen die Benutzung der Treppe unmöglich machen würde. Daher muss ein gewisser Abstand zum Gebäude bzw. zu Fenstern ohne Feuerwiderstand eingehalten werden oder die Fenster müssen einen Feuerwiderstand, z. B. feuerhemmend, aufweisen (▶ Bild 44). Wenn die Außentreppen jedoch nur installiert werden, weil beispielsweise keine anleiterbare Stelle vorhanden ist, fallen diese Anforderungen weg, da sich sonst eine Ungleichbehandlung ergeben würde.

2 Die sichere Rettung von Menschen und Tieren

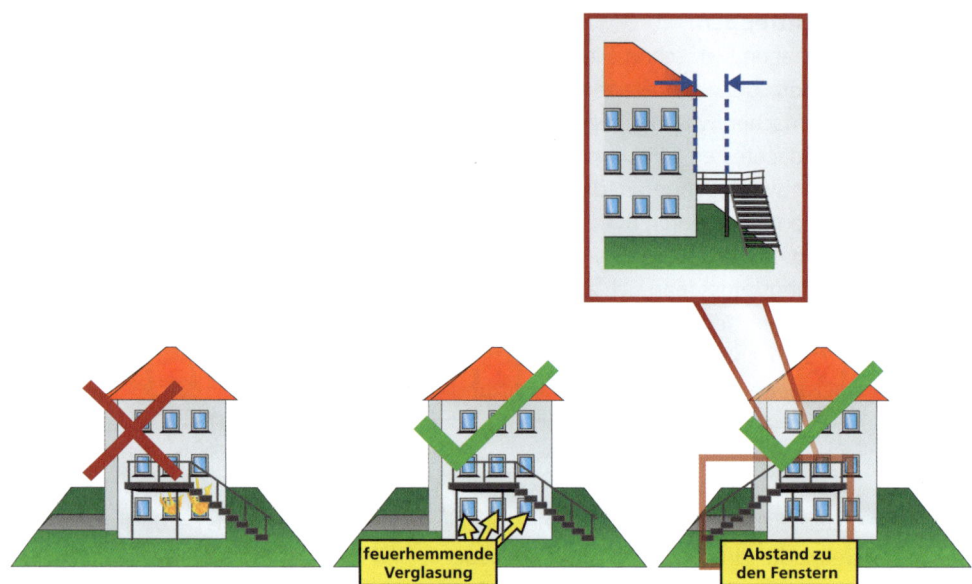

Bild 44: *Zwischen Außentreppen, die als baulicher Rettungsweg benötigt werden, und dem Gebäude muss ein ausreichender Abstand liegen, damit die Treppe nicht durch Feuer und/ oder Rauch unbenutzbar wird. Alternativ kann eine feuerhemmende Verglasung in die an die Treppe angrenzenden Fensteröffnungen eingesetzt werden.*

2.5.3 Der Sicherheitstreppenraum

Mit den Außentreppen hast Du nun eine gute Möglichkeit kennengelernt, um die Selbstrettungsfähigkeit von Menschen bei einem Brandereignis zu erhöhen: Sie haben zwei voneinander unabhängige und sichere Wege, um das Gebäude zu verlassen, ohne auf die Rettungsgeräte der Feuerwehr angewiesen zu sein.

Doch was tun wir, wenn weder zwei Treppenräume noch Außentreppen möglich sind? Dann versucht man eine Möglichkeit zu finden, um ganz sicher zu gehen, dass der notwendige Treppenraum als erster Rettungsweg nicht wegfällt. Dies wird in der Regel mit einem Sicherheitstreppenraum bewerkstelligt. Solche Sicherheitstreppenräume finden sich oft in Hochhäusern, da es hier in den höher liegenden Geschossen keine Möglichkeiten zur Rettung über die Leitern der Feuerwehr gibt. Die Einrichtung von zwei unabhängigen Treppenräumen würde möglicherweise einen so großen Teil der Grundfläche in Beschlag nehmen, sodass zu wenig Nutzfläche für ein wirtschaftliches Bauen zur Verfügung stehen würde. Damit ist der Sicherheitstreppen-

2.5 Der notwendige Treppenraum

raum ein gut funktionierender und aus Sicht des vorbeugenden Brandschutzes gut zu vertretender Kompromiss zwischen Sicherheit und Wirtschaftlichkeit.

Ein Sicherheitstreppenraum soll garantieren, dass weder Feuer noch Rauch in ihn eindringen bzw. ihn als Rettungsweg ausfallen lassen: Daher müssen die Wände von Sicherheitstreppenräumen mindestens **feuerbeständig** (d. h. 90 Minuten Feuerwiderstandsdauer und aus nichtbrennbaren Baustoffen) konstruiert sein und eine besondere mechanische Widerstandsfähigkeit aufweisen (Bauart einer Brandwand, wir werden das später noch detaillierter erläutern). Es dürfen keine Türen zu Nutzungseinheiten, Abstell- oder Lagerräumen in den Sicherheitstreppenräumen vorhanden sein, d. h., dass die einzigen Türen entweder ins Freie, in Vorräume oder zu offenen Gängen (▶ Bild 45) führen dürfen. Sofern sich im Sicherheitstreppenraum Fenster befinden, dürfen sich diese nicht öffnen lassen – denn so könnte ja ggf. unkontrolliert Rauch von außen eindringen, was um jeden Preis verhindert werden muss. Zudem können technische Einrichtungen zur Verhinderung des Raucheintritts (dazu später mehr) sonst nicht wirken.

Es wird zwischen zwei verschiedenen Arten von Sicherheitstreppenräumen unterschieden:

Außenliegende Sicherheitstreppenräume
Hier wird der Eingang zum Sicherheitstreppenraum so angeordnet, dass er nur über einen offenen Gang erreicht werden kann, wobei der offene Gang quasi eine »Schleuse« darstellt: Sollte Rauch auf den offenen Gang austreten, wird er durch die Thermik eher nach oben wegziehen oder durch den »freien Luftstrom« abgeleitet, als in den Sicherheitstreppenraum einzudringen – dadurch kann die Rauchfreiheit des Treppenraumes gewährleistet werden. Ein Beispiel für einen außenliegenden Treppenraum findet sich in ▶ Bild 45.

2 Die sichere Rettung von Menschen und Tieren

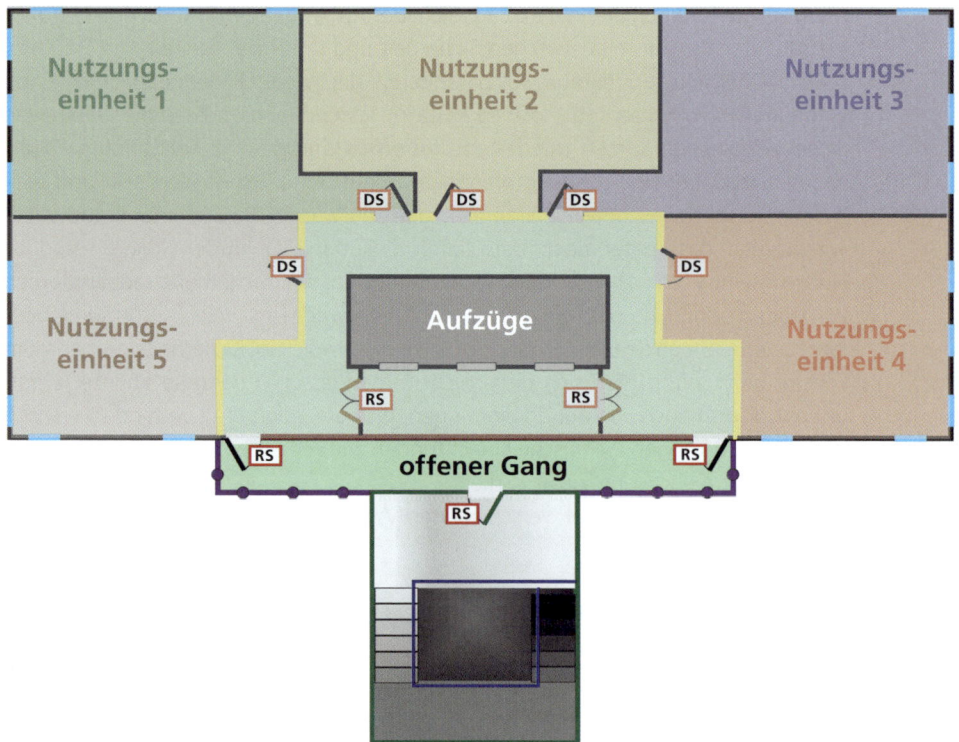

Bild 45: Ein außenliegender Sicherheitstreppenraum verhindert durch räumliche Trennung von Treppenraumeingang und den möglichen Austrittsöffnungen für Rauch, dass dieser Rauch in den Treppenraum eindringen kann. Der Treppenraum muss mindestens feuerbeständig und in Bauart einer Brandwand (mehr dazu weiter unten) gebaut sein.

Innenliegende Sicherheitstreppenräume

Während man bei außenliegenden Sicherheitstreppenräumen die natürliche Belüftung sowie die Thermik der nach oben wegziehenden, heißen Rauchgase nutzt, können wir beim innenliegenden Sicherheitstreppenraum diese Faktoren nicht einbeziehen. Daher muss eine technische Kompensation erfolgen. Diese wird umgesetzt durch eine Schleuse zum notwendigen Flur (an der keine anderen Räume angeschlossen sein dürfen), durch die der Eintritt von Rauch in den Sicherheitstreppenraum minimiert werden soll. Um den Eintritt von Feuer und Rauch vollständig auszuschließen, wird zusätzlich durch eine Lüftungsanlage ein dosierter und, je nach Strömungsverhältnissen, automatisch angepasster Überdruck angelegt: Dieser Druck

2.5 Der notwendige Treppenraum

reicht aus, um selbst bei mehr als einer gleichzeitig geöffneten Tür die Rauchgase aus Treppenraum und Schleusen herauszuhalten. Bei der Bemessung der Lüftungsanlage muss darauf geachtet werden, dass der Druck nicht zu groß wird, da sich die Türen ansonsten nicht mehr öffnen lassen. Die Lüftungsanlage muss ausfallsicher ausgeführt sein, d. h., dass in vielen Fällen wichtige Bauteile doppelt vorhanden sein müssen und eine Sicherheitsstromversorgung gefordert wird, die den Betrieb bei Stromausfall gewährleistet.

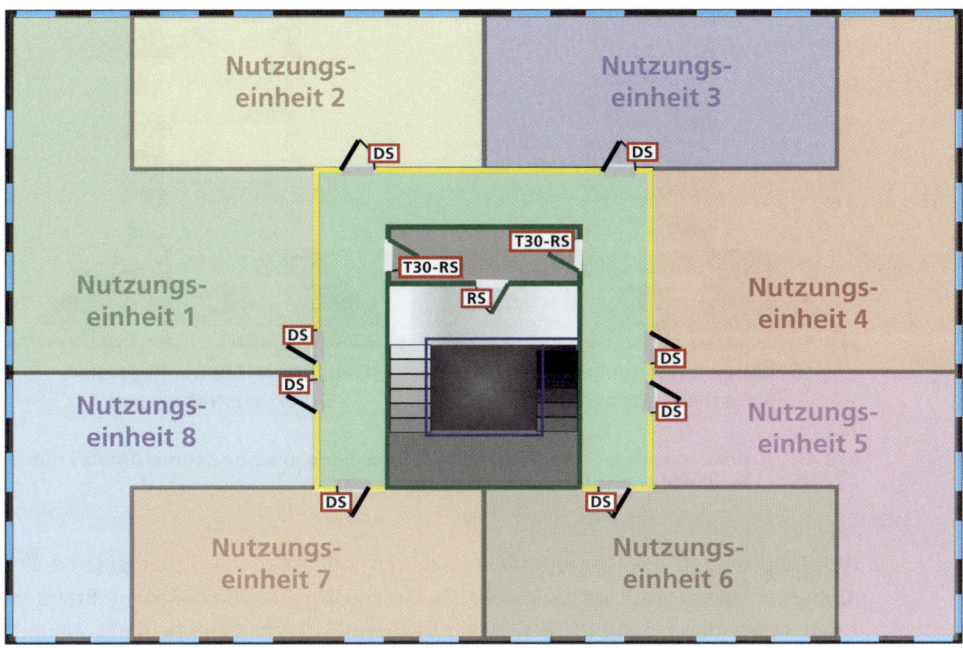

Bild 46: *Ein innenliegender Sicherheitstreppenraum mit Schleuse zum notwendigen Flur. Der Treppenraum kann durch eine Lüftungsanlage unter einen Überdruck gesetzt werden, der den Eintritt von Rauch verhindert, aber gleichzeitig noch das Öffnen der Türen ermöglicht.*

Viele außenliegende Sicherheitstreppenräume kannst Du als neben dem Gebäude stehenden Treppenraum schon auf der Anfahrt von außen erkennen. Manche Gebäude lassen dies allerdings nicht zu, da der außenliegende Sicherheitstreppenraum vom Architekten geschickt in das Gesamtbild eingepasst wurde und daher nicht direkt ins Auge sticht. Bei Fehlen dieses Merkmals kannst Du also nicht durch den Blick von außen zwischen einem innenliegenden Sicherheitstreppenraum, einem außenliegendem Sicherheitstreppenraum und zwei »normalen« Treppenräumen unterscheiden – es sei denn, Du siehst zwei so weit auseinanderliegende Eingangstüren, dass dies sicher auf zwei getrennte Treppenräume hindeutet (▶ Bild 47). Eine eindeutige Auskunft, wie der erste und zweite Rettungsweg der Bewohner sichergestellt wird, bekommst Du nur aus einem Feuerwehrplan oder aus einer entsprechenden Erkundung vor Ort.

Gebäude mit innenliegendem Sicherheitstreppenraum

Gebäude mit außenliegendem Sicherheitstreppenraum

Bild 47: *Außenliegende Sicherheitstreppenräume können schon auf der Anfahrt gut zu erkennen sein, innenliegende nicht.*

Aufgrund ihrer Druckbelüftungsanlage dürfen innenliegende Sicherheitstreppenräume vom Kellergeschoss bis ins oberste Geschoss gehen, da bei einem Brand im Keller durch den Überdruck der Rauch aus dem Sicherheitstreppenraum herausgehalten würde (▶ Bild 48). Als Sicherheitsmaßnahme ist auch hier eine Schleuse vor dem Sicherheitstreppenraum vorzusehen und vor dieser Schleuse wiederum muss sich ein notwendiger Flur befinden, d. h., dass die Schleuse nicht direkt an einen Lagerraum im Keller angeschlossen sein darf. Man spricht hier von einer »Sicherheitskaskade«.

Außenliegende Sicherheitstreppenräume dürfen hingegen nicht an das Kellergeschoss angeschlossen werden, da bei Versagen einer der dort angebrachten feuerhemmenden und rauchdichten Türen Rauch in den Treppenraum gelangen könnte und damit der einzige Rettungsweg abgeschnitten sein würde. Es muss daher einen getrennten Zugang vom Erdgeschoss zum Kellergeschoss und vom Erdgeschoss in den Sicherheitstreppenraum geben (▶ Bild 49).

2.5 Der notwendige Treppenraum

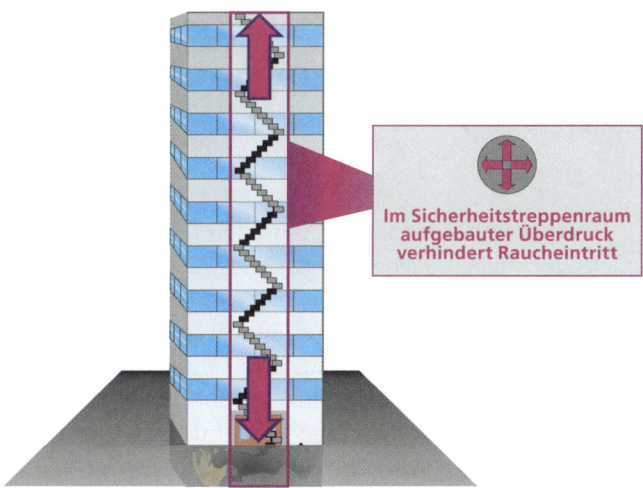

Bild 48: Durch die Druckbelüftung können weder Feuer noch Rauch eines Kellerbrandes in den innenliegenden Sicherheitstreppenraum eindringen, weshalb ein Kellergeschoss an den innenliegenden Sicherheitstreppenraum angeschlossen sein darf. Die Schleuse zum Keller und der notwendige Flur sind in dieser schematischen Zeichnung ausgelassen.

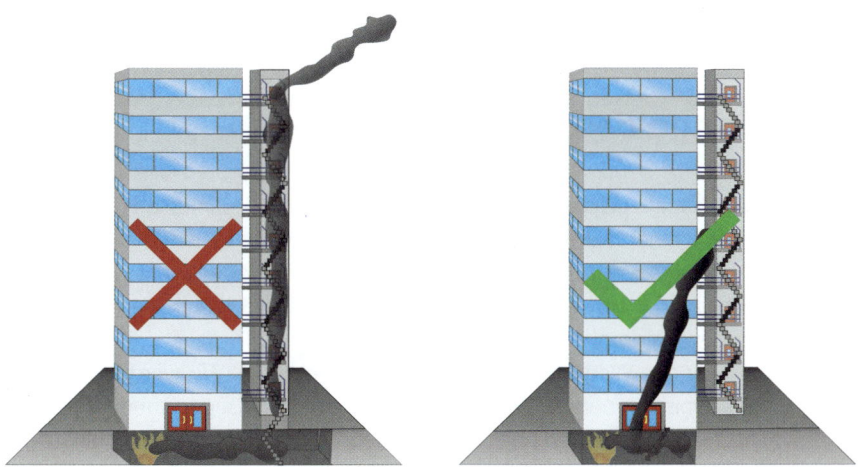

Bild 49: Außenliegende Sicherheitstreppenräume könnten theoretisch durch Kellerbrände verraucht werden, da der Rauch nicht durch einen Überdruck zurückgehalten wird. Daher ist ihr Anschluss an Kellergeschosse nicht erlaubt. Für Gebäude mit außenliegenden Sicherheitstreppenräumen muss es daher immer einen separaten Kellerzugang geben.

3 Taktische Schlussfolgerungen aus den Vorgaben des vorbeugenden Brandschutzes

Was fängst Du nun mit all dem vermittelten Wissen zu Rettungswegen, notwendigen Treppenräumen oder offenen Gängen an? Ist dieses Wissen nur für Architekten und Beamte in den Brandschutzdienststellen interessant oder kann es Dir bei Deiner Tätigkeit als Führungskraft im Einsatzdienst nützlich sein?

Um die Antwort vorwegzunehmen: Aus dem Wissen über den vorbeugenden Brandschutz lassen sich einige wertvolle Taktiken für das praktische Vorgehen im Brandeinsatz ableiten. Wie wir im weiteren Verlauf dieses Kapitels sehen werden, lassen sich mit dem Gelernten aber auch Herausforderungen identifizieren, vor die wir eines Tages im Einsatz gestellt werden könnten. Denn wenn Du die rechtlichen Vorgaben zum vorbeugenden Brandschutz kennst, weißt Du umgekehrt auch, welche Vorgaben nicht vom Gesetzgeber gemacht wurden. Soll heißen: Trotz eines sehr durchdachten und praxisnahen Grundkonzeptes, gibt es auch in den vom Gesetzgeber vorgesehenen Regelungen zum vorbeugenden Brandschutz gewisse Graubereiche, die uns im Einsatz vor knifflige Herausforderungen stellen können.

3.1 Länge der Angriffsleitung

Wir haben gelernt, dass der erste Rettungsweg gemessen von jedem beliebigen Punkt einer Nutzungseinheit in maximal 35 m in einen sicheren Bereich, also beispielsweise zum notwendigen Treppenraum oder ins Freie führen muss. Diese Strecke wird in Luftlinie gemessen, d. h., dass Möbel oder andere Einrichtungsgegenstände nicht berücksichtigt werden.

Für den Weg unseres Vorgehens gilt dies nicht: Wir werden sehr wahrscheinlich die typischerweise in Wohnungen aufgestellten Gegenstände bei der Suche nach vermissten Personen oder dem Brandherd umrunden, wenn wir nach der Linke- bzw. nach der Rechte-Hand-Regel vorgehen. Folglich legen wir, je nachdem wo in der Nutzungseinheit der Brandherd ist, möglicherweise eine längere Strecke als die gedachte Luftlinie von maximal 35 m zurück. Es erscheint demnach angemessen, wenn der Angriffstrupp eine Angriffsleitung mit mehr als 35 m Länge (gemessen vom sicheren Bereich, also beispielsweise dem Freien oder dem Übergang eines not-

3.1 Länge der Angriffsleitung

wendigen Flurs zu einem notwendigen Treppenraum) mit sich führt, um auch mit der Umrundung von Hindernissen sicher jeden Punkt in der Nutzungseinheit erreichen zu können.

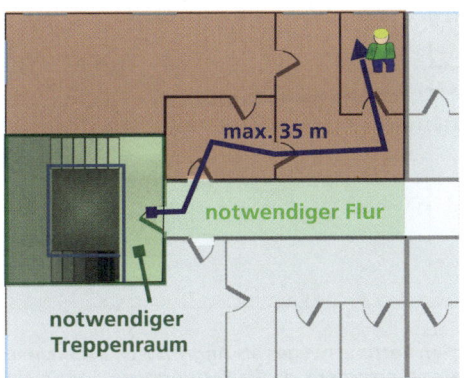 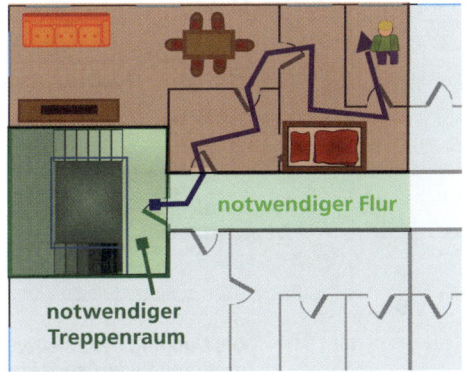

Bild 50: *Grundlage für die Bemessung der Länge des Rettungsweges ist die Luftlinie, Möbel und Einrichtungsgegenstände werden nicht berücksichtigt. Eine Schlauchleitung von mehr als 35 m Länge kann dementsprechend notwendig werden.*

Dies gilt aber auch nur, wenn der dem Brandraum nächstgelegene notwendige Treppenraum als Angriffsweg gewählt wird. Für den am weitesten verbreiteten Typ von Mehrfamilienhäusergrundrissen, deren Wohnungen direkt an den Treppenraum angebunden sind, stellt sich diese Frage nicht. Bei größeren Gebäuden kann es jedoch sein, dass mehr als ein notwendiger Treppenraum errichtet worden ist. In diesem Fall kann, wenn über den als zweiter baulicher Rettungsweg vorgesehenen Treppenraum vorgegangen wird, die Länge des Angriffsweges und damit die Menge des benötigten Schlauchmaterials nochmals deutlich größer sein (▶ Bild 51). Speziell bei größeren Gebäuden gehört das eindeutige Vorgeben eines Angriffsweges im Befehl daher unbedingt zu den Aufgaben einer Führungskraft.

Ein Vorgehen über einen weiter entfernten notwendigen Treppenraum kann vor allem dann sinnvoll sein, wenn noch Menschen auf den als ersten Rettungsweg dienenden Treppenraum angewiesen sind und deshalb eine Verrauchung und eine Einschränkung durch Schlauchleitungen unbedingt ausgeschlossen werden soll. Wenn jedoch ein zweiter notwendiger Treppenraum als Angriffsweg nicht zur Verfügung steht (wie z. B. bei den meisten Mehrfamilienhäusern), musst Du andere Möglichkeiten finden, den Treppenraum rauchfrei zu halten. Hier gibt es vielfältige

3 Taktische Schlussfolgerungen aus Kapitel 2

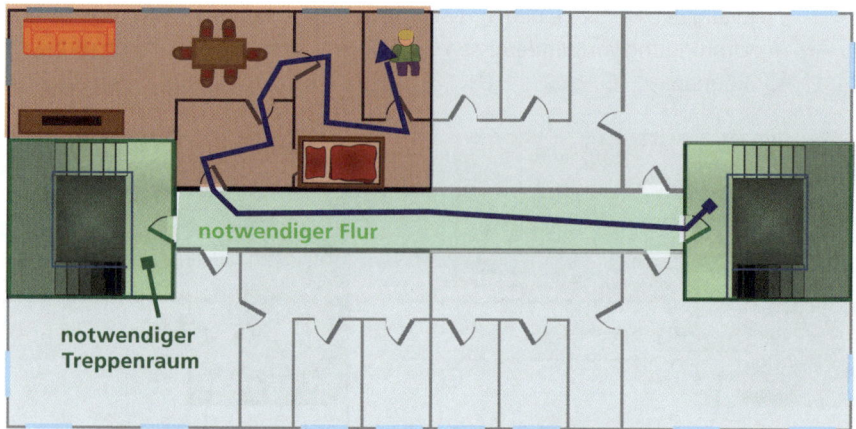

Bild 51: *Die Nutzung des zweiten baulichen Rettungsweges als Angriffsweg kann einen größeren Bedarf an Schlauchmaterial erfordern, da die Rettungsweglänge nicht auf 35 m beschränkt ist.*

verschiedene Techniken aus dem Bereich taktische Ventilation in Kombination mit dem mobilen Rauchverschluss, die eine gute Hilfe bieten.

3.2 Der verrauchte Treppenraum

Gehen wir einmal davon aus, dass es im 2. Obergeschoss eines Mehrfamilienhauses mit insgesamt vier oberirdischen Geschossen (d. h. ein Erdgeschoss und drei Obergeschosse) brennt. Es befinden sich keine Personen mehr in der Brandwohnung, allerdings ließ der Mieter seine Wohnungstür bei der Flucht aus dem Gebäude offen (die Landesbauordnung des Bundeslandes, in dem Du Dich befindest, sieht nur dicht- und nicht selbstschließende Wohnungstüren im notwendigen Treppenraum vor). Folglich ist der notwendige Treppenraum dicht verraucht. Zudem kann nicht ausgeschlossen werden, dass einige Hausbewohner in Panik versucht haben durch den Treppenraum ins Freie zu gelangen – und dabei im notwendigen Treppenraum zusammengebrochen sind. Es muss daher von einer Menschenrettung im notwendigen Treppenraum ausgegangen werden, d. h. er muss durch einen Trupp abgesucht werden.

3.2 Der verrauchte Treppenraum

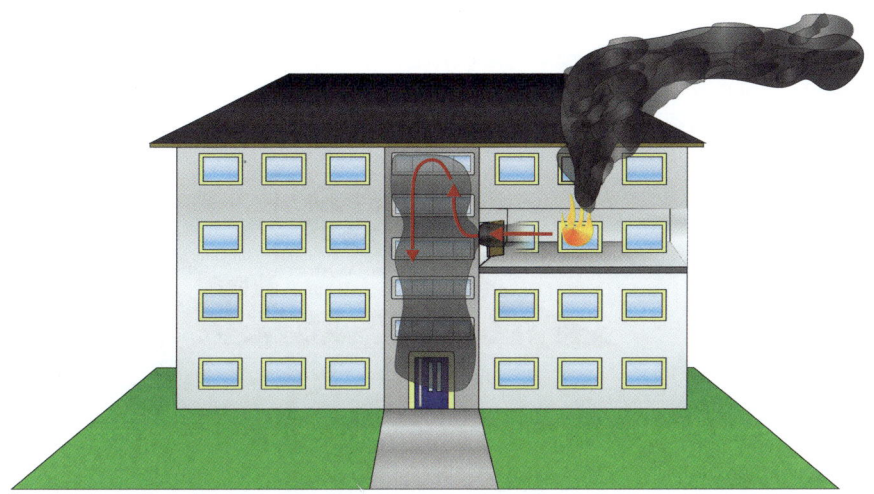

Bild 52: *Fiktiver Wohnungsbrand mit Verrauchung des notwendigen Treppenraums. In der Brandwohnung werden keine Personen mehr vermutet, im Treppenraum sowie in den an die Brandwohnung angrenzenden Wohnungen hingegen könnten Menschen vermisst werden.*

Bei der Personensuche kann eine Entrauchung sehr hilfreich sein, da sich hierdurch die Sichtweite und die Geschwindigkeit des vorgehenden Trupps sowie die Überlebenschancen der vermissten Personen beträchtlich steigern lassen.

Aber welche Möglichkeiten bietet dieses Haus zur Entrauchung des notwendigen Treppenraumes? Wenn das Haus über fünf oberirdische Geschosse verfügen würde (i. d. R. wird dadurch eine Fußbodenhöhe von 13 m überschritten), könnten wir mit einer Öffnung an oberster Stelle des Treppenraumes rechnen, über die Rauch abgeleitet werden kann. Diese Öffnung ließe sich anhand einer Bedienungseinrichtung im Erdgeschoss und am obersten Treppenabsatz aktivieren. Allerdings hat das hier abgebildete Haus nur vier oberirdische Geschosse, also wird es sehr wahrscheinlich diese Möglichkeit der Rauchableitung nicht bieten. Als Alternative bleiben aber die Fenster, mit denen der Treppenraum in diesem Fall ausgestattet sein muss.

Wenn der Treppenraum bis ins 3. Obergeschoss abgesucht werden soll, muss zwangsläufig die Tür zum Brandraum im 2. Obergeschoss gesichert werden, indem ein Trupp diese schließt, einen mobilen Rauchverschluss anbringt und sie mit Wasser am Strahlrohr bewacht. Auf seinem Weg dorthin kann dieser Trupp schon auf Anweisung alle auf dem Weg befindlichen Fenster öffnen, um den Rauch dadurch bereits abziehen zu lassen. Gemeinsam mit der geöffneten Haustür ergibt sich ein

3 Taktische Schlussfolgerungen aus Kapitel 2

Strömungspfad für eine natürliche Ventilation, sodass auch ohne Überdruckbelüftung zügig eine Verbesserung der Lage einhergehen wird. Die nachfolgend durch den Treppenraum vorgehenden Trupps werden folglich eine bessere Sicht haben, sodass die Menschenrettung beschleunigt wird.

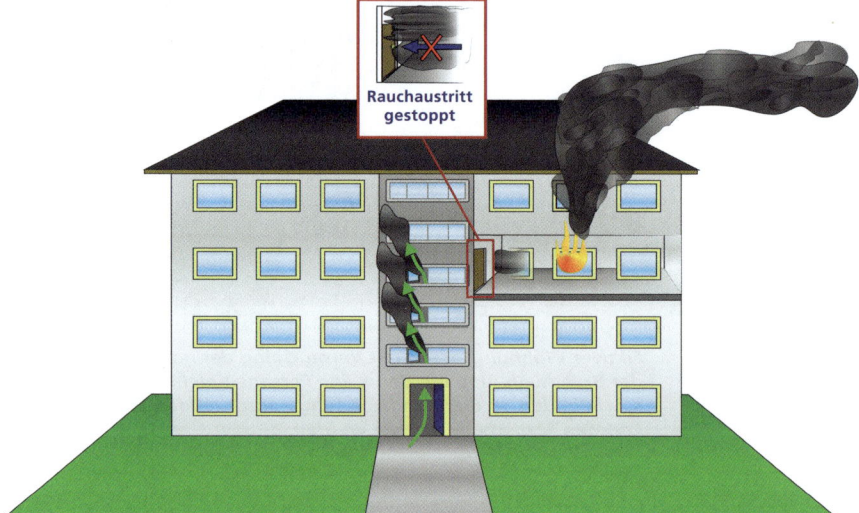

Bild 53: Wenn der zur Riegelstellung vor der Brandwohnung eingesetzte Trupp auf seinem Weg die Fenster im Treppenraum öffnet, kann ein Teil des Rauchs abziehen. Die nachfolgenden Trupps haben dann bessere Sicht und können sich schneller vorarbeiten.

Während der erste Trupp die Wohnungstür zur brennenden Nutzungseinheit sichert, wird sehr wahrscheinlich auch ein Trupp zur Menschenrettung in die Bereiche oberhalb des Brandgeschosses vorgehen. Dieser Trupp kann auch die anderen Fenster des notwendigen Treppenraums öffnen, um die gesamte Fensterfläche für den Rauchabzug zu nutzen.

Nach abgeschlossener Menschenrettung im notwendigen Treppenraum werden alle Fenster des notwendigen Treppenraums durch die wieder nach unten gehenden Trupps geschlossen. Nun kann man ein Belüftungsgerät zum Aufbau eines Überdrucks nutzen, sobald in der Brandwohnung eine passende Abluftöffnung geschaffen wurde. Mit einem mobilen Rauchverschluss und einer passenden Abluftöffnung in der Brandwohnung entsteht ein Strömungspfad, der verhindert, dass erneut Rauch in den notwendigen Treppenraum eindringt.

3.2 Der verrauchte Treppenraum

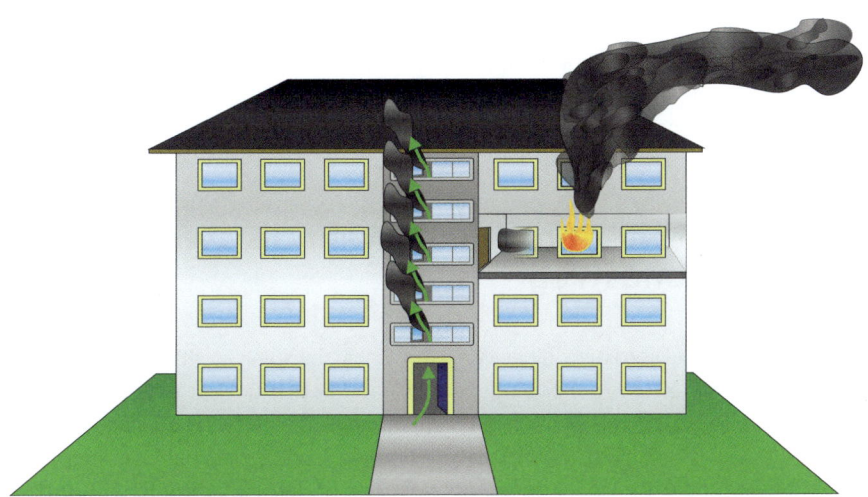

Bild 54: *Wenn der nächste vorgehende Trupp die restlichen Fenster des notwendigen Treppenraumes öffnet, wird die maximal mögliche Fensterfläche für eine natürliche Ventilation genutzt. Eine Überdruckbelüftung ist in diesem Moment nicht sinnvoll, da kein definierter Strömungspfad vorhanden ist.*

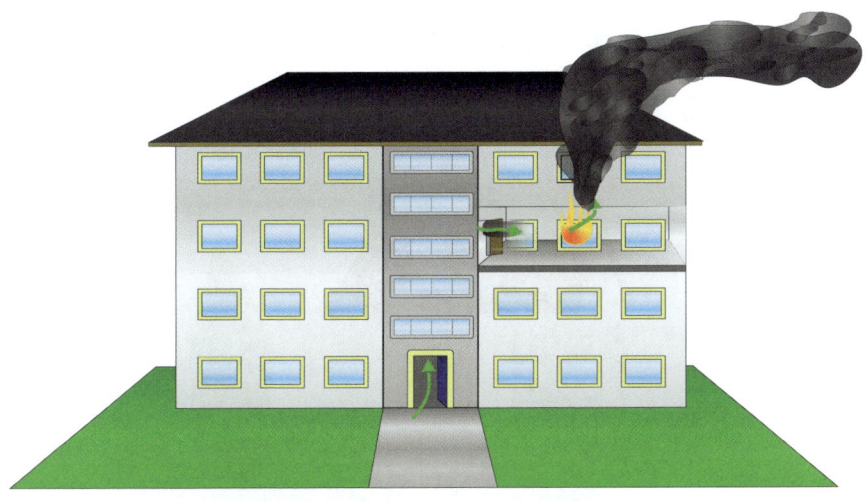

Bild 55: *Wenn alle Fenster des notwendigen Treppenraumes wieder geschlossen werden, kann ein definierter Strömungspfad für eine taktische Ventilation geschaffen werden.*

3 Taktische Schlussfolgerungen aus Kapitel 2

Durch das Bauordnungsrecht werden also Möglichkeiten zur Entrauchung von notwendigen Treppenräumen vorgeschrieben, die das Vorgehen im Einsatz deutlich beschleunigen können. Dies wirkt sich in vielen Situationen positiv auf das Vorgehen des Trupps und die Überlebenswahrscheinlichkeit vermisster Personen aus.

3.3 Die Leitern der Feuerwehr als zweiter Rettungsweg

Vor der Diskussion eines weiteren Einsatzbeispiels, sollten wir auf das in ▶ Bild 56 gezeigte Haus näher eingehen. Es handelt sich um ein typisches Ein- bzw. Zweifamilienhaus, wie es in vielen Siedlungen in Deutschland zu finden ist.

Wir gehen im konkreten Fall einmal davon aus, dass das Haus in zwei Wohnungen aufgeteilt ist: Eine Erdgeschosswohnung und eine Maisonettewohnung, welche sich über das 1. Obergeschoss und das Dachgeschoss erstreckt. Im Dachgeschoss wurden zur Gebäudevorder- und zur Gebäuderückseite Gauben eingebaut, die einen Meter von der Traufkante zurückliegen. Vor dem Haus, auf der Straßenseite, ist die öffentliche Verkehrsfläche als Aufstellfläche für die Drehleiter nutzbar. Hinter dem Haus grenzt direkt der Garten an, sodass hier nur tragbare Leitern in Stellung gebracht werden können.

Wir werden an diesem Objekt speziell darauf eingehen, welche Auswirkungen die von der Traufkante zurückliegenden Dachgauben auf den zweiten Rettungsweg haben können. Schließlich ist es denkbar, dass sich im Brandfall eine Person zu einem der Fenster in den Dachgauben flüchtet und dort gerettet werden möchte. Den

Bild 56: *Ein typisches Ein- bzw. Zweifamilienhaus. Sowohl auf der Gebäudevorderseite (zur Straße hinzeigend) als auch auf der Gebäuderückseite (zum Garten hinzeigend) sind Gauben im Dachgeschoss angebracht.*

3.3 Die Leitern der Feuerwehr als zweiter Rettungsweg

Ablauf dieser Personenrettung werden wir auf den nächsten Seiten beispielhaft diskutieren – dies soll jedoch nur Gedankenanstöße bieten und stellt keineswegs eine »Musterlösung« dar.

Gehen wir davon aus, dass es mitten in der Nacht zu einem Wohnungsbrand in der Maisonettewohnung gekommen ist, die sich über das 1. Obergeschoss und das Dachgeschoss erstreckt. Eine Person steht am Fenster der zum Garten zeigenden Dachgaube, hinter ihr dringt dichter schwarzer Rauch aus dem Fenster. Ansonsten befinden sich keine Personen mehr in der Brandwohnung.

Bild 57: *Lage: Es brennt in der Maisonette-Wohnung, eine Person hat sich an das Fenster der zum Garten zeigenden Dachgaube gerettet.*

Welche Möglichkeiten stehen uns also zur Rettung der am Fenster der Dachgaube stehenden Person offen?

Rettung der Person über tragbare Leitern (in Sicherheit bringen)
Es könnte »ganz klassisch« eine Rettung der Person über tragbare Leitern erfolgen. Dazu wird beispielsweise eine Steckleiter in Stellung gebracht, über die die Person selbstständig oder in Begleitung einer Feuerwehreinsatzkraft herabsteigt.

Allerdings darf man bei dieser Konstellation nicht vergessen, dass das Fenster knapp einen Meter von der Traufe zurückliegt. Die Person muss also zunächst in den Fensterrahmen steigen, einen Fuß auf die Dachschräge setzen und anschließend auf die Leiter übersteigen. Viele Menschen haben schon Probleme damit aus einem »normalen« Fenster in einer Hauswand auf eine Leiter zu steigen. In diesem Fall ist die Leiter zusätzlich noch knapp einen Meter vom Fenster entfernt, es ist dunkel und auf dem Dach könnte es (je nach Witterungsbedingungen) glitschig sein. Im schlimmsten Falle dürfte sogar die Fensterbrüstung bis zu 1,20 m über der Fußbodenoberkante liegen, wodurch für manche Menschen ein zusätzliches Hindernis entsteht.

3 Taktische Schlussfolgerungen aus Kapitel 2

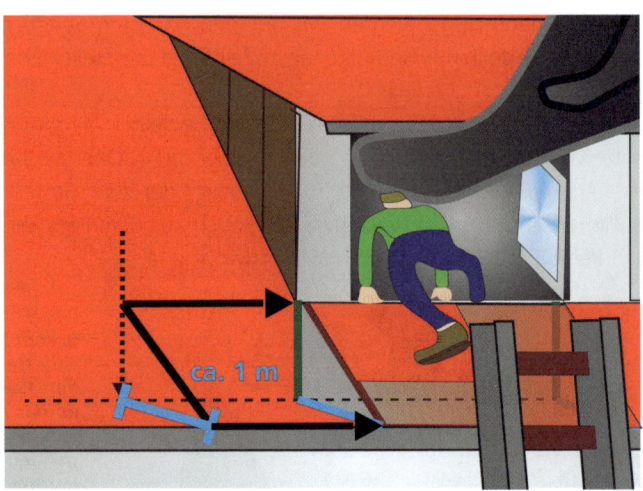

Bild 58: *Das Übersteigen aus einer Dachgaube auf eine Leiter erfordert in der Regel einen Zwischenschritt auf dem Dach. Je nach Witterungsbedingungen und körperlicher Verfassung der zu rettenden Person kann dies eine nicht zu schaffende physische wie ggf. auch psychische Herausforderung bedeuten.*

Für Sportstudenten, Dachdecker oder alle anderen einigermaßen gut trainierten Personen ist das Übersteigen vom Fenster über das Dach auf die Leiter sicher kein großes Problem. Aber schafft das auch der übergewichtige Sportmuffel, die alte Oma oder eine Mutter mit ihrem Kind auf dem Arm? Welche körperliche Leistungsfähigkeit hat die Person noch, nachdem sie über mehrere Minuten hinweg im Rauch stand? Die Rettung einer Person über tragbare Leitern soll an dieser Stelle nicht verteufelt werden, da diese oft ein gut funktionierender Ansatz ist. Aber die zuständige Führungskraft vor Ort muss sich stets im Klaren darüber sein, welche Überwindung und körperliche Herausforderung eine Rettung über tragbare Leitern für die zu rettenden Personen bedeutet!

Neben den genannten Nachteilen besteht der Vorteil einer Rettung über tragbare Leitern darin, dass die Person zeitnah in die Obhut des Rettungsdienstes übergeben und erstversorgt werden kann, während sie im Falle einer Verteidigung (d. h. eines Schützens vor der Einwirkung des Rauches) noch eine gewisse Zeit im Gefahrenbereich verbleiben müsste, ohne vom Rettungsdienst versorgt werden zu können.

3.3 Die Leitern der Feuerwehr als zweiter Rettungsweg

Rettung der Person über die Drehleiter (in Sicherheit bringen)
Als Alternative zur Rettung über tragbare Leitern wäre auch eine Rettung über die Drehleiter denkbar. Zwar besteht direkt an der rückseitig gelegenen Dachgaube keine Möglichkeit zum Aufstellen der Drehleiter, an der zur Straße zeigenden Dachgaube jedoch schon. Somit könnte ein Trupp unter Pressluftatmer über die Drehleiter (sofern diese frühzeitig vor Ort ist) in die frontseitige Dachgaube einsteigen und sich von dort aus zu der zu rettenden Person vorarbeiten. Diese wird anschließend mit Hilfe von einem Fluchtretter bzw. einer an den Pressluftatmer angeschlossenen Rettungshaube zurück zur Drehleiter gebracht und über diese gerettet. Sowohl die verantwortliche Führungskraft als auch der vorgehende Trupp müssen dabei anhand der Dichte der Verrauchung im Dachgeschoss, den örtlichen Gegebenheiten und dem verbleibenden Restdruck des Atemschutzgerätes kritisch bewerten, ob eine am Pressluftatmer angeschlossene Rettungshaube ohne Eigengefährdung des Trupps zum Einsatz kommen kann. Immerhin könnte das Gehen durch den dichten, heißen Rauch zur anderen Dachgaube Panikreaktionen bei der zu rettenden Person auslösen. Je nach Lagebewertung muss die Taktik kurzfristig angepasst werden (Stichwort Verteidigung).

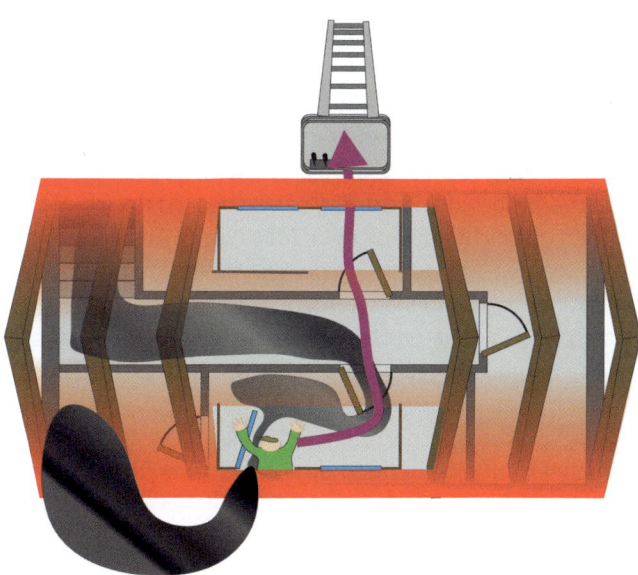

Bild 59: *Es besteht die Möglichkeit, einen Trupp unter PA über die Drehleiter in die straßenseitige Dachgaube einsteigen zu lassen, damit dieser die Person unter Zuhilfenahme eines Fluchtretters bzw. einer Rettungshaube zur Drehleiter führt und darüber rettet.*

Um diesen Plan umsetzen zu können, muss ggf. das Fenster der straßenseitigen Gaube eingeschlagen werden. Beim Schaffen zusätzlicher Öffnungen (wie z. B. dem

3 Taktische Schlussfolgerungen aus Kapitel 2

Einschlagen von Fenstern) muss berücksichtigt werden, inwiefern sich der Strömungspfad des Brandrauchs verändert: Es muss ausgeschlossen werden können, dass die Person durch die veränderten Strömungsverhältnisse stärker durch Rauch gefährdet wird und dass ein eingeschlagenes Fenster, anders als eine Tür, nicht wieder geschlossen werden kann.

Dieser Ansatz ermöglicht die Rettung der Person und somit eine anschließende medizinische Behandlung durch den Rettungsdienst. Allerdings wird zur Durchführung dieses Plans bereits in der Ersteinsatzphase eine Drehleiter benötigt.

Über die DLK zur Person vorgehen und sie vor dem Brandrauch schützen (Verteidigung)
Anstatt Personen direkt zu retten, können sie auch »verteidigt« werden, d. h., dass sie vor der Einwirkung des Brandrauchs geschützt werden. Dazu kann der Person Atemschutz in Form eines Fluchtretters oder einer durch den Pressluftatmer versorgten Rettungshaube angelegt werden oder man kann durch Schließen von Türen dafür sorgen, dass deutlich weniger Rauch als bisher zur Person vordringt. Eine Kombination aus beiden Vorgehensweisen bietet das optimale Ergebnis.

Wie in der vorherigen Variante, der Rettung der Person über die Drehleiter, ist das Einsteigen eines Trupps durch die straßenseitige Dachgaube nötig. Ob eine Schlauchleitung von der Drehleiter mitgeführt oder durch das Fenster zur Gartenseite mittels einer herabgelassenen Feuerwehrleine hochgezogen werden soll, ist eine situationsabhängige Entscheidung der Führungskraft.

Die Kombination von geschlossenen Türen und Fluchthaube bzw. Rettungshaube ermöglichen das Verbleiben der Person am derzeitigen Ort und eignet sich daher vor allem für Personen, die nicht oder nur mit beträchtlicher Absturzgefahr über Leitern gerettet werden könnten. Sobald die Person ausreichend geschützt ist, kann parallel mit der Brandbekämpfung begonnen werden. Allerdings wird die Drehleiter schon in der Ersteinsatzphase benötigt und eine medizinische Erstversorgung der Person kann, wenn überhaupt, nur sehr eingeschränkt erfolgen, solange sie an der Dachgaube betreut wird.

Sollten im Dachgeschoss keine Türen vorhanden sein, die geschlossen werden können, kann schnell auf eine Rettung der Person durch die straßenseitige Dachgaube umgeschaltet werden.

3.3 Die Leitern der Feuerwehr als zweiter Rettungsweg

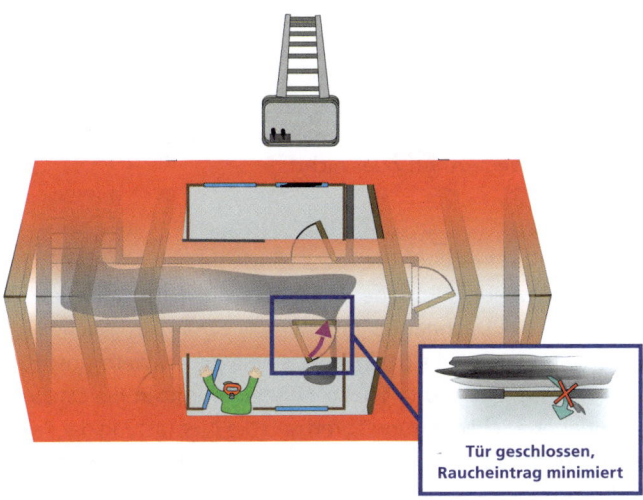

Bild 60: *Um die Person vor der Einwirkung des Brandrauchs zu schützen, kann ein Trupp über die Drehleiter zu ihr vordringen, die Tür schließen und der Person einen Fluchtretter oder eine Rettungshaube überziehen.*

Über tragbare Leitern zur Person vorgehen und sie vor dem Brandrauch schützen (Verteidigung)

Bei dieser Option wird weiterhin eine Verteidigung der Person gegen die Wirkung der Atemgifte im Brandrauch angestrebt, allerdings gelangt der vorgehende Trupp nun über tragbare Leitern, die an der rückseitigen Dachgaube aufgestellt werden, direkt zur betroffenen Person. Es muss dabei kein weiteres Fenster geöffnet werden, das den Strömungspfad beeinflussen und somit die Situation der Person verschlechtern könnte.

Ob das Vorgehen über die Drehleiter oder über tragbare Leitern schneller ist, hängt von den örtlichen Gegebenheiten, vor allem aber vom Ausbildungsstand der beteiligten Einsatzkräfte ab. Gleiches gilt für die Gefährdung der Einsatzkräfte, die beim Übersteig von der Leiter in das bis zu einem Meter entfernte Fenster, zu berücksichtigen ist: In kritischen Situationen tragbare Leitern schnell aufzustellen und auch unter ungünstigen Bedingungen (wie dem Übersteig von der Leiter zum Fenster in der Dachgaube) sicher zu besteigen, bedarf einer gewissen Routine.

3 Taktische Schlussfolgerungen aus Kapitel 2

Merke:

Gemäß dem Leitspruch »Train as you fight, fight as you train« ist es sicher sinnvoll, einen solchen Leiterüberstieg zuvor **unter angemessenen Sicherheitsmaßnahmen (Absturzsicherung!)** geübt zu haben: Jede Einsatzkraft sollte wissen, ob sie sich das entsprechende Manöver zutraut oder nicht!

Die zuständige Führungskraft vor Ort muss sorgfältig bewerten, ob alle beteiligten Einsatzkräfte die notwendige Routine und körperliche Fitness für den Einstieg über tragbare Leitern in die Dachgaube mitbringen. Zusätzlich erschwerend können Dunkelheit, Nässe und Bewuchs des Daches sowie die schwere Ausrüstung wirken.

Nach erfolgreichem Einstieg des vorgehenden Trupps in die Dachgaube erfolgt das oben beschriebene Schließen von Türen und die Ausstattung der Person mit einer Flucht- bzw. Rettungshaube. Ein kurzfristiges Umschwenken von der Verteidigung zum In Sicherheit bringen ist bedingt möglich: Mit Assistenz und Leinensicherung des vorgehenden Trupps (sofern passende Anschlagpunkte vorhanden sind) kann der Person der Überstieg auf die Leiter erleichtert werden. Allerdings ist das Verfahren, je nach örtlichen Gegebenheiten, mitunter umständlicher und gefährlicher als die Rettung über die Drehleiter. Umgekehrt kann es, die entsprechende Routine vorausgesetzt, aber auch von jeder Feuerwehr mit Löschgruppenfahrzeugen eingesetzt werden, ohne dass in der Ersteinsatzphase eine Drehleiter benötigt wird.

3.4 Fazit und Ausblick

Ein als anleiterbare Stelle und somit als zweiter Rettungsweg zugelassenes Fenster darf bis zu einem Meter von der Traufkante eines Daches zurückliegen. Sowohl die zu rettenden Personen als auch die zur Hilfe kommenden Einsatzkräfte müssen diese Distanz überwinden können, ohne ein unwägbares Risiko in Kauf nehmen zu müssen. Die vor Ort zuständige Führungskraft muss folglich eine Taktik anwenden, die den örtlichen Gegebenheiten ebenso gerecht wird wie der körperlichen Konstitution der zu rettenden Person und den Fähigkeiten der eigenen Einsatzkräfte.

Das Baurecht bietet an dieser Stelle keine weitere Unterstützung der Rettungsmaßnahmen an – der Gesetzgeber geht davon aus, dass die Feuerwehren auf diese Szenarien ausreichend vorbereitet sind. Inwieweit sich bei diesem Punkt Wunsch des Gesetzgebers und die Wirklichkeit der Feuerwehren decken, muss wohl jede Führungskraft für sich selbst bewerten. Klar ist nur: Wer das Baurecht nicht kennt und daher nicht weiß, welcher Anspruch an die Feuerwehren gestellt wird, ist im

3.4 Fazit und Ausblick

Ernstfall womöglich nicht ausreichend vorbereitet. Dieser Abschnitt sollte daher als Gedankenanstoß dienen, welche Herausforderung für die Feuerwehren bei anleiterbaren Stellen bestehen kann und wie beispielsweise taktisch reagiert werden könnte.

Abschließend soll noch darauf hingewiesen werden, dass Personen auch an Fenstern auf Rettung warten könnten, die weiter als einen Meter von der Traufkante zurückliegen. Wenn im dargestellten Zweifamilienhaus die anleiterbare Stelle beispielsweise ein Fenster in der Giebelwand wäre, dürfen die Fenster in den Dachgauben beliebig weit von der Traufkante entfernt sein.

Merke:
Unbedingt zu beachten ist, dass von Rauch und Feuer gefährdete Menschen sich in der Regel an das nächstgelegene Fenster flüchten – unabhängig davon, ob es sich um eine anleiterbare Stelle handelt oder nicht. Die Personenrettung über die Leitern der Feuerwehr kann dadurch beliebig kompliziert werden.

4 Die Verhinderung der Ausbreitung von Feuer und Rauch

Ein praktisches Beispiel zum Einstieg

Bevor wir tiefer in dieses neue Kapitel einsteigen, versetze Dich bitte in die Lage des ersteintreffenden Gruppenführers, der folgende Einsatzstelle übernimmt (▶ Bild 61)!

Es ist später Samstagabend als in einer Erdgeschosswohnung in einem Mehrfamilienhaus ein Feuer gemeldet wird. In der Brandwohnung selbst befinden sich gesicherten Erkenntnissen zufolge keine Personen mehr, allerdings hat sich dichter, schwarzer Rauch auf den notwendigen Flur und Dank aufgekeilter Rauchschutztür auch auf den notwendigen Treppenraum ausgedehnt. In den verrauchten Bereichen werden noch Personen vermutet.

Bild 61: *Stell Dir vor, dass Du als Gruppenführer eines Löschgruppenfahrzeugs an dieser Einsatzstelle ersteintreffend bist. Welche Einsatzmaßnahmen würdest Du ergreifen?*

Insgesamt befinden sich im Gebäude 32 Wohnungen, d. h. acht Wohnungen pro Geschoss. Vier sind zur Vorderseite angeordnet, weitere vier spiegelbildlich zur Rückseite. Die Wohnungen werden vom notwendigen Treppenraum aus über notwendige Flure erschlossen. Im Gebäude sind insgesamt 108 Personen gemeldet, ca. 20 Personen stehen vor dem Gebäude. Über den Verbleib der restlichen Personen ist derzeit nichts bekannt.

In einer solchen Lage wirst Du Dich als ersteintreffender Gruppenführer sehr wahrscheinlich zunächst um die Rettung der möglicherweise in den verrauchten Bereichen liegenden Personen kümmern wollen. Der notwendige Flur und der notwendige Treppenraum müssen abgesucht und im besten Fall auch von Rauch befreit werden – dies wird aber Deine Einheit je nach Vorgehensweise mindestens vollständig binden bzw. mehr Kräfte erfordern als Dir aktuell zur Verfügung stehen.

Eine Brandbekämpfung ist folglich mit den bisher an der Einsatzstelle eingetroffenen Kräften nicht mehr möglich, sondern wird durch eine der nachfolgenden Einheiten erfolgen müssen, mit denen erst in einigen Minuten zu rechnen ist. Bis dahin muss allerdings auch ohne aktive Brandbekämpfung der Feuerwehr eine Brandausbreitung auf andere Wohnungen wirkungsvoll verhindert werden können.

Dass die angrenzenden Wohnungen in absehbarer Zeit nicht auch vom Feuer betroffen werden, dafür sorgt der vorbeugende Brandschutz: Das Bauordnungsrecht sieht vor, dass Trennwände und Decken zwischen Nutzungseinheiten gewisse Feuerwiderstandsklassen aufweisen müssen, sodass jede Wohnung eine eigene Zelle darstellt, in der das Feuer für eine vorgegebene Mindestdauer gefangen ist. Durch die bauliche Struktur wird eine Brandausbreitung auf andere Wohnungen deutlich verzögert, sodass wir uns als Feuerwehr zunächst auf die Menschenrettung konzentrieren können, ohne eine schnelle Verschärfung der Lage zu riskieren (abgesehen von der zusätzlichen Schädigung in der Brandwohnung).

Die Zellenbildung ist also für uns als Feuerwehr so etwas wie es die Freisprecheinrichtung für das Mobiltelefon ist: Wir nutzen es, um die Hände für die wichtigen Aufgaben frei zu haben. Mit einer Freisprecheinrichtung müssen wir das Smartphone zum Telefonieren nicht ans Ohr halten, sondern können währenddessen mit beiden Händen arbeiten. Durch die Zellenbildung können wir als Feuerwehr unsere Kräfte auf die in der Erstphase des Einsatzes wichtigen Aufgaben konzentrieren.

4.1 Die Gebäudeklassen

Aber welche Feuerwiderstandsklassen müssen die Trennwände und Decken in den jeweiligen Gebäuden haben? Es wäre ein gigantischer Aufwand, individuell für jedes Gebäude in theoretischen Betrachtungen festzulegen, wie lange die Menschenrettung dauern könnte und daran angelehnt die Feuerwiderstandsklasse festzulegen. Stattdessen hat der Gesetzgeber abhängig von der Gebäudegröße sogenannte Gebäudeklassen eingeführt, anhand derer vorgeschrieben wird, welche Feuerwiderstandsklasse die entsprechenden Bauteile haben müssen. Das heißt vereinfacht gesprochen: Je größer ein Gebäude ist, desto länger müssen Wände und Decken einen Durchtritt von Feuer und Rauch verhindern. Je größer das Gebäude, desto größer ist die zu erwartende Anzahl der Nutzer und somit die zur Rettung aller gefährdeten Menschen möglicherweise benötigte Zeit – und eben auch der Anspruch an die Feuerwiderstandsdauer der Trennwände und Decken.

4 Die Verhinderung der Ausbreitung von Feuer und Rauch

Merke:
Je größer ein Gebäude ist, desto länger müssen Wände und Decken einen Durchtritt von Feuer und Rauch verhindern.
Je größer ein Gebäude ist, desto größer ist in der Regel die Zahl der zu rettenden Personen.

Um es vorwegzunehmen: Die im Bauordnungsrecht für die verschiedenen Gebäudeklassen vorgeschriebenen Feuerwiderstandsdauern haben sich in der Praxis auch für die Feuerwehr als passend für die jeweilige Gebäudegröße erwiesen. Betrachten wir aber zunächst einmal, wie die Gebäudeklassen definiert sind.

Bestimmung der Gebäudeklassen
Bei der Unterscheidung der Gebäudeklassen wird Folgendes berücksichtigt:
- die Anordnung des Gebäudes (freistehend oder aneinandergebaut),
- die Distanz zwischen der mittleren Geländeoberfläche und der Fußbodenoberkante des höchstgelegenen Aufenthaltsraumes,
- die Anzahl der Nutzungseinheiten,
- die Gesamtfläche bzw. die Maximalfläche der im Gebäude befindlichen Nutzungseinheiten,
- die Art der Nutzung (landwirtschaftlich etc.) und
- ob es sich um unterirdische Gebäude handelt.

Auf einige dieser Punkte werden wir im Folgenden detailliert eingehen, da sie nicht unbedingt selbsterklärend sind.

Die Höhenangabe auf Grundlage der mittleren Geländeoberfläche
Die Distanz zwischen der mittleren Geländeoberfläche und der Oberkante des am höchsten gelegenen Fußbodens eines Aufenthaltsraumes ist als Größe wichtig, weil sie uns als Feuerwehr (bewußt sehr vereinfacht ausgedrückt) einen Hinweis darauf gibt, bis zu welcher ungefähren Höhe wir noch die Rettung von Menschen über Leitern gewährleisten können bzw. welches Rettungsgerät wir dafür bereithalten müssen. Die Distanz zwischen der mittleren Geländeoberfläche und der Oberkante des Fußbodens im höchstgelegenen Aufenthaltsraum dient aber nicht zur Festlegung, ob z. B. die Steckleiter ausreichend lang ist, um konkret an jedem beliebigen Fenster eines Gebäudes anzuleitern!

Zur Bestimmung der mittleren Geländeoberfläche gibt es verschiedene Verfahren. An dieser Stelle begnügen wir uns der Verständlichkeit halber mit einem stark

4.1 Die Gebäudeklassen

vereinfachten Verfahren: Eine Art der Höhe über der mittleren Geländeoberfläche kann ermittelt werden, wenn man an den Gebäudeecken den Mittelwert aller Höhendifferenzen zwischen der Geländeoberfläche und der Fußbodenoberkante des entsprechenden Geschosses nimmt (▶ Bild 62).

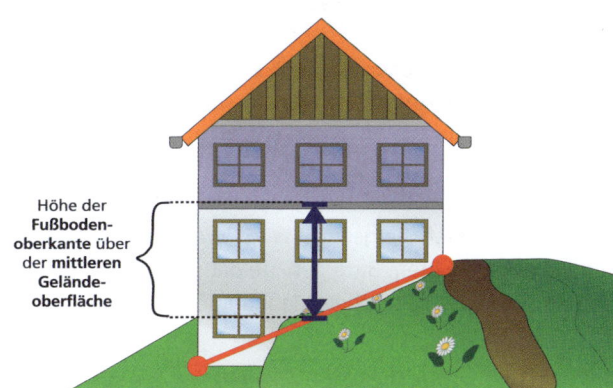

Bild 62: *Damit ein Gebäude zur Gebäudeklasse 1 gehören kann, darf die Oberkante des Fußbodens im höchstgelegenen Aufenthaltsraum des Gebäudes nicht mehr als 7 m von der mittleren Geländeoberfläche entfernt sein.*

Die Gesamtfläche bzw. die Maximalfläche der Nutzungseinheiten
Pauschal kann man erstmal sagen: Je größer die Nutzfläche eines Gebäudes ist, desto mehr Menschen müssen wir ggf. in Sicherheit bringen bzw. desto mehr Brandlast kann in diesem Gebäude gelagert werden. Daher wird bei der Betrachtung der Gebäudeklassen die Gesamtfläche bzw. bei manchen Gebäudeklassen die maximale Fläche pro Nutzungseinheit einbezogen.

Die Anzahl der Nutzungseinheiten
Analog zur Betrachtung der Nutzfläche gilt als Näherung: Je mehr Nutzungseinheiten sich in einem Wohngebäude befinden, desto aufwendiger und ggf. auch komplexer könnte die Menschenrettung in einem Brandeinsatz werden. Daher ist die Anzahl der Nutzungseinheiten auch Teil der Kategorisierung in manchen Gebäudeklassen.

Die Nutzung des Gebäudes
Wie das Gebäude genutzt wird, ist eigentlich nur für landwirtschaftlich genutzte Gebäude von Bedeutung. Denn hier gilt, dass alle landwirtschaftlich genutzten Gebäude, unabhängig von Höhe und Nutzungsfläche, zunächst mal nicht für den Aufenthalt von Personen gedacht sind. Das Schutzgut ist in diesem Moment also nicht mehr der Mensch, sondern es sind nur noch Sachwerte – und dabei dann oft noch natürliche Erzeugnisse wie Heu, Getreide oder Ähnliches. Daher wäre es unverhältnismäßig vom Landwirt zu fordern, dass er seinen Stall mit feuerbestän-

4 Die Verhinderung der Ausbreitung von Feuer und Rauch

digen Bauteilen (90 Minuten Feuerwiderstandsdauer) bauen möge, solange das Gebäude freistehend und ohne unmittelbare Nachbarschaftsbebauung errichtet ist.

Unterirdische Gebäude
Tiefgaragen und andere unterirdische Gebäude können die Feuerwehr vor besondere Herausforderungen stellen. Dem begegnet das Bauordnungsrecht, indem diese Gebäude grundsätzlich in die Gebäudeklasse 5 eingestuft werden und sie somit die höchstmöglichen (regulären) Anforderungen an die Feuerwiderstandsdauer der Bauteile auferlegt bekommen.

Nachdem wir nun die Kriterien diskutiert haben, nach denen ein Gebäude in die verschiedenen Gebäudeklassen eingestuft wird, werden wir nun die einzelnen Gebäudeklassen näher beleuchten. Bitte behalte dabei die oben angestellten Überlegungen zu den notwendigen taktischen Maßnahmen im Hinterkopf und stelle Dir die folgenden Fragen:

- Wie viele Menschen sind in den Gebäuden der verschiedenen Gebäudeklassen zu erwarten?
- Wie sind die ungefähren Gebäudehöhen? Falls diese Menschen über die Rettungsgeräte der Feuerwehr gerettet werden müssten: Benötigen wir eine Drehleiter oder könnte die Steckleiter, die wir auf jedem beliebigen Löschgruppenfahrzeug mitführen, reichen?
- Wie viele Nutzungen und Nutzungseinheiten umgeben das Brandobjekt in der näheren Umgebung, d. h. wie hoch ist die Gefahr der Ausbreitung einzuschätzen?

4.1.1 Gebäudeklasse 1

Das Musterbild für ein Gebäude der Gebäudeklasse 1 ist das freistehende Einfamilienhaus mit viel Gartenfläche um das Gebäude herum (▶ Bild 63).

Gebäude der Gebäudeklasse 1 (kurz: GK 1) beinhalten maximal zwei Nutzungseinheiten, deren Fläche zusammengerechnet nicht mehr als 400 m² betragen darf. Diese Nutzungseinheiten können beispielsweise Wohnungen, Läden oder Werkstätten sein. Die Distanz zwischen der Fußbodenoberkante des höchstgelegenen Aufenthaltsraumes und der mittleren Geländeoberfläche darf nicht größer als 7 m sein.

4.1 Die Gebäudeklassen

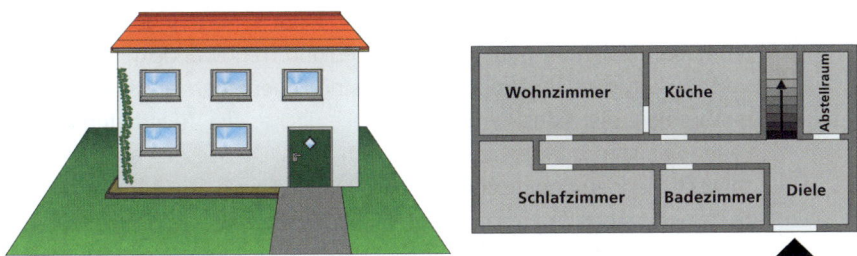

Bild 63: *Gebäude der GK 1: Neben der schematischen Darstellung des Gebäudetyps wird ein exemplarischer Grundriss gezeigt.*

Wie Du im in ▶ Bild 63 gezeigten Grundriss sehen kannst, haben die Gebäude der GK 1 in der Regel keinen eigenen Treppenraum, sondern einfach nur eine notwendige Treppe, die nicht durch Rauchschutztüren oder Wände von der restlichen Wohnung abgeschottet ist. Daher kann sich Rauch sehr schnell im Gebäude verteilen (▶ Bild 64) – dieser Gebäudetyp ist also mit sehr niedrigen Anforderungen versehen, weil der Gesetzgeber nur von einer geringen Anzahl an Gebäudenutzern ausgeht, von denen sich einige auch selbst in Sicherheit bringen können. Folglich wird angenommen, dass eine ausreichend leistungsfähige Feuerwehr es schafft, die im Brandfall im Gebäude verbliebenen Menschen zu retten, ganz gleich, ob dies über Treppen oder tragbare Leitern erfolgt.

Bild 64: *Bei Bränden in Gebäuden der GK 1 kann sich der Rauch in der Regel sehr schnell über das gesamte Gebäude ausbreiten.*

4 Die Verhinderung der Ausbreitung von Feuer und Rauch

Ebenso werden an die Gebäude der GK 1 nur sehr geringe Anforderungen an die raumabschließenden Bauteile wie Decken und Trennwände gestellt: Die Trennwände und Decken des Gebäudes müssen keine Feuerwiderstandsklasse aufweisen, ausgenommen die Konstruktion der Kellerdecke, die feuerhemmend (30 Minuten Feuerwiderstandsdauer) ausgeführt sein muss. Der Gesetzgeber versucht hier einen sehr schwierigen Kompromiss zu schließen: Er definiert die Mindestanforderungen so niedrig, dass der Bau eines Eigenheims für viele Menschen finanziell realisierbar ist. Dabei nimmt er aber auch in Kauf, dass die Anforderungen an den Brandschutz gleichzeitig so gering sind, dass das gesamte Haus nach einem entwickelten Wohnungsbrand einsturzgefährdet sein könnte und abgerissen werden müsste. In Deutschland lassen zwar die meisten Bauherren ihr Eigenheim mit gemauerten Wänden oder Betondecken so massiv errichten, dass es nach einem Brand in der Regel nicht einsturzgefährdet wäre – aber diese Situation wäre aufgrund der Gesetzeslage so denkbar!

Eine Brandausbreitung auf die Häuser anderer Menschen ist nicht anzunehmen, da es sich bei der GK 1 ja ausschließlich um freistehende Gebäude handelt, die einen definierten Mindestabstand von 2,5 m zu jeder Grundstücksgrenze einhalten.

Dass als einzige Ausnahme eine feuerhemmende Ausführung der Kellerkonstruktion gefordert wird, hängt mit der erhöhten Brandentdeckungszeit von Kellerbränden zusammen. Schließlich ist der Keller in der Regel kein regulärer Aufenthaltsraum wie ein Wohnzimmer, sondern wird häufig als Lager- und Abstellraum genutzt. Damit finden sich im Keller eine deutlich erhöhte Brandlast und zudem meist

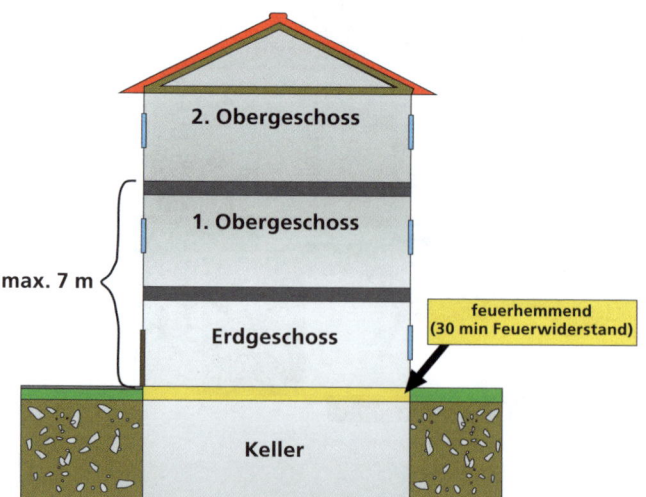

Bild 65: *In der GK 1 bestehen außer an die Kellerkonstruktion, die feuerhemmend ausgeführt sein muss, keine Anforderungen an den Feuerwiderstand der Bauteile. Die Fußbodenoberkante des am höchsten gelegenen Aufenthaltsraumes darf nicht höher als 7 m über der mittleren Geländeoberfläche liegen.*

4.1 Die Gebäudeklassen

eher kleine Kellerfenster, über die ein Abzug von Rauch und Wärme nur begrenzt möglich ist. Wir haben damit in den Kellern eher spät entdeckte und aufgrund der Brandlast tendenziell intensiver wütende Brände, sodass eine feuerhemmend ausgeführte Kellerdecke den Bewohnern auch bei später Brandentdeckung ausreichend Zeit zur Selbstrettung ermöglicht (▶ Bild 65).

4.1.2 Gebäudeklasse 2

Die Gebäudeklasse 2 definiert die nicht-freistehenden Gebäude mit nicht mehr als 400 m² Fläche der Nutzungseinheiten und nicht mehr als 7 m Höhendifferenz zwischen der Fußbodenoberkante des am höchsten liegenden Aufenthaltsraumes und der mittleren Geländeoberfläche. Im Gebäude dürfen sich maximal zwei Nutzungseinheiten befinden.
Kurz gesagt: GK 2 ist wie GK 1, nur eben nicht freistehend (▶ Bild 66).

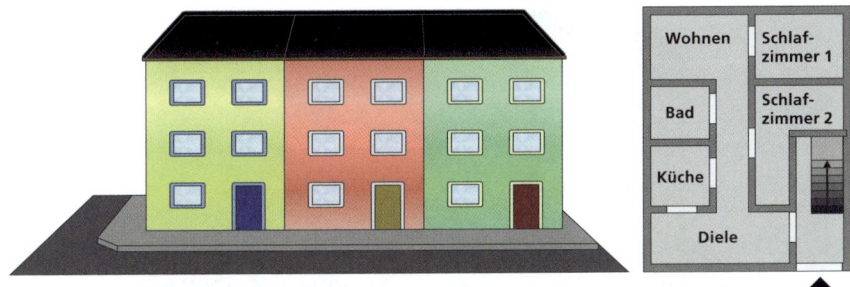

Bild 66: *Die Gebäude der GK 2 werden mit den gleichen Werten definiert, die auch für die GK 1 gelten – nur, dass die Gebäude der GK 2 nicht freistehend sind. Hier ist ein Gebäude der GK 2 als typisches Reihenhaus gezeigt. Das Gebäude ist in eine Einliegerwohnung im Erdgeschoss und eine Maisonette-Wohnung im 1. und 2. Obergeschoss aufgeteilt.*

Im Gegensatz zu den Gebäuden der Gebäudeklasse 1 werden bei den nicht-freistehenden Gebäuden der Gebäudeklasse 2 strengere Anforderungen an die Feuerwiderstandsklasse der Decken und Trennwände gestellt.

Anforderungen an die Gebäudeabschlusswände
Betrachten wir ein Reihenhaus in geschlossener Bebauung (▶ Bild 66): Wenn das Haus das Nachbarn brennt, sollte ein Feuerüberschlag auf die anderen Häuser

4   Die Verhinderung der Ausbreitung von Feuer und Rauch

unbedingt verhindert werden können (▶ Bild 67). Denn bei den Nachbarhäusern handelt es sich um das Eigentum anderer Menschen, die keinen Einfluss auf die Entstehung und Ausbreitung des Brandes im betroffenen Haus haben. Wenn also der Bewohner der Brandwohnung stets fahrlässig mit Feuer umgeht und deswegen seine Wohnung ausbrennt, darf dies nicht dazu führen, dass seine Nachbarn vom Feuer in Mitleidenschaft gezogen werden.

Deshalb hat der Gesetzgeber in der Bauordnung vorgesehen, dass zwischen den beiden Gebäuden eine Gebäudeabschlusswand zu errichten ist, die von innen nach außen feuerhemmend (30 Minuten Feuerwiderstandsdauer) und von außen nach innen feuerbeständig (90 Minuten Feuerwiderstandsdauer) sein muss (▶ Bild 68). So kann sichergestellt werden, dass zwischen den Gebäuden eine leistungsfähige Trennung besteht, die den Brand für mindestens 90 Minuten auf ein Objekt eingrenzt. Uns als Feuerwehr bleibt also ausreichend Zeit, um das Feuer zu bekämpfen oder eine wirkungsvolle Riegelstellung aufzubauen, die die Häuser der Nachbarn schützt.

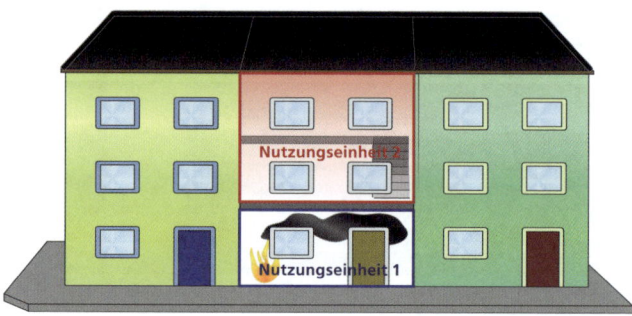

Bild 67:   Bei Bränden in Gebäuden der GK 2 kann die Gefahr der Ausbreitung auf andere Gebäude oder auf andere Nutzungseinheiten im selben Gebäude bestehen. Daher sind hier feuerhemmende Decken sowie feuerhemmend und feuerbeständig ausgeführte Gebäudeabschlusswände vorgesehen.

Anforderungen an die Decken

In vielen Städten ist der Wohnraum eher knapp, wodurch der Ausnutzung der Grundstücke eine große Bedeutung zukommt. Geschlossene Bauweisen, also die Aneinanderreihung mehrerer Gebäude ohne Abstandsflächen, gelten hier als sehr effizient. In der Gebäudeklasse 2 sind maximal zwei Nutzungseinheiten zulässig. Meistens werden die Nutzungseinheiten geschossweise getrennt, sodass z. B. eine

4.1 Die Gebäudeklassen

Wohnung im Erdgeschoss und die andere im 1. Obergeschoss liegt. Die Decke ist dann feuerhemmend auszuführen (▶ Bild 68). Die Unterbringung von zwei Wohnungen in Gebäuden der Gebäudeklasse 2 könnte beim Brand folgende Probleme mit sich bringen:

Nehmen wir einmal an, dass es in der Wohnung im Erdgeschoss brennt und sich noch Menschen in der Wohnung des 1. Obergeschosses befinden, die gerettet werden müssen. Anders als beim freistehenden Gebäude der GK 1 kann die Feuerwehr nicht von jeder der vier Gebäudeseiten eine anleiterbare Stelle suchen, sondern sie kann die Rettungsmaßnahmen nur von der Vorder- oder Rückseite durchführen. Die Gebäuderückseiten sind hierbei meist nicht unmittelbar erreichbar. Es könnte also sein, dass diese Maßnahme länger dauert und die zu rettenden Personen in der Zwischenzeit im Gebäude verbleiben müssen. Daher ist es wichtig, dass sie in dieser Zeit vor dem Feuer geschützt sind, was durch die feuerhemmende Decke erreicht wird. Der Feuerwiderstand der Decke verzögert die Brandausbreitung auf die Wohnung im 1. Obergeschoss.

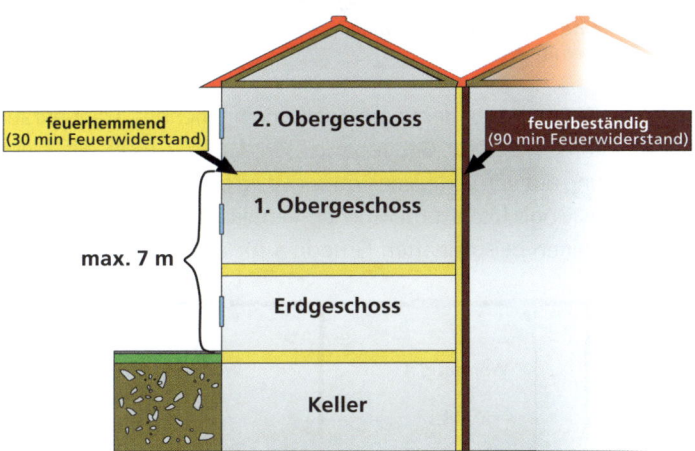

Bild 68: *Für Gebäude der GK 2 sind nicht nur feuerhemmende Decken, sondern auch Gebäudeabschlusswände vorgesehen, die von innen nach außen feuerhemmend und von außen nach innen feuerbeständig auszuführen sind.*

4.1.3 Gebäudeklasse 3

Mit der Gebäudeklasse 3 beginnen wir nun ein ganz neues Kapitel: Wir heben jetzt alle Beschränkungen in Bezug auf die Anzahl und Fläche der Nutzungseinheiten auf und stellen als einzige Bedingung, dass die Fußbodenoberkante des am höchsten liegenden Aufenthaltsraumes nicht mehr als 7 m über der mittleren Geländeoberfläche liegen darf. Somit haben Gebäude der GK 3 in der Regel (nicht immer!)

4 Die Verhinderung der Ausbreitung von Feuer und Rauch

maximal zwei Obergeschosse bzw. ein Obergeschoss mit angrenzendem ausgebauten Dachgeschoss. Unter diese Gebäudeklasse fallen also viele typische Mehrfamilienhäuser, wie Du sie aus dem alltäglichen Straßenbild kennst (▶ Bild 69).

Bild 69: *Viele der typischen, kleineren Mehrfamilienhäuser gehören der GK 3 an, bei der es keine Beschränkungen mehr bezüglich der Anzahl und Fläche der Nutzungseinheiten gibt.*

Gebäude der GK 3 haben in der Regel einen durchgehenden Treppenraum über alle Geschosse, während dies für Gebäude der GK 1 und 2 nicht gilt. Damit wird die Rauchausbreitung auf den vertikalen Rettungsweg erstmals zumindest verzögert und gleichzeitig eine Möglichkeit zur taktischen Ventilation geschaffen. Schauen wir uns zunächst noch einen beispielhaften Grundriss für ein Gebäude der GK 3 an:

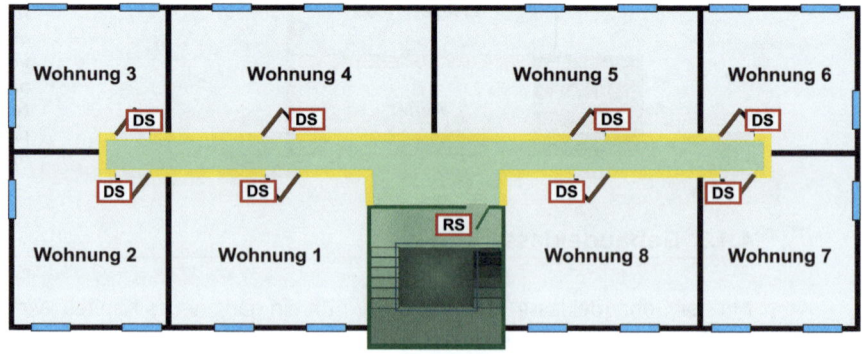

Bild 70: *Beispielhafter Grundriss für ein Gebäude der GK 3*

4.1 Die Gebäudeklassen

Nun Stell Dir vor, dass Du in Wohnung 2 im 1. Obergeschoss lebst. Mitten in der Nacht bricht ein Feuer in Wohnung 2 im Erdgeschoss, d. h. direkt unter Deiner Wohnung, aus. Da Du tief schläfst, hörst Du die Rauchmelder des Nachbarn unter Dir nicht und begibst Dich daher nicht ins sichere Freie. Erst nach einiger Zeit wirst Du durch lautes Rufen geweckt, da andere Nachbarn auf den Brand aufmerksam geworden sind.

Bild 71: *Es brennt in einem Gebäude der Gebäudeklasse 3, der Treppenraum ist durch eine Verkettung von unglücklichen Umständen verraucht und Du bist in Deiner Wohnung über der Brandwohnung eingeschlossen.*

Du stellst Dir die folgenden Fragen: Wird in Deine Wohnung vielleicht durch die Decke Rauch eindringen und Dich gefährden? Werden auch die Mieter neben der Brandwohnung gefährdet? Wird sich der Brand gleich durch die Decke fressen und Dich und Dein Eigentum gefährden?

Verfolgen wir erstmal, wie die Lage sich weiterentwickelt, bevor wir diese Fragen beantworten: Wenn die Feuerwehr (gemäß Qualitätskriterien der AGBF ca. 9,5 Minuten nach dem Notrufeingang) an der Einsatzstelle eintrifft, wird sie also zunächst Dich und die Menschen über Deiner Wohnung retten, falls sie eine Gefährdung für diese Personen erkennt. Dies ist vom zeitlichen Ansatz problemlos möglich, ohne dass Du bereits durch die Ausbreitung von Feuer und Rauch gefährdet bist: Denn in Gebäuden der GK 3 müssen die Trennwände und die Decken **feuerhemmend**, also mit 30 Minuten Feuerwiderstandsdauer, ausgeführt werden. So hat die Feuerwehr nach ihrem Eintreffen theoretisch noch gut 15 Minuten Zeit, um Dich und die restlichen akut gefährdeten Mieter zu wecken und über die verschiedenen Rettungswege aus dem Gebäude zu bringen, bevor eine Brandausbreitung zu befürchten ist.

4 Die Verhinderung der Ausbreitung von Feuer und Rauch

Alternativ könnte die Feuerwehr auch versuchen, das Feuer in diesen 15 Minuten zu bekämpfen und auf diese Weise die Gefahr der Ausbreitung von Feuer und Rauch beseitigen – das hängt ganz davon ab, wie die Führungskraft die durch die Personenrettung entstehenden Risiken gegen das Risiko des Durchbrennens der Trennwände und Decken abwägt. Allerdings gibt es häufig einen Verzug zwischen der Brandentstehung und der Brandentdeckung, sodass ein Feuer sich möglicherweise schon einige Zeit entwickelt hat, bevor überhaupt ein Notruf abgesetzt wurde. Aber das bedeutet nicht automatisch, dass dieser Zeitverzug zum Durchbrennen der Trennwände und Decken führen wird. Denn einerseits wird das Brandverhalten von Bauteilen nach der Einheitstemperaturzeitkurve beurteilt, die eine wesentlich heftigere Brand- und Temperaturentwicklung zugrunde legt, als sie in der Praxis typischerweise beobachtet wird. Andererseits werden die gemessenen Feuerwiderstandsdauern abgerundet: Wenn ein Bauteil nach 59 Minuten Flammbeaufschlagung gemäß Einheitstemperaturzeitkurve nachgibt, zählt es als feuerhemmend (d. h. 30 Minuten Feuerwiderstandsdauer), da es die für die Klassifizierung als hochfeuerhemmend notwendigen 60 Minuten Feuerwiderstandsdauer nicht bewiesen hat. Zudem werden insbesondere bei Gebäuden in Massivbauweise die Bauteile wesentlich widerstandsfähiger ausgelegt als es das Baurecht fordert.

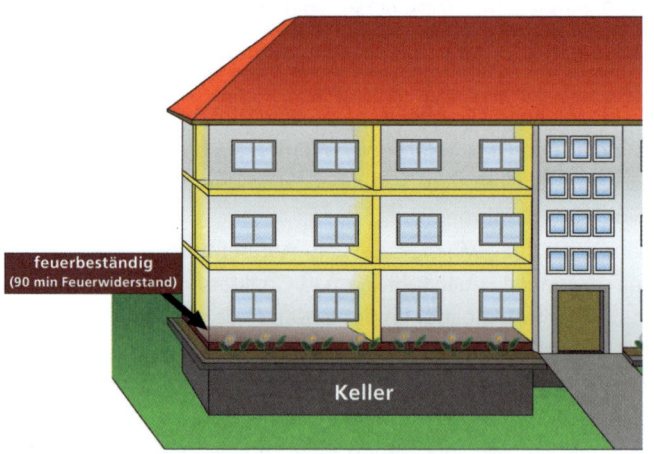

Bild 72: *In Gebäuden der GK 3 müssen die Nutzungseinheiten feuerhemmend voneinander abgetrennt werden, der notwendige Treppenraum ist durch feuerhemmende Wände ebenfalls raumabschließend von den anderen Nutzungseinheiten getrennt.*

Ab Gebäuden der GK 3 muss es eine raumabschließende, mindestens feuerhemmende Trennung zwischen den Nutzungseinheiten und zum notwendigen Treppenraum geben, die die Ausbreitung von Feuer und Rauch wirkungsvoll für mindestens eine halbe Stunde verhindert (▶ Bild 72). Das heißt auch, dass alle Öffnungen, beispielsweise zur Durchführung von Rohrleitungen von einer Nutzungs-

4.1 Die Gebäudeklassen

einheit in die andere, entsprechend feuerhemmend abgeschottet sein müssen. Damit soll bei einem Brandereignis die Ausbreitung von Feuer und Rauch auf die benachbarten Nutzungseinheiten weitestgehend verhindert werden (▶ Bild 73 und ▶ Bild 74). Ob diese Vorgabe des Bauordnungsrechts auch jedem selbst ernannten »Praktiker« oder Heimwerker bekannt ist, darf man wohl in Zweifel ziehen. Auch wenn der Gesetzgeber also die Vorgabe macht, dass die Rauchausbreitung von einer Nutzungseinheit auf die andere durch feuerhemmende und raumabschließende Trennwände zu minimieren ist, können bauliche Veränderungen bzw. Mängel dennoch zu einer allmählichen Verrauchung der Nachbarwohnung führen.

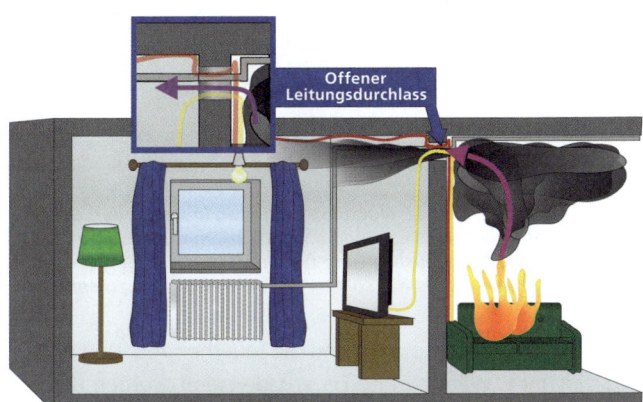

Bild 73: *Sollten sich unzulässige Öffnungen in den Trennwänden zwischen Nutzungseinheiten befinden, könnte dies zu einer Ausbreitung von Feuer und Rauch auf andere Nutzungseinheiten führen.*

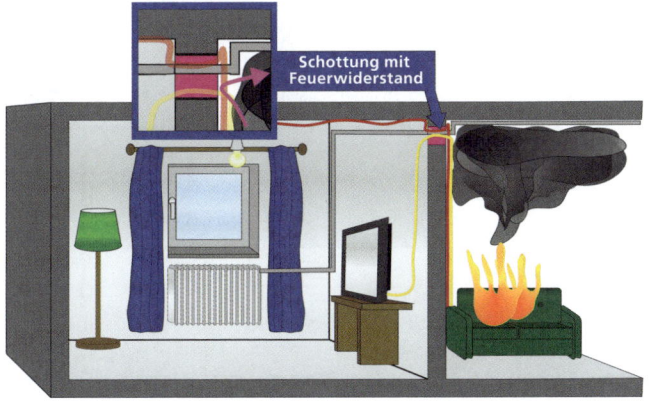

Bild 74: *Eine Schottung mit entsprechendem Feuerwiderstand könnte eine Brandausbreitung verhindern.*

Aus den raumabschließenden, feuerhemmend ausgeführten Trennwänden und Decken folgt, dass jede Nutzungseinheit eine eigene Zelle darstellt, die zu den

4 Die Verhinderung der Ausbreitung von Feuer und Rauch

anderen Nutzungseinheiten abgetrennt ist. Du kannst Dir daher jedes Gebäude ab der Gebäudeklasse 3 so vorstellen, als wäre es aus Überseecontainern mit Feuerwiderstandsdauer zusammengesetzt, wobei jede einzelne Nutzungseinheit einem Überseecontainer entspricht. Im vorbeugenden Brandschutz wird dies gemeinhin als Zellenbildung bezeichnet.

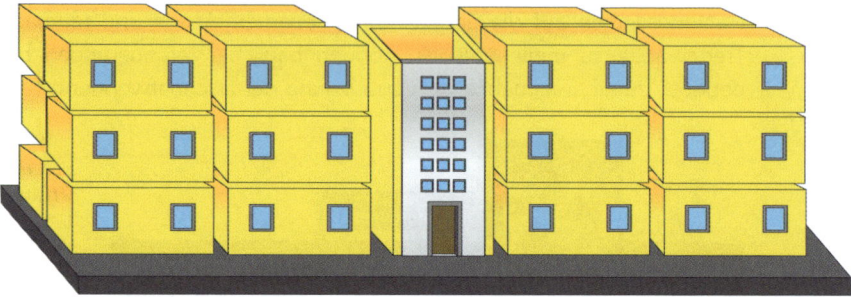

Bild 75: Bildlich kann man sich die Nutzungseinheiten in Gebäuden der GK 3 als ein aus Überseecontainern mit Feuerwiderstand zusammengesetztes Gebäude vorstellen, die eine Brandausbreitung für mindestens 30 Minuten verhindern. Auch der Treppenraum ist als ein solcher Überseecontainer zu sehen.

In der Draufsicht eines Geschossplanes sind die feuerhemmenden Bauteile als gelbe Elemente eingezeichnet, Wände ohne Feuerwiderstand würden als schwarze oder graue Elemente dargestellt (▶ Bild 76 – allerdings sind hier keine Raumaufteilungen für die einzelnen Nutzungseinheiten gezeigt). Bitte beachte, dass derartige Darstellungen der Feuerwiderstandsdauer hier aus didaktischen Gründen wiedergegeben

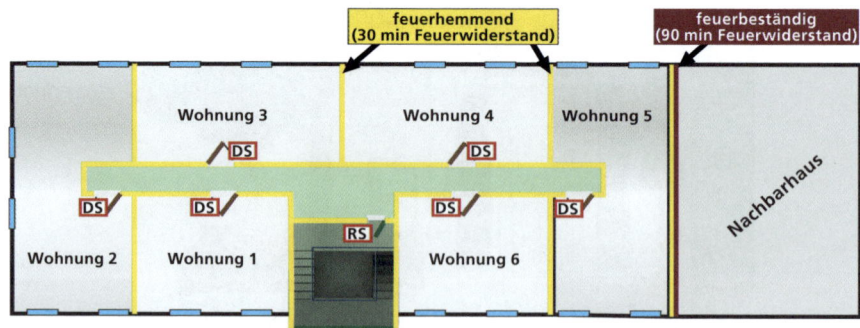

Bild 76: Die Trennungen zwischen den Nutzungseinheiten sind in GK 3 feuerhemmend auszuführen, an die Trennungen zwischen den Räumen in einer Nutzungseinheit (hier nicht gezeigt) werden keine Anforderungen gestellt.

4.1 Die Gebäudeklassen

werden. Im Feuerwehrplan, den Du für manche Gebäude an der Einsatzstelle zur Verfügung haben könntest, sind solche Feuerwiderstandsdauern nicht eingetragen.

4.1.4 Gebäudeklasse 4

Der bisher ersichtlichen Systematik folgend, werden die Gebäude mit ansteigender Gebäudeklasse immer größer. Die Gebäude der GK 4 dürfen nicht höher als 13 m (gemessen von der Fußbodenoberkante des höchstgelegenen Aufenthaltsraumes zur mittleren Geländeoberfläche) sein und die darin befindlichen Nutzungseinheiten dürfen nicht größer als 400 m² pro Nutzungseinheit sein. Die Anzahl der Nutzungseinheiten ist nicht beschränkt.

Konkret bedeutet dies, dass die Gebäude der GK 4 (über den Daumen gepeilt, trifft nicht immer zu!) nicht mehr als drei Obergeschosse bzw. zwei Obergeschosse und ein ausgebautes Dachgeschoss haben. Bei solchen Gebäuden handelt es sich meist um größere Mehrfamilienhäuser oder Bürogebäude. Solche Gebäude findet man häufig und selten sind ihre Nutzungseinheiten größer als 400 m², sodass unter die GK 4 sehr viele Gebäude aus dem alltäglichen Stadtbild fallen (▶ Bild 77).

Bild 77: *Diese Art von Gebäuden der GK 4 kennst Du wahrscheinlich gut aus dem alltäglichen Stadtbild.*

Allein schon durch die größere Höhe sind die meisten Gebäude der GK 4 größer als jene der GK 3 und daher benötigen auch wir als Feuerwehr mehr Zeit, um die Rettungs- und Brandbekämpfungsmaßnahmen koordiniert durchführen zu können. Zu diesem Zweck sind die Gebäude der GK 4 wieder in Zellen aufgebaut, die eine Brandausbreitung von einer zur anderen Nutzungseinheit durch **hochfeuerhemmende** Wände und Decken für mindestens 60 Minuten verhindern sollen. Auch der notwendige Treppenraum ist von den anderen Teilen des Gebäudes mit hochfeuerhemmenden Wänden abgetrennt, diese müssen aber zusätzlich noch unter mechanischer Belastung standsicher sein. Der Brandüberschlag auf das Nachbarhaus wird

4 Die Verhinderung der Ausbreitung von Feuer und Rauch

durch eine hochfeuerhemmende »Wand anstelle Brandwand« (WABW), also eine Wand mit zusätzlicher Standfestigkeit unter mechanischer Belastung, verhindert (▶ Bild 78). Die Wand anstelle Brandwand bzw. Brandwände werden wir in diesem Kapitel noch an anderer Stelle näher erläutern.

Die Kellerdecke ist in Gebäuden der Gebäudeklasse 4 **feuerbeständig**, d. h. mit einer Feuerwiderstandsdauer von 90 Minuten, auszuführen.

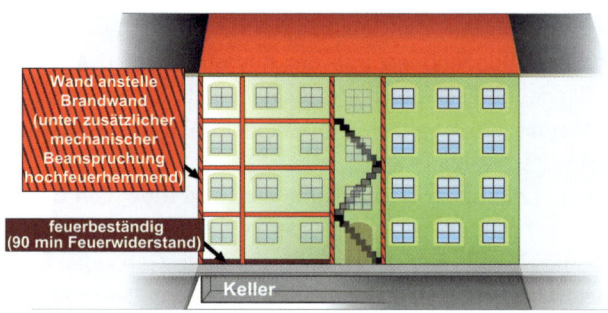

Bild 78: *Bei Gebäuden der GK 4 erfolgt eine Zellenbildung durch Abtrennung der Nutzungseinheiten mit hochfeuerhemmenden Wänden. Auch der notwendige Treppenraum und die Gebäudeabschlusswand zum Nachbargebäude sind durch hochfeuerhemmende Wände abgetrennt, allerdings müssen diese auch unter zusätzlicher mechanischer Belastung standsicher sein (Wand anstelle Brandwand).*

4.1.5 Gebäudeklasse 5

Gebäude der GK 5 sind alle Gebäude, die nicht unter die GK 1 bis 4 eingeordnet werden konnten: Hierunter fallen noch größere Mehrfamilienhäuser mit mehr als 13 m Höhe, gemessen zwischen Fußbodenoberkante des am höchsten gelegenen Aufenthaltsraumes und der mittleren Geländeoberfläche (▶ Bild 79) sowie Gebäude mit mehr als 400 m² der größten Nutzungseinheit und mehr als 7 m Höhe oder unterirdische Gebäude. Kurz gesagt: Es gibt keine Beschränkungen in Bezug auf Höhe, Fläche und Anzahl der Nutzungseinheiten. Bei dieser Formulierung denkst Du wahrscheinlich an Wohntürme oder andere sehr hohe Häuser mit vielen Wohnungen (▶ Bild 79).

4.1 Die Gebäudeklassen

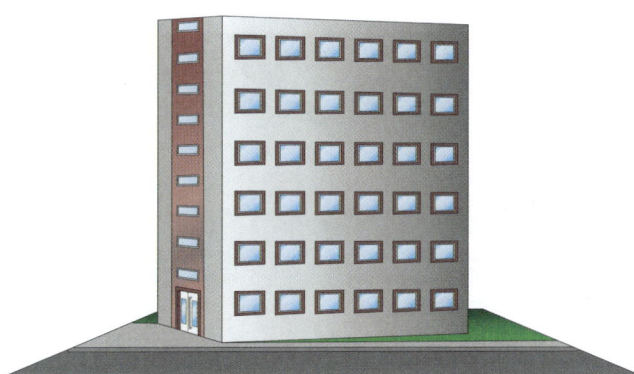

Bild 79: *Gebäude der GK 5 unterliegen keinen Einschränkungen in Bezug auf Höhe, Fläche und Anzahl der Nutzungseinheiten.*

Das ist allerdings ein Trugschluss, denn zur Gebäudeklasse 5 gehören auch viele Häuser, die sich eher unauffällig in das Stadtbild einfügen. Das typische Mehrfamilienhaus in den Straßenzügen vieler Großstädte gehört, sofern es mehr als drei Obergeschosse hat, in der Regel ebenfalls zur Gebäudeklasse 5 (▶ Bild 80).

Bild 80: *Gebäude der GK 5 müssen nicht immer Hochhäuser oder andere optisch hervorstechende Bauten sein. Im Stadtbild gibt es viel mehr von ihnen als man zunächst vermuten würde.*

In Gebäuden der GK 5 gilt, wie schon zuvor erwähnt, das gleiche Konzept zur Zellenbildung wie in den GK 3 und 4, allerdings müssen hier die Trennungen feuerbeständig, also mit einer Feuerwiderstandsdauer von 90 Minuten ausgeführt sein. Die Wände zu den notwendigen Treppenräumen müssen in der Bauart von Brandwänden (BABW) ausgeführt sein (▶ Kapitel 4.2), d. h., dass sie auch feuerbeständig, mechanisch besonders belastbar sowie mit Schottungen für Kabel- und Rohrdurchführungen versehen sein müssen. Die Gebäudeabschlusswand zu direkt angrenzenden Gebäuden ist als Brandwand auszuführen (▶ Bild 81).

4 Die Verhinderung der Ausbreitung von Feuer und Rauch

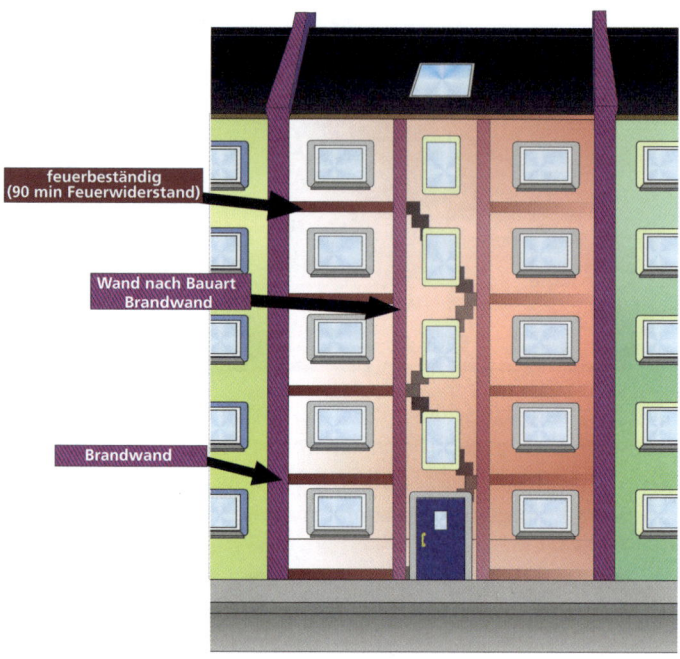

Bild 81: In Gebäuden der GK 5 müssen die Trennungen zwischen den Nutzungseinheiten feuerbeständig ausgeführt sein und die Wände der notwendigen Treppenräume müssen in Bauart Brandwand ausgeführt sein. Als Gebäudeabschlusswand sind Brandwände vorgesehen, auf die nur verzichtet werden kann, wenn mindestens fünf Meter Abstand zum nächsten Gebäude bestehen.

Im Grundriss eines Beispielgebäudes der GK 5 wird die starke Abtrennung der verschiedenen Nutzungseinheiten voneinander nochmal deutlicher (▶ Bild 82).

Die Gebäude der Gebäudeklasse 5 bieten somit einen noch höheren Sicherheitsstandard als die Gebäude der Gebäudeklasse 4. Damit wird der Annahme Rechnung getragen, dass größere Gebäude (speziell solche mit einer größeren Höhe) mehr Menschen beherbergen und somit ein erhöhtes Schutzniveau erforderlich ist.

4.1 Die Gebäudeklassen

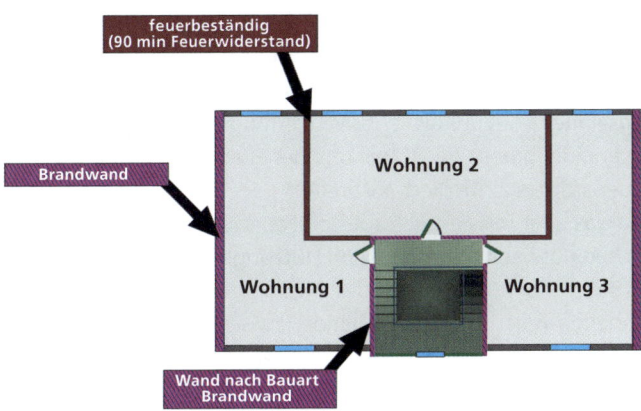

Bild 82: *In Gebäuden der GK 5 sind feuerbeständige Trennwände und Decken zwischen Nutzungseinheiten, Wände in Bauart Brandwand im Treppenraum und Brandwände als Gebäudeabschlusswände vorgeschrieben.*

4.1.6 Zusammenfassung der Gebäudeklassen

Die Anforderungen an die verschiedenen Gebäudeklassen werden nochmals übersichtlich in ▶ Tabelle 1 zusammengefasst.

Tabelle 1: *Zusammenfassung der Anforderungen an Gebäude der Gebäudeklassen (GK) 1 bis 5.*

	Max. Höhe	Max. Anzahl NE	Max. Fläche	Decken	Trennwände	Treppenraum	Gebäudeabschlusswand
GK 1	7 m	2	200 m²	fh[1]	—	—	—
GK 2	7 m	2	200 m²	fh	—	—	fh/fb
GK 3	7 m	–	–	fh/fb[1]	fh	fh	fh/fb
GK 4	13 m	–	400 m²/NE	hfh/fb[1]	hfh	hfh[2]	WABW[4]
GK 5	–	–	–	fb	fb	BABW[3]	BW[5]

fh: feuerhemmend (F30); hfh: hochfeuerhemmend (F60); fb: feuerbeständig (F90)

[1] Anforderung an Kellerdecke
[2] stabil unter zusätzlicher mechanischer Belastung
[3] Bauart Brandwand
[4] Wand anstelle Brandwand
[5] Brandwand

4 Die Verhinderung der Ausbreitung von Feuer und Rauch

Feuerwiderstand der Trennwände zum notwendigen Flur

Wir haben in diesem Kapitel sehr intensiv über Zellenbildung gesprochen und erläutert, dass die geforderten Feuerwiderstandsklassen der Trennwände zwischen den Nutzungseinheiten es uns als Feuerwehr ermöglichen, alle anderen (wichtigeren) Aufgaben wahrzunehmen, bevor wir uns der Brandbekämpfung widmen – ohne dass das Feuer sich unkontrolliert ausbreitet.

Wie passt das aber mit den geforderten Feuerwiderstandsklassen für die Trennwände zwischen notwendigen Fluren und Nutzungseinheiten zusammen? Wenn wir uns mal das Beispiel eines Gebäudes der GK 5 vornehmen, sehen wir zwischen den Nutzungseinheiten feuerbeständige Wände, zwischen den Nutzungseinheiten und den notwendigen Fluren aber nur feuerhemmende Wände. Besteht dann nicht die Gefahr der Brandausbreitung über den notwendigen Flur?

Auf den ersten Blick scheint dies eine Schwachstelle zu sein, faktisch ist es das aber nicht: Denn auch wenn die Trennwand zum notwendigen Flur nach 30 Minuten die ersten Risse bekommt, schließt sich ja zunächst mal ein notwendiger Flur an, auf dem keine Brandlast gelagert werden darf. Das Feuer hat also zunächst mal gar nicht den notwendigen Brennstoff, um sich bis an die nächste Trennwand zu entwickeln (▶ Bild 83). Und selbst wenn im Ausnahmefall Brandlast auf dem notwendigen Flur vorhanden wäre, müsste das Feuer sich noch durch eine weitere feuerhemmende

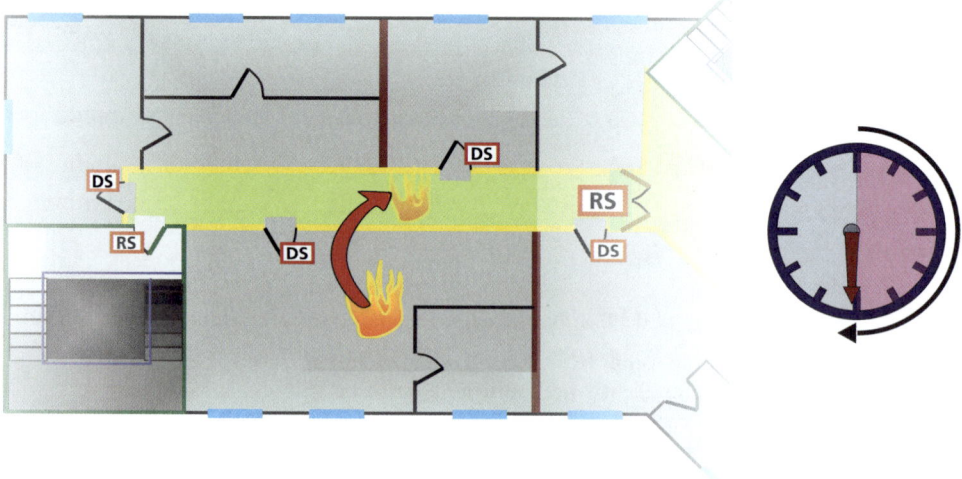

Bild 83: *Es sollte mindestens 30 Minuten dauern, bevor sich ein Feuer durch eine feuerhemmende Trennwand zwischen notwendigem Flur und Nutzungseinheit gefressen hat.*

4.2 Brandwände

Trennwand arbeiten, um sich auf eine andere Nutzungseinheit ausbreiten zu können. In Summe wird die Brandausbreitung folglich um mindestens 60 Minuten verzögert, tendenziell liegt dieser Wert jedoch meistens höher (▶ Bild 84).

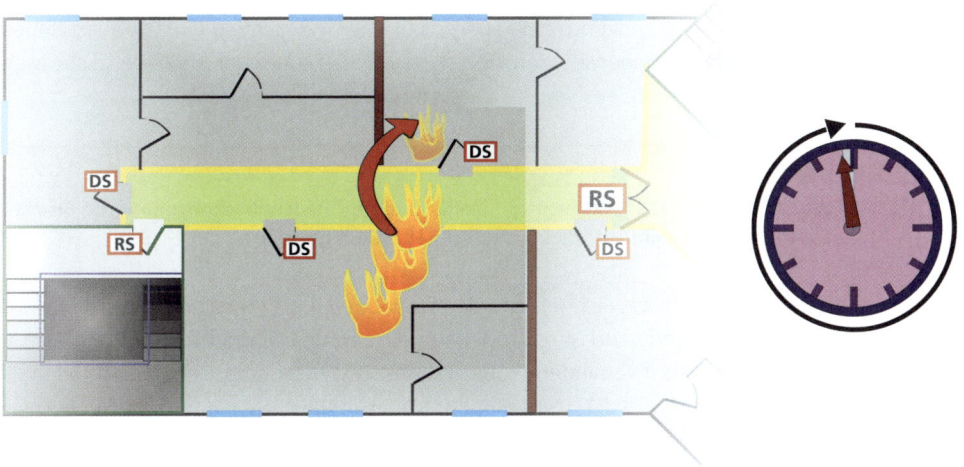

Bild 84: *Nach Durchbrennen der ersten Trennwand zwischen notwendigem Flur und Nutzungseinheit dauert es mindestens weitere 30 Minuten, eher mehr, bis auch die zweite Trennwand zur nächsten Nutzungseinheit vor dem Feuer kapituliert hat. Damit ist mindestens eine 60-minütige Verhinderung der Brandausbreitung gegeben.*

4.2 Brandwände

Wir haben nun viel über die Zellenbildung gesprochen, die verhindern soll, dass sich Feuer und Rauch nach kurzer Zeit schon auf andere Bereiche des Gebäudes ausdehnen. Wir haben dabei die Feuerwiderstandsklassen feuerhemmend, hochfeuerhemmend und feuerbeständig kennengelernt, die jeweils 30, 60 und 90 Minuten Feuerwiderstandsdauer entsprechen. Innerhalb der von der Feuerwiderstandsdauer definierten Zeit dürfen weder übermäßig Wärme noch Rauch durch die Bauteile dringen.

Zusätzlich haben wir bei der Diskussion der Rettungswege die Rauchabschnitte kennengelernt, die beispielsweise notwendige Flure durch die Unterteilung in verschiedene Bereiche sicherer machen sollen. Diese Abschnitte gewährleisten, dass sich Rauch im Regelfall nicht ungehindert über mehr als 30 Meter Flurlänge ausbreiten

4 Die Verhinderung der Ausbreitung von Feuer und Rauch

kann. Wir haben aber auch gesehen, dass diese Rauchabschnitte durch ungünstig mit dem notwendigen Flur verbundene Räume und Nutzungseinheiten oder durch aufgekeilte Rauchschutztüren »kurzgeschlossen« und unwirksam gemacht werden können.

Dies gilt für Brandabschnitte, also das ergänzende Gegenstück der Rauchabschnitte zur Eingrenzung von Feuer, nicht: Sie sind nicht so einfach auszuhebeln und dienen der Schadensbegrenzung, falls wir als Feuerwehr ein Feuer nicht mehr kontrollieren können.

Merke:
Wichtig ist, dass Du jetzt nicht die **Zellenbildung, Rauchabschnitte** und die **Brandabschnitte** verwechselst: dies sind **drei verschiedene Dinge!**

Als Brandabschnitt bezeichnet man den Gebäudeteil, der zwischen zwei Brandwänden liegt. Die Brandwand ist so aufgebaut, dass sie den Durchtritt von Wärme, Feuer und Rauch wirksam verhindern kann – sogar so wirksam, dass der Gebäudeteil vor der Brandwand bis auf die Grundmauern niederbrennen könnte und der Gebäudeteil hinter der Brandwand immer noch stehen würde! Und das ist auch genau ihr Zweck: denn die Brandwand soll die Brandausbreitung auf andere Gebäude verhindern und uns als Feuerwehr somit ermöglichen, dass wir uns in der ersten Einsatzphase nicht um den Schutz des Nachbargebäudes kümmern müssen. Stattdessen können wir direkt zur Brandbekämpfung übergehen und damit die entstehenden Schäden verringern. Damit ist die Brandwand, unsauber gesprochen, auch eine Art Zellenbildung, allerdings in einem viel größeren Maßstab wie wir im folgenden Kapitel sehen werden.

4.2.1 Brandwände als Gebäudeabschlusswand

Sinnvoll – und daher auch in der Bauordnung vorgeschrieben – sind Brandwände als Gebäudeabschlusswände zwischen direkt aneinander angrenzenden Gebäuden (▶ Bild 85). Bei einem Brand dienen sie dazu, einen Feuerüberschlag auf das Nachbargebäude zu verhindern und damit die Sachwerte des Nachbarn zu schützen.

4.2 Brandwände

Bild 85: *Brandwände sind vorgeschrieben zwischen direkt aneinander angrenzenden Gebäuden. Damit soll der Besitz des Nachbarn geschützt werden, wenn eines der Gebäude durch einen unkontrollierbaren Brand bis auf die Grundmauern herunterbrennt.*

Die geforderte Feuerwiderstandsklasse für diese gebäudetrennende Brandwand variiert mit der Gebäudeklasse (▶ Tabelle 2):

Tabelle 2: *Geforderte Feuerwiderstandsklassen der Brandwände als Gebäudeabschlusswand bei nichtfreistehenden Gebäuden, sortiert nach Gebäudeklassen*

Gebäudeklasse	Geforderte Feuerwiderstandsklasse
1 bis 3	Feuerhemmend (innen), feuerbeständig (außen)
4	Hochfeuerhemmend unter zusätzlicher mechanischer Beanspruchung
5	Feuerbeständig unter zusätzlicher mechanischer Beanspruchung
Hilfestellung Feuerwiderstandsdauer: feuerhemmend (30 min), hochfeuerhemmend (60 min), feuerbeständig (90 min)	

4.2.2 Innere Brandwände

Neben der Brandwand als Gebäudeabschlusswand gibt es auch Brandwände innerhalb eines Gebäudes, sofern dieses Gebäude mehr als 40 m lang ist. Dies stellt eine Schutzmaßnahme gegen die Ausbreitung von Feuer und Rauch dar, die zusätzlich zur Zellenbildung ergriffen wird. Selbst wenn also die Schutzwirkung durch die Zellenbildung nicht gegeben bzw. für das vorliegende Brandereignis nicht ausreichend sein sollte, stellt die Brandwand eine zusätzliche Sicherung gegen die Ausbreitung von Feuer und Rauch auf den anderen Brandabschnitt dar.

4 Die Verhinderung der Ausbreitung von Feuer und Rauch

Vielleicht fragst Du Dich, was passieren müsste, damit die Zellenbildung durch ein Feuer überwunden wird. Hier gibt es verschiedene Möglichkeiten: Die Zellenbildung könnte z. B. durch bauliche Mängel nicht ausreichend sicher sein. Oder sie könnte auch gar nicht vorhanden sein, weil der gesamte Brandabschnitt zur selben Nutzungseinheit zählt, wie es manchmal bei Großraumbüros vorkommt. Natürlich kann in einem solchen Fall die Brandwand einem intensiv wütenden Brand nicht unbegrenzte Zeit standhalten, aber sie kann die Ausbreitung auf die hinter der Brandwand liegenden Gebäudeteile so stark verzögern, dass wir als Feuerwehr eine gute Chance haben den Brand in der Zwischenzeit zu löschen.

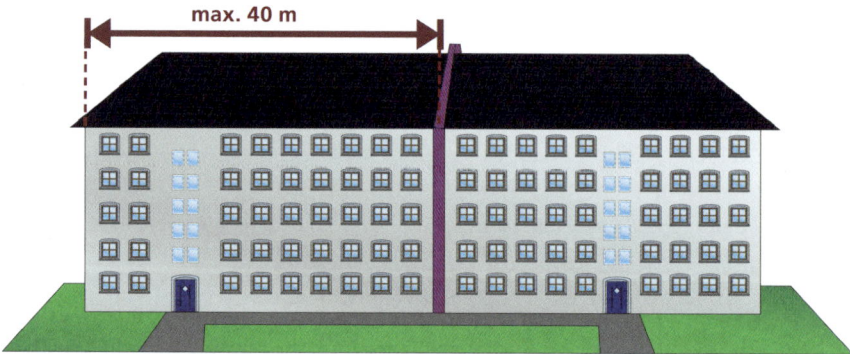

Bild 86: *Ein Brandabschnitt darf nicht mehr als 40 m lang sein, um auch in Extremfällen eine Ausbreitung auf andere Objekte verhindern zu können – selbst wenn sich die wirksame Brandbekämpfung der Feuerwehr verzögern sollte.*

Die durch die Brandwand eingeteilten Bereiche eines Gebäudes bezeichnet man daher als »Brandabschnitte«. Diese Brandabschnitte dürfen maximal 40 m in jede Richtung messen (▶ Bild 86). Vielleicht fragst Du Dich, warum man bei den Brandabschnitten Abstände von maximal 40 m vorschreibt, während die Länge des Rettungsweges auf 35 m und die Länge eines Rauchabschnitts auf 30 m begrenzt ist. Die Unterschiedlichkeit der Werte entspringt der Tatsache, dass sie zu unterschiedlichen Zeitpunkten der Rechtsgeschichte und teilweise in unterschiedlichen Bauordnungen eingeführt wurden. Die konkrete Begründung, warum ein Brandabschnitt 40 m und nicht 35 oder 50 m sein darf, ist nicht mehr eindeutig nachvollziehbar. Fest steht, dass Festlegungen der Rettungsweglänge und Festlegungen des Abstandes zwischen Brandwänden im 19. Jahrhundert vorgenommen wurden. In Berlin ist beispielsweise seit 1897 vorgeschrieben, dass ausgedehnte Gebäude im Abstand von maximal 40 m durch Brandwände zu unterteilen sind. In der Fachwelt

4.2 Brandwände

geistern mehrere »Herleitungen« für den Brandwandabstand und die Rettungsweglänge umher, die aber nicht belegt werden können. Die 40-m-Regelung sollte einfach als Erfahrungswert betrachtet werden.

Bei den inneren Brandwänden gibt es noch einige Details zu beachten, denn die Länge eines Brandabschnittes (also 40 m) ist unabhängig von der Form des Gebäudes! Wenn also ein Gebäude über Eck geht, dann muss eine innere Brandwand auch nach maximal 40 m gebaut werden, wobei beide Flügel als Länge zur Abmessung der Position der Brandwand meist mitgerechnet werden. Hier existieren jedoch unterschiedliche Auslegungen.

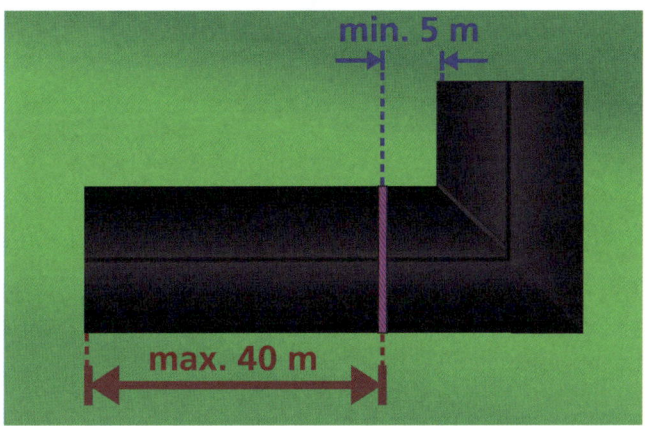

Bild 87: *Auch wenn Gebäude keine gerade Form haben, muss nach spätestens 40 m eine innere Brandwand gebaut werden. Ob die 40 m im Falle des rechten Flügels des Gebäudes auf der langen oder der kurzen Seite oder sogar in der Mitte des Gebäudes gemessen werden müssen, ist gesetzlich nicht festgelegt. Unter normalen Umständen muss die innere Brandwand jedoch mindestens 5 m von der inneren Ecke entfernt sein.*

Bei dem in ▶ Bild 87 gezeigten Gebäude wurde die Brandwand am langen Schenkel des L-förmigen Grundrisses abgemessen. Eine solche Gebäudeform erfordert eine zusätzliche Regel: Denn die Brandwand muss mindestens 5 m von der inneren Ecke der L-Form entfernt sein. Die Begründung dafür ist einfach: Stell Dir vor, die Brandwand wäre genau an der inneren Ecke angeordnet und es würde in einem an die Brandwand grenzenden Raum aus dem Fenster heraus brennen. Dann könnten die Flammen die Brandwand problemlos überspringen, indem sie beispielsweise durch große Wärmeentwicklung die Fenster am anderen Gebäudeflügel

4 Die Verhinderung der Ausbreitung von Feuer und Rauch

platzen lassen und beispielsweise dort die Gardinen und somit den nächsten Raum in Brand stecken. Daher kennt die Bauordnung zwei Möglichkeiten, um dies zu verhindern:

- Die Brandwand wird mindestens 5 m von der inneren Ecke entfernt errichtet, sodass die Flammen nicht in Kontakt mit dem anderen Gebäudeflügel kommen können.
- Die Brandwand wird zwar direkt an der inneren Ecke errichtet, aber 5 m von der Brandwand entfernt dürfen in einer Richtung keine Fenster sein und die Gebäudefassade ist feuerbeständig (bei GK 1 bis 4: hochfeuerhemmend) und aus nichtbrennbaren Baustoffen ausgeführt.

In ▶ Bild 88 wird dargestellt, dass eine innere Brandwand (dargestellt in lila) nicht direkt an der inneren Ecke eines über Eck laufenden Gebäudes (▶ Bild 87) liegen darf, wenn sich hinter der inneren Ecke wieder Fenster anschließen (▶ Bild 88a). In einem solchen Falle könnte der durch die Brandwand gebildete Brandabschnitt vom Feuer übersprungen werden. Richtig ausgeführt ist der Brandabschnitt, wenn die Brandwand zwar an der inneren Ecke steht, sich aber auf 5 m kein Fenster anschließt und die Fassade hochfeuerhemmend (GK 1 bis 4) oder feuerbeständig (GK 5) und aus nichtbrennbaren Baustoffen ausgeführt ist (▶ Bild 88b). Alternativ kann zur Einrichtung eines wirksamen Brandabschnittes auch die Brandwand 5 m von der inneren Ecke versetzt aufgestellt werden (▶ Bild 88c).

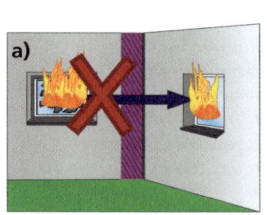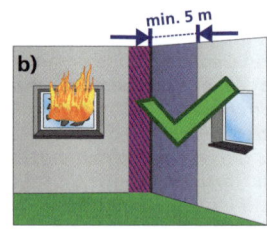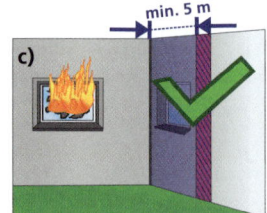

Bild 88: *Eine innere Brandwand (dargestellt in lila) darf nicht direkt an der inneren Ecke eines über Eck laufenden Gebäudes liegen, wenn sich hinter der inneren Ecke wieder Fenster anschließen (▶ Bild 88a).*

Nicht angewandt werden muss diese Forderung bei Gebäuden, bei denen der Winkel an der inneren Ecke größer als 120° ist (▶ Bild 89). Das liegt daran, dass möglicherweise aus einem Fenster neben der Brandwand schlagende Flammen so von den Fenstern hinter der Brandwand weggerichtet sind, dass über sie mit hoher Wahrscheinlichkeit keine Brandausbreitung erfolgen kann.

4.2 Brandwände

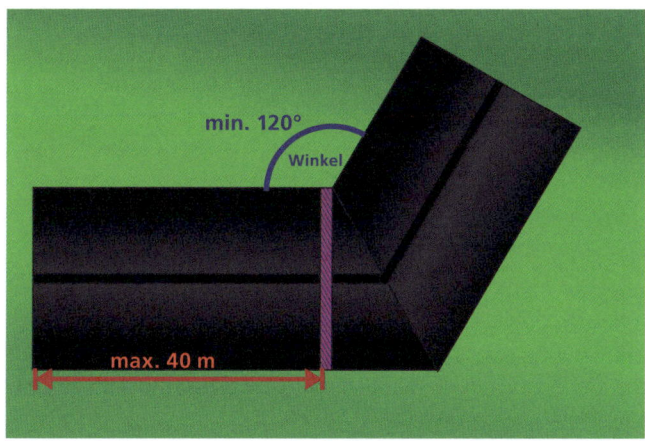

Bild 89: *Bei Gebäuden, bei denen der Winkel an der inneren Ecke größer als 120° ist, darf die Brandwand genau an der inneren Ecke liegen, ohne dass 5 m rechts oder links von ihr Fenster verboten sind.*

Besser nachvollziehbar wird diese Überlegung, wenn man den Öffnungswinkel eines über Eck laufenden Gebäudes mit der Stellung der Zeiger einer Uhr vergleicht: Während ein 90° Winkel z. B. »9.00 Uhr« entspricht, wäre der 120° Winkel »9.05 Uhr«. Wenn man davon ausgeht, dass die Wärmestrahlung von aus dem Fenster schlagenden Flammen sich trichterförmig verteilt, erkennt man sehr leicht, warum an eine Brandwand in einem Gebäude mit mehr als einem 120° Winkel keine erweiterten Anforderungen gestellt werden (▶ Bild 90).

Bild 90: *Je größer der Eckwinkel eines Gebäudes, desto geringer ist die Gefahr einer Brandausbreitung über eine an der Ecke angeordnete Brandwand. Deshalb werden ab einem Eckwinkel von 120° keine erweiterten Anforderungen mehr an die Brandwand gestellt.*

Was müssen Brandwände leisten können?

Wir haben nun detailliert erläutert, wo Brandwände im Gebäude einzubauen sind, haben jedoch den Aufbau der Brandwand bislang ausgeblendet. Dies wollen wir im Folgenden nachholen.

4 Die Verhinderung der Ausbreitung von Feuer und Rauch

Wir haben in den vorigen Seiten erläutert, dass Brandwände die Brandausbreitung von einem Brandabschnitt auf den anderen herauszögern sollen. Für viele Gebäude dienen sie daher als Rückfallebene, die dann greift, wenn die Zellenbildung eine Brandausbreitung nicht ausreichend verhindern konnte. Wir sprechen in diesem Fall allerdings nicht mehr über einen Mülleimerbrand, sondern vielmehr über ein großes Feuer, das je nach Konstruktionsweise auch die Statik des Gebäudes beeinträchtigen könnte. Brandwände müssen daher bei größeren Gebäuden, d. h. bei GK 4 und 5, nicht nur eine Feuerwiderstandsklasse (für die Feuerwiderstandsklassen von Brandwänden ▶ Tabelle 1 und ▶ Tabelle 2) haben, sondern müssen auch unter zusätzlicher mechanischer Beanspruchung standsicher sein. Damit soll der Belastung Rechnung getragen werden, die aufkommen würde, wenn eine Brandwand durch Trümmer von herabstürzenden Gebäudeteilen, z. B. den Balken eines brennenden Dachstuhls, getroffen wird (▶ Bild 91). Auch unter diesen Bedingungen muss die Brandwand noch ihre Feuerwiderstandsklasse aufweisen!

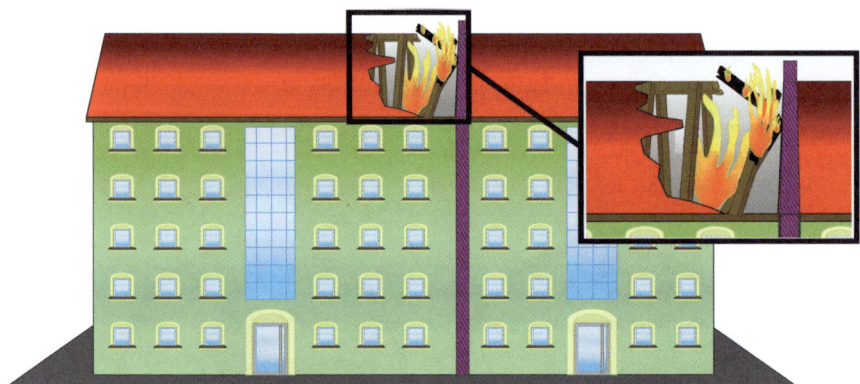

Bild 91: *Brandwände müssen auch unter mechanischer Beanspruchung eine besondere Standsicherheit aufweisen, um sicherzustellen, dass sie auch nach Aufschlag von Trümmern eines Teileinsturzes noch die entsprechende Feuerwiderstandsklasse aufweisen.*

Um sicher zu gehen, dass unter keinen Umständen eine Brandausbreitung durch die Brandwand hindurch erfolgt, sind Brandwände stets aus nichtbrennbaren Baustoffen zu errichten. Zusätzlich dürfen Bauteile mit brennbaren Baustoffen nicht über Brandwände hinweggeführt werden: Es ist also nicht zulässig, die Pfetten eines Dachstuhls durch eine Brandwand zu führen oder über eine Brandwand hinauslaufen zu lassen (▶ Bild 92 und ▶ Bild 93), da dieser Balken brennen und damit auch das Gebäude hinter der Brandwand in Flammen aufgehen könnte.

4.2 Brandwände

In gleicher Weise müssen auch Außenwandbekleidungen so beschaffen sein, dass eine Brandausbreitung nicht möglich ist: Denke hierbei einfach mal daran, was passieren würde, wenn Du eine Wärmedämmung aus Polystyrolplatten über eine Brandwand hinweg verlegen würdest und der Brand dadurch übertragen würde. Auch hier hättest Du wieder eine unkontrollierte Brandausbreitung, die die Brandabschnitte »kurzschließen« würde. Als Konsequenz sind alle Außenwandkonstruktionen mit potenzieller Brandgefahr (wie z. B. Holzfassaden) in einem gewissen Bereich links und rechts von der Brandwand aus nichtbrennbaren Materialien auszuführen.

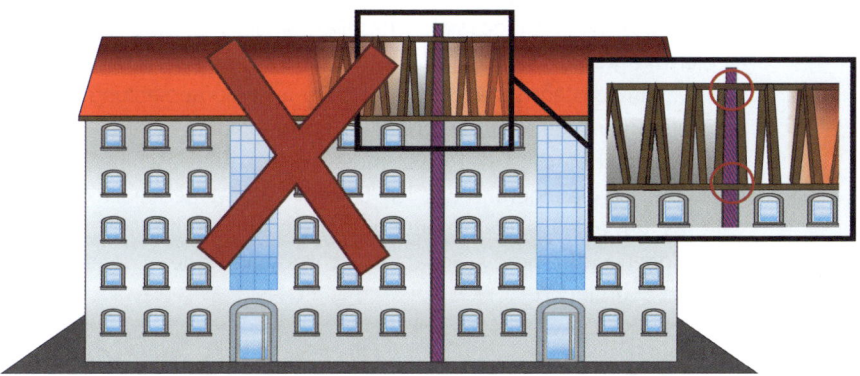

Bild 92: *Brennbare Baustoffe, wie z. B. der in der Abbildung gezeigte Pfetten, dürfen nicht über die Brandwand hinweg geführt werden, da hierdurch eine unkontrollierte Brandausbreitung möglich wäre.*

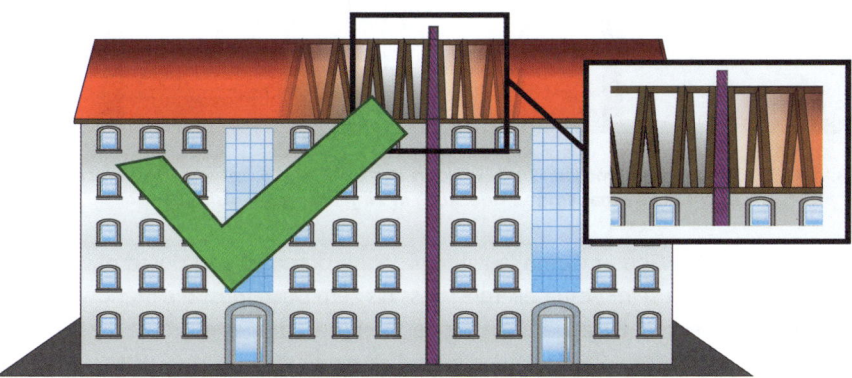

Bild 93: *Richtig: Brandwände dürfen nicht aus brennbaren Baustoffen bestehen; die Pfetten werden nicht über die Brandwand hinweggeführt.*

4 Die Verhinderung der Ausbreitung von Feuer und Rauch

Wenn Kabel oder Rohrleitungen durch die Brandwand verlegt werden, müssen diese Durchführungen so ausgefüllt sein, dass auch diese die Feuerwiderstandsklasse der Brandwand haben. Meist verwendet man hier spezielle Abschottungssysteme, die eine Brandweiterleitung verhindern können.

Eine Brandausbreitung soll auch nicht über das Dach möglich sein: Daher gilt für Brandwände in Gebäuden der GK 4 und 5, dass diese 0,30 m über Dach geführt sein müssen oder alternativ unter dem Dach zu jeder Seite 0,50 m auskragen. Du kannst dies bei in geschlossener Bauweise gebauten Mehrfamilienhäusern in der Regel sehr gut erkennen: Hier ragen die Brandwände meist die geforderten 0,30 m über das Dach hinaus. Wenn Du das siehst, hast Du als Führungskraft den Anhaltspunkt, dass es hier mit großer Wahrscheinlichkeit eine wirksame brandschutztechnische Trennung zum nächsten Gebäude gibt und Du gute Voraussetzungen hast, die Brandausbreitung auf die Nachbargebäude zu unterbinden.

Bei Gebäuden der GK 1 bis 3 muss die Gebäudeabschlusswand nur bis unter direkt die Dachhaut geführt werden. Denn hier reicht meist auch die Wurfweite eines C-Rohrs, um eine Brandausbreitung über die Außenseite der Dachhaut hinweg zu unterbinden, während die Gebäudeabschlusswand eine Ausbreitung unterhalb der Dachhaut verhindert.

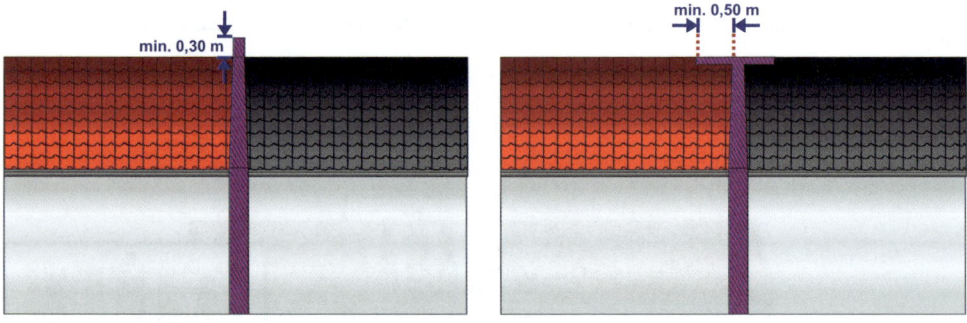

Bild 94: *Brandwände müssen in Gebäuden der GK 4 und 5 entweder mindestens 0,30 m über die Dachfläche hinausragen oder 0,50 m zu jeder Seite auskragen.*

Brandwände müssen laut Bauordnung durchgehend durch das gesamte Gebäude geführt sein. Vom Kellergeschoss bis zum Dach muss die Brandwand alle Geschosse abdecken. Bislang haben wir das immer so dargestellt, dass die Brandwand in allen Geschossen übereinanderliegend als ein geradliniger Verlauf angeordnet ist (▶ beispielsweise Bild 92).

4.2 Brandwände

Es kann aber auch sein, dass diese Vorgehensweise aus baulichen Gründen nicht möglich ist: Beispielsweise könnte der Architekt einen sehr großen Raum dort im Erdgeschoss vorgesehen haben, wo eigentlich die Brandwand stehen müsste. Darf er dann diesen Raum so nicht bauen? Das wäre ein Eingriff in die Freiheit des Bauherrn und daher hat die Bauordnung eine Kompromisslösung geschaffen: Zwar muss eine Brandwand existieren, diese darf aber unter gewissen Bedingungen geschossweise versetzt angeordnet sein, d. h., dass die Brandwand einen »Knick« macht und teilweise über die Decke eines Raumes geführt wird, bevor sie als eigentliche Wand weiter in die Höhe geführt wird (▶ Bild 95). Die Decke, über die die Brandwand dann geführt wird, muss im betreffenden Bereich öffnungslos sowie in der gesamten Länge von der Brandwand bis zur nächsten stützenden Wand feuerbeständig und aus nichtbrennbaren Baustoffen ausgeführt sein. Die stützende Wand muss ebenfalls die Feuerwiderstandsklasse feuerbeständig aufweisen und aus nichtbrennbaren Baustoffen gebaut sein.

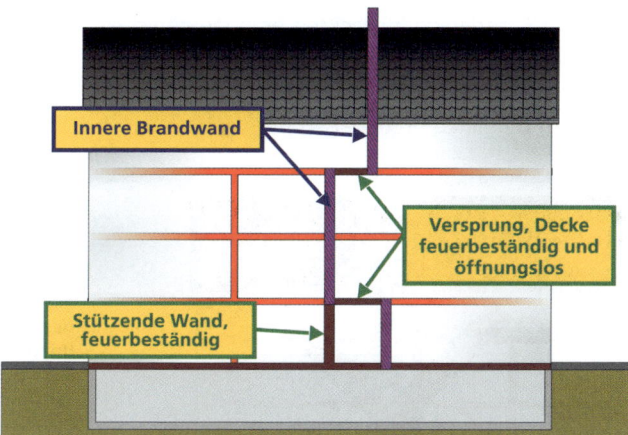

Bild 95: *Brandwände dürfen geschossweise versetzt angeordnet sein. Dafür müssen allerdings die Decken in den betroffenen Teilen feuerbeständig und öffnungslos sein sowie bis zur nächsten stützenden Wand, die ebenfalls feuerbeständig sein muss, auch feuerbeständig ausgeführt werden.*

Bei einer solchen geschossweise versetzt angeordneten Brandwand ergibt sich das Problem, dass die Brandabschnitte von Geschoss zu Geschoss an unterschiedlichen Stellen der Fassade entlanglaufen. Damit müssen auch die Außenwände eine Brandausbreitung an unterschiedlichen Stellen wirksam verhindern, d. h. an diesen Stellen feuerbeständig sein (▶ Bild 96).

4 Die Verhinderung der Ausbreitung von Feuer und Rauch

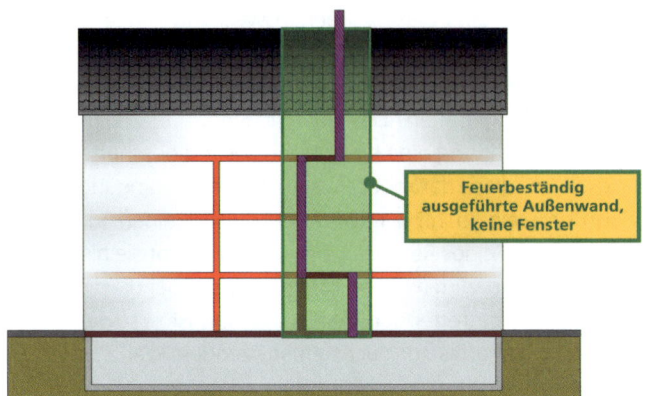

Bild 96: Die Außenwände im Bereich der Brandwände müssen in gewisser Breite um die Brandwände feuerbeständig ausgeführt sein, um eine Brandausbreitung über die Außenwand zu verhindern.

Öffnungen wie z. B. Fenster dürfen nicht so angeordnet sein, dass über diese eine Brandausbreitung erfolgen kann. Stell Dir einfach vor, dass ein Fenster im Bereich der »Ausbuchtung« der Brandwand im rechten Brandabschnitt eingebaut ist und nun Flammen aus diesem Fenster schlagen, die über die im nächsten Geschoss wieder zurücklaufende Brandwand hinaus Objekte in Brand stecken und damit einen Feuerüberschlag auf den linken Brandabschnitt verursachen (▶ Bild 97).

Bild 97: Öffnungen wie z. B. Fenster müssen so angeordnet sein, dass eine Brandausbreitung über den durch die Brandwand gebildeten Brandabschnitt hinweg nicht möglich ist.

Natürlich muss man innere Brandwände auch passieren können, schließlich soll eine innere Brandwand nur eine Barriere für das Feuer, nicht aber für Gebäudenutzer darstellen. Daher benötigen wir Türen, um vom Raum vor der Brandwand in den Raum hinter der Brandwand gelangen zu können. Welche Anforderungen an diese

4.3 Türen

und auch an alle anderen Türen in den Gebäuden gestellt werden, behandeln wir im folgenden Abschnitt.

4.3 Türen

Wir haben nun mit den Brandwänden und der Zellenbildung zwei wichtige Prinzipien kennengelernt, die dazu dienen, die Ausbreitung von Feuer und Rauch auf das Gebäude zu unterbinden. Dabei ging es stets um die Feuerwiderstandsklassen der Decken und Wände. Einen wichtigen Bestandteil von Nutzungseinheiten haben wir jedoch ausgelassen, nämlich die Tür.

Was die Systematik der für die Türen geforderten Feuerwiderstandsklassen angeht, gibt es eine gute und eine schlechte Nachricht. Die gute Nachricht für Dich ist: Es sind nicht viele Regelungen. Die schlechte Nachricht ist: Es gibt keine einfache, allgemeingültige Regel, sondern es handelt sich vielmehr um eine Sammlung von Vorschriften.

Türen in Brandwänden

In Brandwänden, die als Gebäudeabschlusswand dienen, dürfen überhaupt keine Türen verbaut sein. Für innere Brandwände sind Öffnungen für Türen jedoch notwendig, da sonst das Gebäude vollständig durch diese bauliche Brandschutzmaßnahme zerschnitten würde. Generell dürfen daher in inneren Brandwänden Türen verbaut werden, allerdings nur so wenige wie möglich und diese sind außerdem nur in der unbedingt notwendigen Größe auszuführen. Die Türen müssen mindestens die Feuerwiderstandsklasse der Brandwand haben und müssen dicht- und selbstschließend sein (▶ Tabelle 3).

Tabelle 3: *Die Anforderungen an den Feuerwiderstand der Türen abhängig von der Gebäudeklasse*

Gebäudeklasse	Feuerwiderstandsanforderungen an die Tür bzw. Brandwand
1 bis 3	Hochfeuerhemmend (60 min)
4	Hochfeuerhemmend (60 min)
5	Feuerbeständig (90 min)

Türen zu Nutzungseinheiten

Wir haben bei der Diskussion der Rettungswege schon gelernt, dass die Türen zwischen dem notwendigen Flur und Nutzungseinheiten mit Aufenthaltsräumen dichtschließende Türen haben müssen. Im Gegensatz dazu müssen die Türen zwischen dem notwendigen Treppenraum und Nutzungseinheiten dicht- und selbstschließend sein (zumindest in den Bundesländern, die diese Passage der Musterbauordnung übernommen haben). Diese Türen sitzen zwar in der Regel in Wänden, die eine Feuerwiderstandsklasse aufweisen müssen, aber es werden trotzdem keine Anforderungen an den Feuerwiderstand der Tür gestellt. Warum ist das so?

Ein Grund ist sicher das Handling einer mindestens feuerhemmenden, vielleicht sogar feuerbeständigen Tür. Diese muss auch von alten und schwachen Menschen problemlos zu öffnen sein, selbst wenn sie vielleicht nur eine Hand frei haben, weil sie Einkäufe in ihre Wohnung bringen möchten. Weiterhin befindet sich im Nahbereich um die Tür in der Regel keine Brandlast, denn wenn dort etwas (Brennbares oder Nichtbrennbares) stehen würde, ließe sich die Tür nicht öffnen. Die direkte Flammeneinwirkung auf die Tür ist also im Regelfall als eher gering einzustufen und so reicht auch für »normale Nutzungseinheiten« eine »normale« dichtschließende Tür.

Türen zu Nutzungseinheiten mit besonderen Brandlasten
Die Türen zu beispielsweise Keller- und Lagerräumen, Läden oder Werkstätten oder anderen Nutzungseinheiten, in denen sich größere Brandlasten befinden oder die größer als 200 m² sind, sind als feuerhemmende, dicht- und selbstschließende Türen auszuführen. Dies ist unabhängig von der Anforderung an die Feuerwiderstandsdauer der Trennwände. In einer feuerbeständigen Trennwand darf demnach auch eine feuerhemmende, dicht- und selbstschließende Tür sitzen (T30-RS).

Die Bauaufsichtsbehörde kann hier gewisse Ausnahmen genehmigen: So wird ein Putzmittelraum mit einer Größe von weniger als 2 m² sicher nicht durch eine T30-RS Tür abgeschlossen sein, wenn dort zwar einige Liter brennbare Putzmittel lagern, aber keine Zündquellen anzunehmen sind. Ein zentraler Vorratslagerraum für die in einem großen Betrieb benötigten Putzmittel, in dem also mehrere hundert Liter brennbarer Flüssigkeiten lagern, wird aber sehr wohl durch eine T30-RS Tür abzuschließen sein.

4.4 Abstände zu anderen Gebäuden

Ein wichtiges Kriterium, um die Brandausbreitung von einem Gebäude auf das andere zu verhindern, ist der Abstand: Je größer der Abstand ist, desto geringer ist die Wärmemenge, die vom Feuer auf das Nachbargebäude übertragen wird. Ein großer Teil der beim Brand freiwerdenden Wärme wird mit den heißen Rauchgasen nach oben gezogen, ein kleinerer Teil breitet sich in Form von Wärmestrahlung zu allen

4.4 Abstände zu anderen Gebäuden

Seiten aus. Die Ausbreitung von Wärme kannst Du anhand einer Kerzenflamme einfach nachvollziehen: Über der Flamme musst Du mit Deiner Hand einige Zentimeter Abstand halten, um Dich nicht zu verbrennen. Von den Seiten hingegen kannst Du Dich bis auf wenige Millimeter nähern, ohne Verbrennungen davonzutragen.

Auch bei Gebäudebränden zieht der größte Teil der Wärme nach oben weg, allerdings ist die gesamte Wärmefreisetzung so groß, dass selbst die Wärmestrahlung noch zur Entzündung von Sekundärbränden führen könnte.

Bild 98: *Die Intensität der Wärmestrahlung nimmt mit dem Abstand zur Flamme schnell ab. Daher können auch schon recht kleine Abstände zwischen den Gebäuden bei nicht allzu starker Wärmefreisetzung des Feuers eine Brandausbreitung verhindern.*

Daher schreibt das Bauordnungsrecht vor, dass Gebäude einen minimalen Abstand von 5 m zueinander bzw. jeweils 2,50 m bis zur Grundstücksgrenze einhalten müssen (ein Nachbar dürfte also bis zur Grundstücksgrenze bauen, wenn der andere Grundstücksinhaber seine 5 m bis zur Grundstücksgrenze nicht bebaut: ▶ Bild 99a) und b)). Ist dies nicht möglich, wie z. B. bei in geschlossener Bauweise errichteten Gebäuden, muss eine Gebäudeabschlusswand mit einer für die jeweilige Gebäudeklasse vorgeschriebenen Feuerwiderstandsklasse gebaut werden.

Im Gespräch mit einem Architekten wirst Du ggf. erfahren, dass es neben den hier angesprochenen Abständen auch noch sogenannte Abstandsflächen gibt, die sich an der Gebäudehöhe bemessen und daher häufig sehr viel größer ausfallen. Diese Abstandsflächen wurden allerdings nicht zur Verhinderung der Brandausbreitung eingeführt, sondern dienen der Belichtung und Belüftung von Gebäuden bzw. Nutzungseinheiten. Wenn Gebäude zu nah zusammenstehen, verhindern die von ihnen geworfenen Schatten eine gute Belichtung in den tiefergelegenen Wohnungen der Häuser. Abstandsflächen sich daher für den baulichen Brandschutz nicht relevant, wichtig sind hier vor allem die vorher genannten Mindestabstände.

Wo keine Abstände eingehalten werden müssen

Auch für die Regeln zum Einhalten von Abständen gibt es im Bauordnungsrecht Ausnahmen:

4 Die Verhinderung der Ausbreitung von Feuer und Rauch

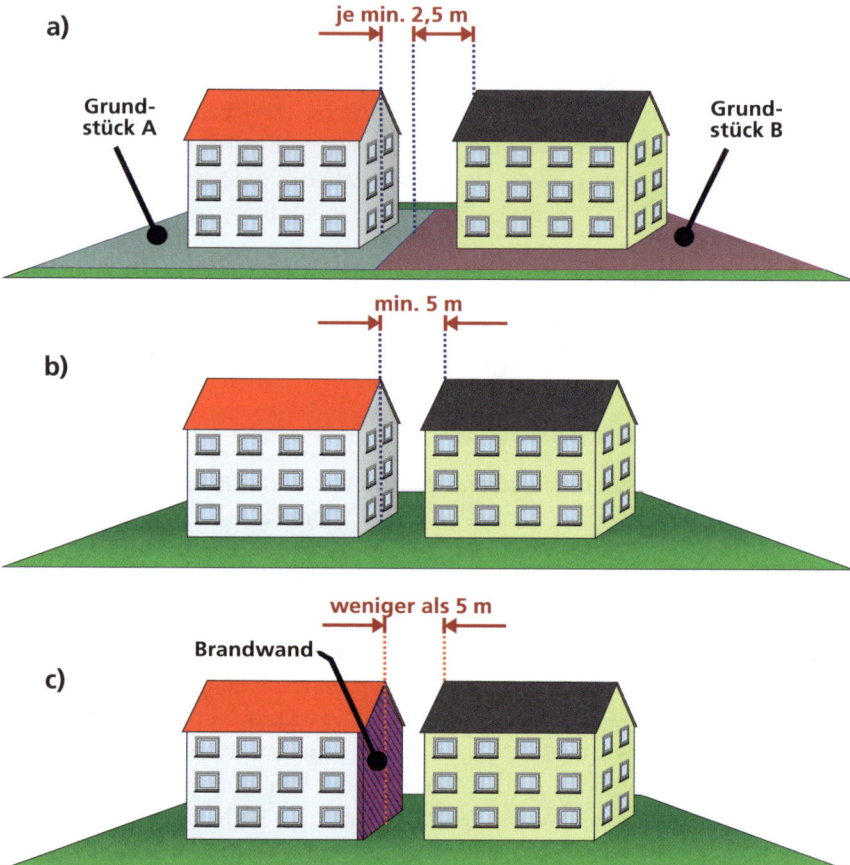

Bild 99: *Zur Verhinderung einer Brandausbreitung auf Nachbargebäude müssen Gebäude mindestens je 2,5 m Abstand bis zur Grundstücksgrenze (▶ Bild 99a) oder 5 m Abstand zum nächsten Gebäude (▶ Bild 99b) haben. Sind die Abstände nicht einzuhalten, muss die Außenwand mindestens eines Gebäudes als Brandwand (Gebäudeabschlusswand) ausgeführt werden (▶ Bild 99c).*

- Unterirdische Gebäude müssen keine Abstandsflächen einhalten, da eine Brandausbreitung durch das Erdreich zu anderen unterirdischen Gebäuden ausgeschlossen werden kann.
- Zur Errichtung von Garagen oder kleinen Gebäuden mit einer mittleren Wandhöhe von weniger als 3 m und einer Gebäudelänge von weniger als 9 m müssen ebenfalls keine Abstände eingehalten werden. In diesen

4.5 Bedachung

Gebäuden dürfen weder Aufenthaltsräume noch Feuerstätten vorhanden sein und sie müssen als Zusatzbebauung zu einem anderen Gebäude dienen. Das klassische Beispiel ist die oben genannte Garage (▶ Bild 100).

- Balkone, Erker oder ähnliche, von der Wand herausragende Anbauten werden nicht bei den einzuhaltenden Abständen mitgezählt, sofern sie nicht mehr als 1,50 m von der Wand weg ragen oder sich nicht näher als 2 m an der Grundstücksgrenze befinden.

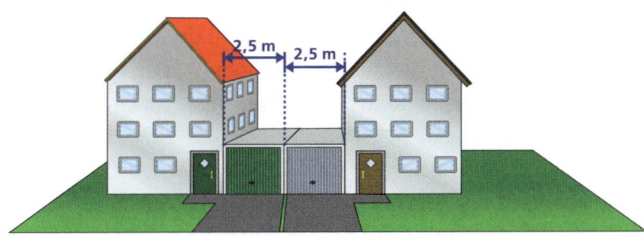

Bild 100: *Garagen und andere kleine Anbauten ohne Feuerstätten und Aufenthaltsräume werden bei der Berechnung des Abstands zu Nachbargrundstücken bzw. Nachbargebäuden nicht mitgezählt. Daher können die Garagen zweier Gebäude direkt aneinander angrenzen und formell werden die notwendigen Abstände trotzdem eingehalten.*

4.5 Bedachung

Gehen wir noch einmal von einem großen Brandszenario aus, bei dem es zu Funkenflug oder gar Flugfeuern kommt. Natürlich sollen dadurch die in der Nachbarschaft befindlichen Gebäude nicht mit in Brand gesteckt werden. Folglich ist eine Strategie erforderlich, wie die Bedachung gegen die Wärmestrahlung eines Feuers oder gegen Flugfeuer widerstandsfähig sein kann. Das formuliert die Musterbauordnung durch den allgemeinen Satz »Bedachungen müssen gegen eine Beanspruchung von außen und strahlende Wärme ausreichend lang widerstandsfähig sein« und konkretisiert dies mit dem Hinweis auf »harte Bedachung« sowie eindeutige Regelungen, die wir im Folgenden besprechen werden. Als harte Bedachung gelten beispielsweise Dachpfannen oder Schieferdächer (und unter bestimmten Bedingungen auch Bitumendachpappe), während beispielsweise Reetdächer nicht unter eine harte Bedachung fallen.

Wie auch schon bei den Anforderungen, die an die Außenwände gestellt werden, wird auch im Falle der Bedachung eine Einordnung nach der Gebäudeklasse gemacht. Man geht hier wieder davon aus, dass mit aufsteigender Gebäudeklasse mehr Gebäudenutzer von einem Brandereignis betroffen sein könnten, sodass für die Gebäudeklassen 4 und 5 stets harte Bedachungen gefordert werden. Bei den Gebäuden der Gebäudeklassen 1 bis 3 sind harte Bedachungen zwar die Regel, aber Ausnahmen sind möglich (▶ Bild 101):

- Eine harte Bedachung ist nicht erforderlich, wenn die Gebäude mindestens 12 m Abstand zur Grundstücksgrenze einhalten und somit sichergestellt werden kann, dass eine Brandausbreitung auf Gebäude anderer Besitzer mit hoher Wahrscheinlichkeit nicht durch Flugfeuer oder Wärmestrahlung beschädigt werden. Bei Wohngebäuden der Gebäudeklassen 1 und 2 wird der einzuhaltende Mindestabstand zur Grundstücksgrenze auf 6 m reduziert.
- Eine harte Bedachung ist ebenfalls nicht erforderlich, wenn zu anderen Gebäuden auf dem gleichen Grundstück, die über eine harte Bedachung verfügen, mindestens 15 m Abstand gehalten werden. Bei Wohngebäuden der Gebäudeklassen 1 und 2 wird der einzuhaltende Mindestabstand zwischen den beiden Gebäuden auf 9 m reduziert.
- Sollten weitere Gebäude auf dem Grundstück errichtet sein, die auch nicht über eine harte Bedachung verfügen, muss ein Abstand von 24 m eingehalten werden. Bei Wohngebäuden der Gebäudeklassen 1 und 2 wird der einzuhaltende Mindestabstand zwischen den Gebäuden auf 12 m reduziert.
- Kleingebäude mit weniger als 50 m³ Rauminhalt, keinen Aufenthaltsräumen und ohne Feuerstätten müssen einen Mindestabstand von 5 m zum Gebäude ohne harte Bedachung einhalten. Ein typisches Beispiel dafür sind Garagen, Geräteschuppen oder ähnliches. Für Wohngebäude der Gebäudeklassen 1 und 2 gibt es keinen einzuhaltenden Mindestabstand zu diesen Kleingebäuden.

Die Diskussion der Abstände von Gebäuden ohne harte Bedachung zu anderen Gebäuden bzw. zur Grundstücksgrenze scheint an dieser Stelle ohne praktischen Nutzen zu sein. Schließlich hast Du als Führungskraft keinen Einfluss auf den Abstand der Gebäude zueinander – warum solltest Du also etwas über die vorgeschriebenen Abstandswerte wissen? Es geht an dieser Stelle vielmehr darum ein Bewusstsein für die Mechanismen der Brandausbreitung auf die Nachbarschaft zu beleuchten: Solltest Du als Führungskraft einen intensiven Gebäudebrand mit Funkenflug und ggf. sogar Flugfeuern bekämpfen, lohnt es sich jedenfalls einen Blick auf die Nachbargebäude und deren Bedachung zu werfen. Möglicherweise stehen in

4.5 Bedachung

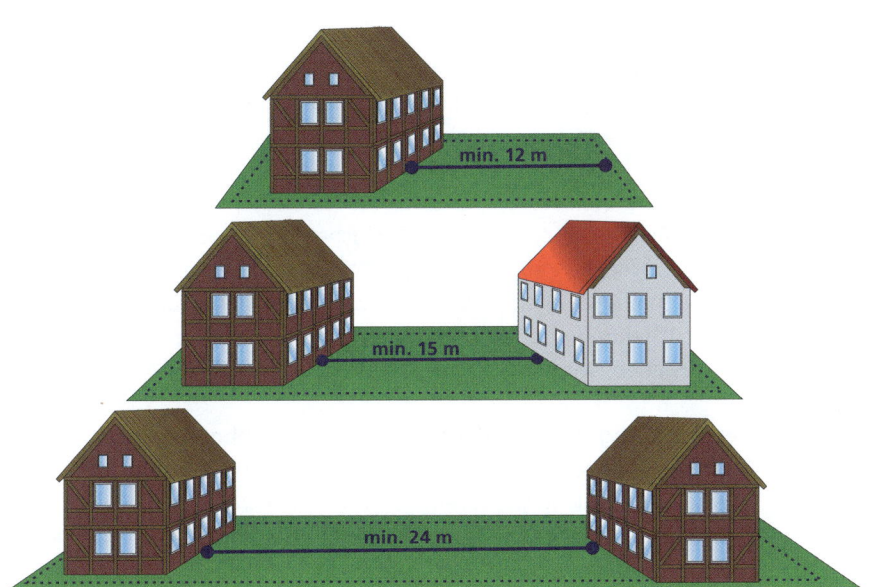

Bild 101: *Für Gebäude der GK 1 bis 3 ohne harte Bedachung gelten aufgrund der größeren Anfälligkeit für eine Brandausbreitung bestimmte Mindestabstände zur Grundstücksgrenze sowie zu anderen Gebäuden auf dem gleichen Grundstück.*

Windrichtung Gebäude ohne harte Bedachung, auf die sich das Feuer ausbreiten könnte, sodass Du diese Gefahr durch regelmäßige Kontrolle im Auge behalten solltest. Steht ein Gebäude im Vollbrand, kann man im Sinne einer Faustformel davon ausgehen, dass alle Gebäude im Umkreis von 40 m früher oder später gefährdet sind und zu deren Schutz Mannschaft und Gerät eingeplant werden müssen.

Brennbare und nichtbrennbare »Glasflächen« auf Dächern
Neben Reet oder anderen brennbaren Deckmaterialien könnten natürlich auch größere lichtdurchlässige Teilflächen aus brennbaren Materialien wie z. B. Acrylglas in Dächer eingebaut sein. Diese lassen sich durch Flugfeuer unter ungünstigen Umständen in Brand setzen und bieten mit ihrem Wegbrennen dann dem Feuer einen direkten Zugang zum Inneren des Gebäudes und den dort vorhandenen Brandlasten.

Daher werden beispielsweise nur Glasdächer aus nichtbrennbaren Gläsern, in denen jedoch brennbare Fugendichtungen und Dämmstoffe verbaut sein dürfen, erlaubt. Ein Wintergarten, bei dem große Flächen mit brennbaren Kunststoffgläsern

4   Die Verhinderung der Ausbreitung von Feuer und Rauch

verglast wurden, wäre nicht genehmigungsfähig. Er würde lichterloh brennen und wahrscheinlich zu einer Brandausbreitung ins Gebäudeinnere führen.

Wenn hingegen nur Lichtkuppeln, Dachfenster oder Oberlichter aus brennbaren Kunststoffgläsern in Wohngebäuden verbaut werden, geht man davon aus, dass die betroffene Fläche ausreichend klein ist, um keine ernste Gefahr der Brandausbreitung darzustellen. Gleiches gilt für Eingangsüberdachungen für Wohnungen.

Mit Genehmigung der Bauaufsichtsbehörde kann der Einbau von lichtdurchlässigen Teilflächen aus brennbaren Teilflächen (in alle Gebäudeklassen!) möglich sein, wenn ausreichende Vorkehrungen getroffen wurden, um eine mögliche Brandentstehung und -ausbreitung zu unterdrücken. Wie genau diese Vorkehrungen aussehen, wird in der Regel von Fall zu Fall individuell bewertet.

Verhinderung der Brandausbreitung im Dachbereich
Dächer müssen so konstruiert sein, dass eine Brandausbreitung auf andere Gebäude oder Gebäudeteile wirksam verhindert werden kann. Dies geschieht unter normalen Umständen schon durch Brandwände, die die in geschlossener Bauweise giebelständig aneinandergrenzenden Gebäude vor einer Brandausbreitung schützen. Allerdings muss auch sichergestellt werden können, dass Öffnungen in Dächern, wie z. B. Dachfenster oder Gauben, mindestens 1,25 m von Brandwänden entfernt sind – es sei denn, die Brandwand wird 0,30 m über das Dach hinausgeführt. In diesem Fall ist eine unmittelbare Brandausbreitung nicht zu erwarten (▶ Bild 102).

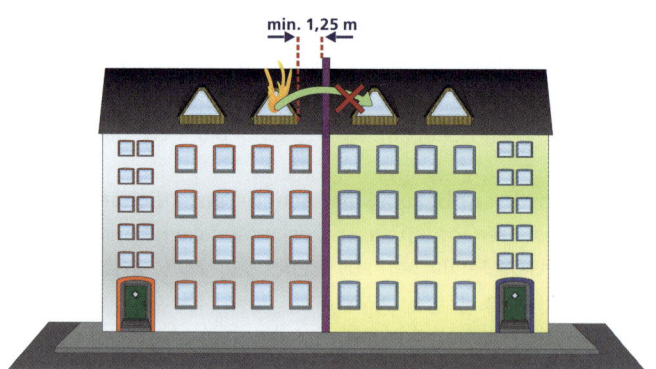

Bild 102: Dachgauben und andere Öffnungen müssen mindestens 1,25 m von Brandwänden entfernt sein, um eine Brandausbreitung über die Brandwand hinweg verhindern zu können.

Auch wenn ein giebelseitiges Aneinandergrenzen in den Häuserzeilen häufig vorkommt (d. h. die typischerweise als »geschlossene Bauweise« bekannte Anordnung wie in ▶ Bild 102), sind auch traufseitig aneinandergrenzende Dächer hin und wieder anzutreffen. Hier schreibt die Musterbauordnung vor, dass traufseitig aneinandergrenzende Dächer, einschließlich der tragenden Konstruktion, von innen nach außen mindestens feuerhemmend ausgeführt werden müssen, um eine Brandausbreitung auf das jeweils andere Dach zu verhindern (▶ Bild 103). Dies verschafft uns als Feuerwehr (die Eintreffzeit von den Minuten der theoretischen Feuerwiderstandsdauer abgezogen) einige Minuten Zeit, um eine Brandausbreitung entweder durch einen Innenangriff im Dachgeschoss oder durch Einrichten einer Riegelstellung mittels einer Drehleiter einzurichten.

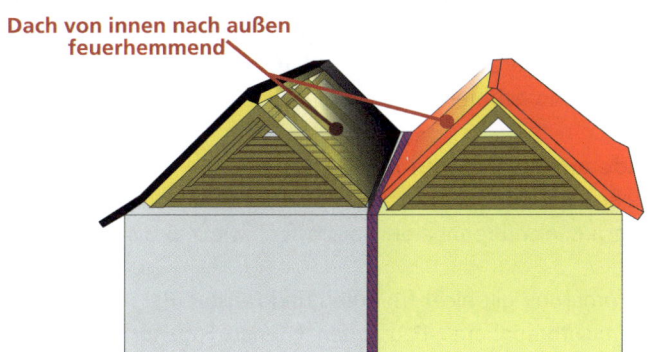

Bild 103: *Wenn Dächer traufseitig aneinandergrenzen, müssen ihr Tragwerk und ihr Dach mindestens feuerhemmend (von innen nach außen) ausgeführt sein.*

4.6 Außenwände

Wir möchten uns nun mit den Anforderungen beschäftigen, die an die Außenwände von Gebäuden gestellt werden. Dabei lohnt es sich, in Erinnerung zu behalten, dass Garagen und andere Anbauten ohne Feuerstätten und Aufenthaltsräume nicht bei der Einhaltung der Abstände zu anderen Gebäuden berücksichtigt werden. Sie könnten dadurch eine Feuerbrücke darstellen. Ein Feuer könnte vom Gebäude auf die Garage übergreifen und sich von dort auf das Nachbargebäude ausbreiten. Ausschließen lässt sich eine solche Brandausbreitung nicht, aber ihre Wahrscheinlichkeit kann verringert werden, indem die äußere Hülle der Gebäude, d. h. die Außenwände und das Dach, entsprechend widerstandsfähig ausgeführt werden. Das Bauordnungsrecht schreibt daher vor, dass »Außenwände die Brandausbreitung ausreichend lang zu begrenzen haben« – eine sehr unkonkrete Aussage, die viel Spielraum zur Auslegung lässt. Letztlich liegt es in der Hand des Bauherrn selbst, sein Gebäude durch Errichtung einer entsprechend feuerwiderstandfähigen Außenwand vor der Einwirkung eines Brandes zu schützen. Allerdings müssen hier auch andere Regelungen beachtet werden, deren Betrachtung an dieser Stelle jedoch zu weit führen würde.

Konkretere Vorgaben macht der Gesetzgeber nur für Gebäude der Gebäudeklassen 4 und 5 – also für solche Gebäude, in denen viele Menschen als Nutzer angenommen werden können. Zusätzlich definiert sich diese Gebäudeklasse durch eine größere Gebäudehöhe, sodass uns als Feuerwehr die Verteidigung der oberen Geschosse gegen eine Brandausbreitung schwerer fallen würde. Die nachfolgenden Angaben gelten daher nur für Gebäude der Gebäudeklassen 4 und 5. Im Umkehrschluss bedeutet dies, dass bei z. B. Garagenbränden in Gebäuden der Gebäudeklassen 1 bis 3 besondere Vorsicht bezüglich einer möglichen Brandausbreitung auf die Nachbargebäude geboten ist.

Außenwände aus brennbaren Baustoffen
Konkret müssen bei Gebäuden der Gebäudeklassen 4 und 5 die nichttragenden Außenwände aus nichtbrennbaren Baustoffen, wie z. B. Mauerwerk oder Beton, bestehen.

Diese Anforderung gilt nicht für Türen und Fenster. Bei nichttragenden Außenwänden aus nichtbrennbaren Baustoffen können Fugendichtungen und Dämmstoffe innerhalb geschlossener nicht brennbarer Profile vernachlässigt werden, da sie keinen nennenswerten Beitrag zum Brandgeschehen erwarten lassen.

Außenwandbekleidungen
Die Außenwandbekleidungen, also beispielsweise so etwas wie Wärmedämmverbundsysteme, müssen einschließlich der Dämmstoffe und Unterkonstruktionen schwerentflammbar sein. Damit sind auch Polystyrol-Wärmedämmplatten und andere geschäumte Kunststoffe zulässig, wenn der entsprechende Nachweis über die Schwerentflammbarkeit in Labortests erbracht werden konnte. Die Eigenschaft »schwer entflammbar« bedeutet vereinfacht gesagt, dass eine in Brand geratene Außenwandbekleidung von selbst erlischt, sobald das Stützfeuer, z. B. ein Mülltonnenbrand, gelöscht worden ist.

An manchen Gebäuden werden z. B. hinterlüftete Fassaden angebracht. Das können Schieferplatten, Holzschindeln oder Holzverkleidungen sein, die einen Wetterschutz für die Baukonstruktion bieten und mit ihrer Hinterlüftung gleichzeitig das Abtrocknen von Kondenswasser ermöglichen. Brennbare Außenwandbekleidungen wie z. B. Holzschindeln sind zunächst nur für Gebäude der Gebäudeklasse 1 bis 3 zulässig. Sollen brennbare Fassaden, z. B. aus Holz- oder Holzwerkstoffen realisiert werden, muss eine spezielle Technische Baubestimmung (Muster-Holzbaurichtlinie) beachtet

4.6 Außenwände

werden. Dort sind u. a. Maßnahmen festgelegt, um bei einem Brand den Kamineffekt einer hinterlüfteten Fassade ausreichend abzumindern bzw. zu vermeiden (▶ Bild 104). Eine dieser angesprochenen Vorkehrungen gegen eine Brandausbreitung ist beispielsweise eine sogenannte Brandsperre, die in gewissen Abständen die Hinterlüftung unterbricht, sodass der Kamineffekt vermieden wird.

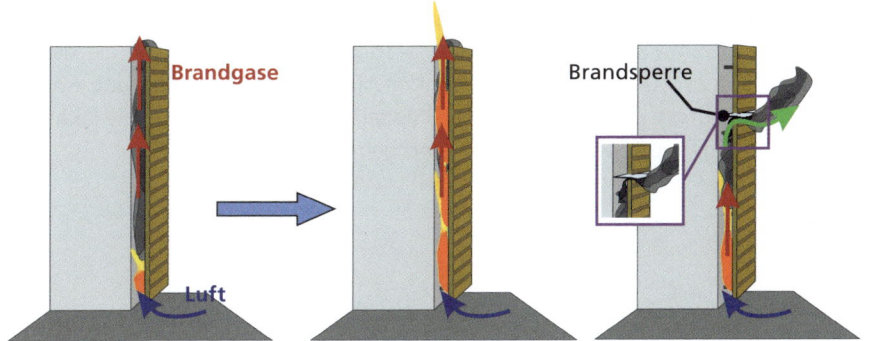

Bild 104: *Durch hinterlüftete Fassaden oder Hohlräume in Fassaden kann es zu einem Kamineffekt und damit zu einer besonders schnellen Brandausbreitung kommen. Um dies zu minimieren, wird die Hinterlüftungsebene mit einer Brandsperre (rechts) unterbrochen.*

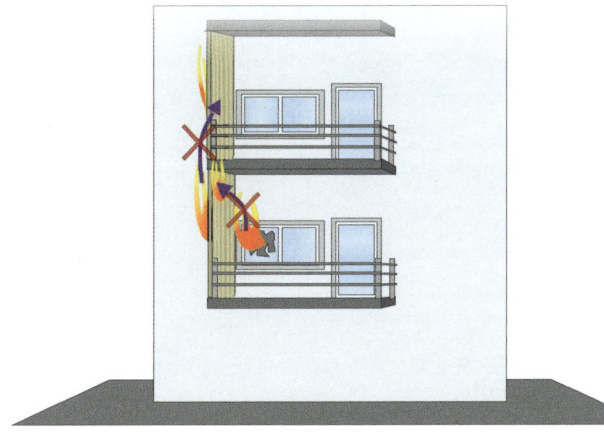

Bild 105: *Balkonbekleidungen, wie sie beispielsweise als Sichtschutz eingebaut werden, müssen mindestens schwerentflammbar sein, um die Brandausbreitung auf andere Geschosse bzw. andere Balkonbekleidungen mindestens zu verzögern.*

Weitere Bauteile und Verkleidungen
Auch Balkonverkleidungen, die über die typische Höhe eines Geländers hinausgehen (und die damit nah an Bekleidungen in anderen Geschossen reichen) müssen

schwerentflammbar sein. Die Brandausbreitung aus einer Nutzungseinheit auf z. B. die Balkonverkleidung, die das Feuer dann wiederum auf den darüberliegenden Balkon und von dort in die über dem Brandgeschoss liegende Nutzungseinheit trägt, kann somit mindestens verzögert werden.

Keines der erwähnten Bauteile darf bei Brandeinwirkung brennend abtropfen, da dies wiederum eine mögliche Brandausbreitung auf beispielsweise unter dem Brandgeschoss liegende Balkone bewirken würde.

Damit sind viele der einsatztaktisch relevanten Aspekte, die der vorbeugende Brandschutz zur Verhinderung der Ausbreitung von Feuer und Rauch regelt, beleuchtet worden. Im folgenden Kapitel möchten wir daher in die taktische Diskussion einiger ausgewählter Regelungen gehen.

5 Taktische Schlussfolgerungen aus den Rahmenbedingungen des vorbeugenden Brandschutzes zur »Verteidigung«

Im vorhergehenden Kapitel haben wir verschiedene Prinzipien des Bauordnungsrechts kennengelernt, die die Ausbreitung von Feuer und Rauch zumindest deutlich verzögern sollen. Dazu zählen neben der Zellenbildung und der Brandabschnittstrennung auch die Abstände der Gebäude zueinander. Nun wollen wir uns ansehen, wie wir diese Elemente in unsere taktischen Entscheidungen einbetten können.

Beachte:

In den folgenden Kapiteln sind von den Autoren selbst gezeichnete Feuerwehrpläne abgedruckt, die in ihrem Aussehen nicht den nach DIN 14095 genormten Feuerwehrplänen entsprechen. Die von der Norm abweichende Gestaltung der Feuerwehrpläne soll Dir dabei helfen, den Fokus auf die in der Lerneinheit herauszuarbeitenden Inhalte zu richten.

5.1 Angriffswege und Verteidigungslinien

Angriff und Verteidigung als Taktiken in der Brandbekämpfung
Wenn wir ein Feuer in einem Gebäude in einer Planübung bearbeiten, können wir immer die »Gefahr der Ausbreitung des Brandes« erkennen. Bei Lagen mit Menschenleben in Gefahr rückt diese Gefahr selbstverständlich weiter nach hinten, aber letztlich wirst Du in der Beurteilung nicht um die Ausbreitung des Brandes herumkommen. Die »Gefahr der Ausbreitung des Rauchs« kann, je nach Lage, separat aufgeführt werden oder wird in die Gefahr der Brandausbreitung integriert, indem wir von der »Gefahr der Ausbreitung von Feuer und Rauch« sprechen.

Die »Gefahr der Ausbreitung von Feuer und Rauch« kannst Du auf zwei verschiedene Arten bekämpfen: Entweder Du gehst in den Angriff über, d. h. Du löschst den Brand, oder Du nimmst eine Verteidigungsposition ein, an der Du das Feuer an der weiteren Ausbreitung hindern kannst. Wir haben im vorhergehenden Kapitel gelernt, welcher Aufwand mit Brandwänden und der Zellenbildung betrieben wird, um für die Feuerwehr wirksame Verteidigungslinien zu schaffen. Daher scheint es zunächst so, als ob Du für die effiziente Verteidigung mehr Wissen über den

5 Taktische Schlussfolgerungen aus Kapitel 4

vorbeugenden Brandschutz bräuchtest als für den wirkungsvollen und schnellen Angriff. Das ist allerdings ein Trugschluss, wie wir im folgenden Beispiel sehen werden.

5.2 Einsatzszenario: Brand in einem großen Verwaltungsgebäude

Gehen wir einmal davon aus, dass es im Verwaltungsgebäude eines mittelständischen Betriebs für Kunststoffspritztechnik zu einem Feuer gekommen ist. Das im 2. Obergeschoss befindliche Archiv mit seinen vielen Akten, aber auch tausenden an eingelagerten Muster-Kunststoffspritzteilen brennt in voller Ausdehnung. Das Gebäude wurde umgehend geräumt, sodass mit Gewissheit keine Personen vermisst werden.

Du triffst als verantwortlicher Zugführer mit einem Löschzug an der Einsatzstelle ein und findest die folgende Lage vor (▶ Bild 106): Beim Eintreffen siehst Du eine deutliche Rauchentwicklung aus dem 2. Obergeschoss. Der Brandraum muss sich nahe der Brandabschnittstrennung befinden, wie Du anhand der auf dem Dach sichtbaren Brandwand vermutest. Es gibt auf der Vorderseite zwei Zugänge zum Gebäude, die jeweils in einen notwendigen Treppenraum führen.

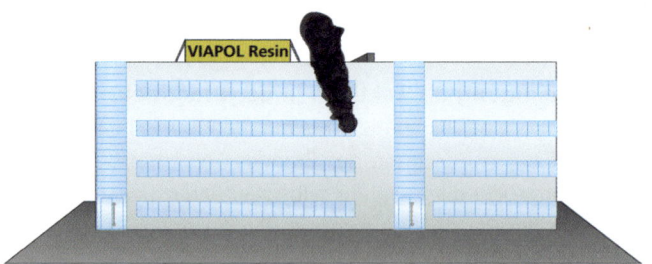

Bild 106: Lage beim Eintreffen an der Einsatzstelle

In dem Dir zur Verfügung stehenden Feuerwehrplan erkennst Du folgende Aufteilung des 2. Obergeschosses (▶ Bild 107): Das Gebäude ist durch eine Brandwand in zwei Brandabschnitte aufgeteilt. Der Brandabschnitt auf der linken Seite wird durch zwei notwendige Treppenräume erschlossen, je einen auf der Vorder- und auf der Rückseite. Der zweite Brandabschnitt ist lediglich durch einen notwendigen Treppenraum auf der Vorderseite zugänglich.

5.2 Einsatzszenario: Brand in einem großen Verwaltungsgebäude

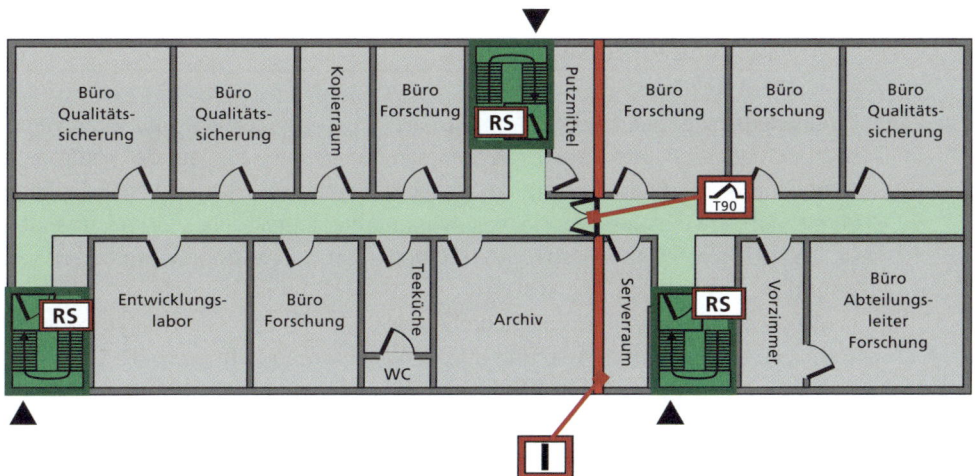

Bild 107: *Der Geschossplan für das 2. Obergeschoss. Eingezeichnet sind die Brandwand mit den T90-Türen, die drei notwendigen Treppenräume mit den Rauchschutztüren (dunkelgrün) und der notwendige Flur (hellgrün).*

Der Geschäftsführer der Firma kommt kurz nach Deinem Eintreffen an der Einsatzstelle auf Dich zu und schildert die Lage: Das Feuer muss wohl im Archiv ausgebrochen und längere Zeit nicht bemerkt worden sein. Als die Mitarbeiter einen immer stärker werdenden Geruch nach Verbranntem wahrnahmen, öffneten sie die Tür zum Archiv, wo ihnen dichter schwarzer Rauch entgegenschlug. Sofort wurde das gesamte Gebäude geräumt, das nun gesichert menschenleer ist, und der Notruf abgesetzt. Allerdings ist nicht klar, ob die Tür zum Archiv wieder geschlossen wurde. Es muss daher mit einer Verrauchung im 2. Obergeschoss gerechnet werden. Der Geschäftsführer zeigt sich sehr besorgt: Da nun das Archiv mit den Papierakten zu Kunden und Aufträgen brennt, muss auf jeden Fall der Serverraum nebenan geschützt werden. Ein Ausfall der IT-Technik mit den elektronischen Kopien aller technischen Daten, Kundenkontakte und Aufträge würde wahrscheinlich den Ruin der Firma bedeuten, so der Geschäftsführer.

Du wendest Dich wieder dem Geschossplan zu und analysierst, welche taktischen Vorgehensweisen denkbar wären.

5 Taktische Schlussfolgerungen aus Kapitel 4

5.2.1 Option 1: Zugang über den Treppenraum an der Gebäudevorderseite rechts

Du überlegst, welcher Angriffsweg für Deine Trupps der kürzeste und somit wahrscheinlich der schnellste wäre. Dazu kommen der Treppenraum auf der Vorderseite rechts und der Treppenraum auf der Gebäuderückseite in Frage. Da die Fahrzeuge bereits auf der Gebäudevorderseite stehen und hier Entwicklungsfläche vorhanden ist, läge es eigentlich nahe, den rechten Treppenraum auf der Gebäudevorderseite als Angriffsweg zu wählen (▶ Bild 108).

Diese Variante bringt allerdings große Nachteile mit sich: Denn der vorgehende Trupp muss zur Brandbekämpfung eine Schlauchleitung mitführen, die wiederum durch die in der Brandwand eingebaute Feuerschutztür verlegt werden müsste. Damit steht genau die Tür offen, die eigentlich geschlossen sein soll, um den zweiten Brandabschnitt von der Auswirkung des Feuers abzuschotten und um die Rauchausbreitung zu behindern. Folglich kann Rauch nicht nur ungehindert in den dortigen notwendigen Flur, sondern auch nach und nach in die daran angeschlossenen Büros sowie den unbedingt zu schützenden Serverraum eindringen. Dadurch wird ein immenser Sachschaden in Kauf genommen, weil die stark vom Rauch beaufschlagten Bereiche möglicherweise nach dem Einsatz saniert werden müssten – zudem könnte

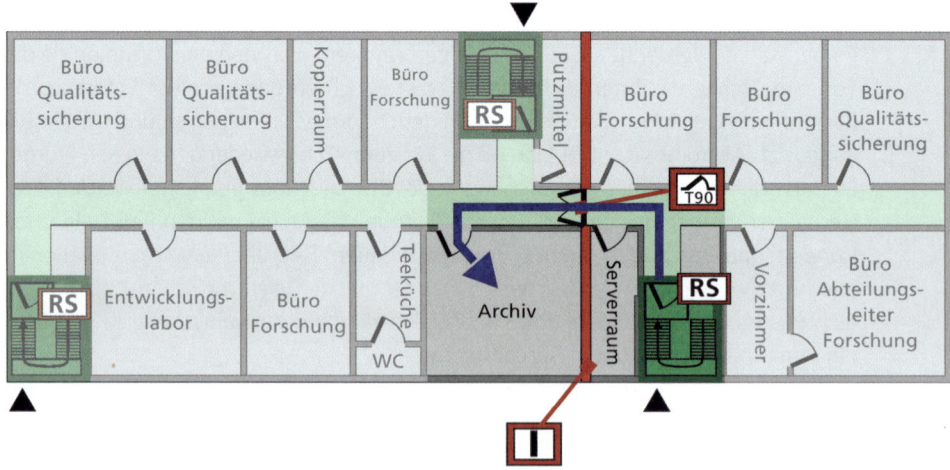

Bild 108: *Ein theoretisch denkbarer Angriffsweg führt über den notwendigen Treppenraum auf der Gebäudevorderseite rechts. Allerdings verläuft dieser Angriffsweg durch die in der Brandwand verbaute Feuerschutztür, wodurch eine Schadenausbreitung auf den zweiten Brandabschnitt in Kauf genommen wird.*

5.2 Einsatzszenario: Brand in einem großen Verwaltungsgebäude

der Rauch auch die empfindliche Elektronik des Servers verrußen und folglich zerstören. Mit dem scheinbar naheliegendsten Angriffsweg würdest Du also die schlechteste denkbare Variante wählen.

Es sollte stets eine sehr gut abgewogene Entscheidung sein, wenn Du einen Angriff von einem unbetroffenen Brandabschnitt in einen betroffenen Brandabschnitt planst. Die Vorteile, die Du Dir davon versprichst, müssen deutlich größer als der mögliche Schaden sein, den Du durch Öffnen der Feuerschutztür in der Brandwand verursachen könntest.

Oftmals werden die Türen in Brandwänden nicht aus taktischem Kalkül, sondern aus Unwissenheit geöffnet. Nicht selten wurde der Angriffsweg dabei mehr oder weniger willkürlich gewählt, da die zuständige Führungskraft sich nicht ausreichend lange mit dem Feuerwehrplan beschäftigt hat bzw. bei Objekten ohne Feuerwehrplan die Lage nicht ausreichend erkundet hat. Die Konsequenz kann dann mitunter eine massive Ausbreitung des Schadens sein, der ohne das Wirken der Feuerwehr so nicht entstanden wäre.

5.2.2 Option 2: Zugang über den Treppenraum an der Gebäudevorderseite links

Eine weitere denkbare Möglichkeit wäre der Angriff über den zweiten an der Gebäudevorderseite angeordneten notwendigen Treppenraum. Er liegt im gleichen Brandabschnitt wie der Brandraum, sodass das Handeln der Feuerwehr zunächst nicht für eine Schadenausbreitung auf den zweiten Brandabschnitt sorgen sollte.

Allerdings ist der Angriffsweg über diesen notwendigen Treppenraum länger, sodass die vorgehenden Trupps mehr Schlauchmaterial mitnehmen müssen. Um möglichst passend planen zu können, versuchen wir einmal die ungefähre Distanz zwischen dem betreffenden notwendigen Treppenraum und dem Brandraum abzuschätzen (normalerweise gibt es dafür ein Kästchen-Muster auf dem Feuerwehrplan, wobei jedes Kästchen 10 m entspricht): Du weißt, dass ein Brandabschnitt in der Regel nicht länger als 40 m sein darf. Also muss die Distanz zwischen Treppenraum und Brandraum weniger als 40 m betragen. Der Trupp muss also gemessen vom Treppenabsatz des 2. Obergeschosses im notwendigen Treppenraum mindestens 45 m, besser sogar 60 m, C-Länge verlegen, um sicher den Brandraum erreichen zu können. Das bedeutet jedoch einen erhöhten Aufwand in Bezug auf das Schlauchmanagement, sodass Du zur Unterstützung beim Schlauchnachführen einen Trupp im Treppenraum einplanen könntest.

5 Taktische Schlussfolgerungen aus Kapitel 4

Außerdem solltest Du schnellstmöglich die Feuerschutztür in der Brandwand im 2. Obergeschoss kontrollieren lassen: Möglicherweise wurde sie durch die Nutzer widerrechtlich mit Keilen offengehalten oder sie schloss aus einem anderen Grund nicht vollständig. Mit einer frühzeitigen Kontrolle der Tür kannst Du unnötigen Schaden verhindern (▶ Bild 109).

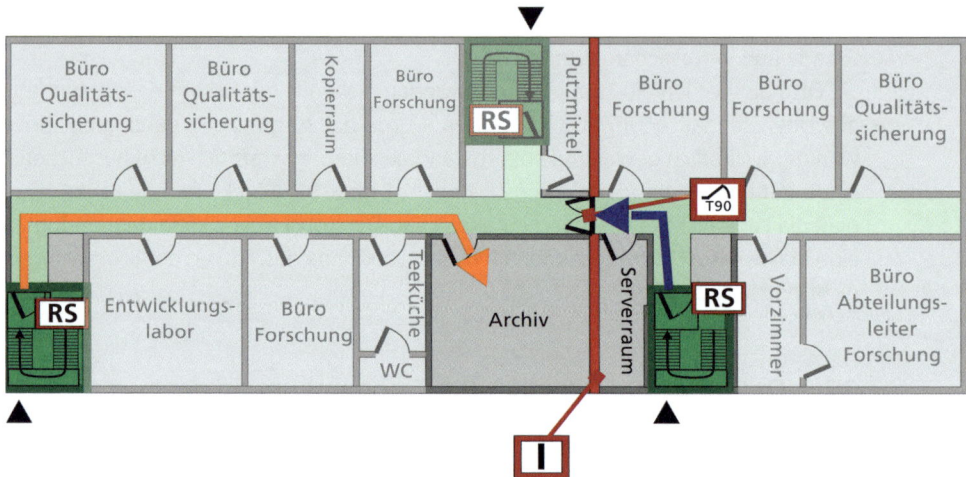

Bild 109: Wenn der notwendige Treppenraum auf der Gebäudevorderseite links als Angriffsweg genutzt wird, muss die in der Brandwand eingebaute Feuerschutztür nicht geöffnet werden und die Brandabschnittstrennung wird nicht in ihrer Wirkung geschwächt. Allerdings ist der Angriffsweg länger.

5.2.3 Option 3: Zugang über den Treppenraum an der Gebäuderückseite

Die dritte denkbare Option ist der Zugang zum Brandraum über den auf der Gebäuderückseite angeordneten notwendigen Treppenraum. Der Vorteil dieser Variante ist, dass der Angriffsweg im Verhältnis kurz ist und nicht durch die Brandabschnittstrennung verläuft. Dadurch ist zunächst nicht mit einem komplexen Schlauchmanagement zu rechnen, sodass ein dafür abgestellter Trupp im notwendigen Treppenraum zwar hilfreich aber nicht unbedingt erforderlich ist. Dass für diese Variante Fahrzeuge auf der Gebäuderückseite aufgestellt oder die für den Löschangriff benötigten Gerätschaften dorthin getragen werden müssen, ist ein Nachteil dieser Variante – der allerdings zu verschmerzen sein dürfte.

5.2 Einsatzszenario: Brand in einem großen Verwaltungsgebäude

Als Resultat stellt sich die Variante, die für die meisten Führungskräfte wahrscheinlich am wenigsten intuitiv ist, hier als die vermutlich beste Variante heraus.

Selbstverständlich ist es übrigens auch hier für den Einsatz hilfreich, wenn ein Trupp die T90-Tür in der Brandwand frühzeitig kontrolliert (▶ Bild 110).

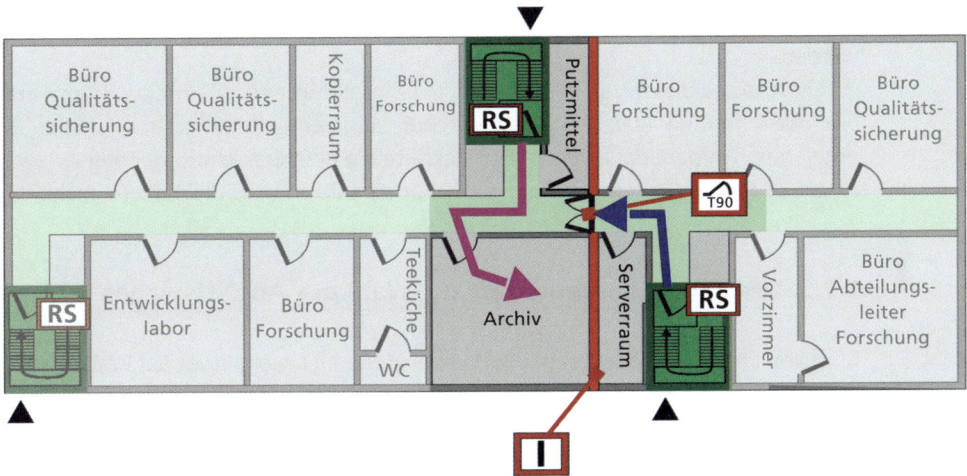

Bild 110: Wenn der rückwärtige Treppenraum als Zugang gewählt wird, ergibt sich ein relativ kurzer Angriffsweg, der nicht durch die Brandabschnittstrennung verläuft. Das erleichtert das Schlauchmanagement für den vorgehenden Trupp.

5.2.4 Option 4: Zugang über die Drehleiter

Natürlich wäre auch in dieser Variante ein Zugang über die Drehleiter denkbar. Nach einer initialen Außenbrandbekämpfung von der Drehleiter aus steigt ein Trupp dafür über ein Fenster des Brandraums in das Gebäude ein. Dabei musst Du Dir allerdings des Risikos bewusst sein, dem Du Deinen Trupp aussetzt: Es brennt ein Raum voller Papierakten und Kunststoffteile, die Brandlast ist folglich nicht zu unterschätzen. Wenn der Trupp durch das Fenster in den Brandraum einsteigt, wird er möglicherweise trotz vorhergehendem Außenangriff stark mit Wärme und Rauch belastet. Zudem hat der Trupp nur einen bedingt gesicherten Rückzugsweg, da die Rettung eines möglicherweise verunfallten Atemschutzgeräteträgers über die Drehleiter aufgrund des hohen Gewichts der voll ausgerüsteten Einsatzkraft und der Brüstungshöhe des Fensters sehr anspruchsvoll ist. Dies könnte allerdings kompensiert werden, indem ein Sicherheitstrupp im Brandgeschoss in unmittelbarer Nähe zum Brandraum

5 Taktische Schlussfolgerungen aus Kapitel 4

bereitsteht und im Falle eines Atemschutznotfalls die Rettung übernimmt. Die Tür zwischen dem Brandraum und dem notwendigen Flur müsste dann nur im Falle eines akuten Notfalls geöffnet werden. Im »Regelbetrieb« könnte diese Tür daher geschlossen bleiben (sofern sie auch schon bei Eintreffen der Feuerwehr geschlossen war – dieser Umstand konnte in der ersten Personenbefragung ja nicht abschließend geklärt werden) und ein weiterer Raucheintrag in den notwendigen Flur minimiert werden.

Ein Nachteil dieser Variante ist, dass der Einsatz weiterer Atemschutztrupps zur Brandbekämpfung über die Drehleiter nur eingeschränkt möglich ist. Sollte es notwendig werden, dass weitere Einsatzkräfte die Brandbekämpfung unterstützen, ist ein Zugang über den notwendigen Treppenraum oftmals die bessere Wahl.

5.2.5 Taktische Konsequenzen zur Wahl des Angriffsweges

Es ist von immenser Bedeutung, dass Du bei größeren Objekten vor der Wahl Deines taktischen Vorgehens den Feuerwehrplan (sofern vorhanden) genau studierst. Vergewissere Dich, welche baulichen und technischen Brandschutzeinrichtungen das Gebäude für Dich bereithält und versuche, diese in Deine Taktik einzubinden. Damit senkst Du sowohl das für Deine Einsatzkräfte zu erwartende Risiko (und sei es nur, dass Du weniger Personal einplanen musst und daher beim Atemschutznotfall mehr Kräfte frei hast) als auch den am Gebäude entstehenden Schaden. Allerdings setzt dies auch voraus, dass Du Feuerwehrpläne lesen kannst und über das nötige Wissen in Bezug auf den vorbeugenden Brandschutz verfügst, um den Inhalt zu verstehen.

Vielleicht klingt es für Dich gerade merkwürdig, warum es so schwer sein soll einen Feuerwehrplan zu lesen – immerhin mag Dir das vor wenigen Minuten vielleicht ganz gut gelungen sein. Beachte dabei aber bitte auch, in welcher Situation Du Dich aktuell befindest: Vielleicht sitzt Du gerade am Schreibtisch, auf dem Sofa oder entspannst Dich irgendwo anders, während Du eine Tasse Kaffee genießt. Wenn Du hingegen mitten in der Nacht von der Alarmierung aus dem Schlaf gerissen wirst, schnell die Einsatzkleidung anziehst, ausrückst und nur eine kurze Anfahrt zur Einsatzstelle hast, ist Dein Stresspegel ungleich höher. In der Hektik fällt es Dir schwerer, Dich auf den Feuerwehrplan zu konzentrieren. Ohne Übung darin einen Feuerwehrplan richtig zu lesen und zu interpretieren, werden Dir spätestens jetzt nicht mehr alle relevanten Informationen auffallen. Daher ist es sehr wichtig, dass Du Dich von Zeit zu Zeit mit den Feuerwehrplänen der Objekte in Deinem Einsatzgebiet beschäftigst, um auch im Stress und mit hohem Adrenalinpegel potenzielle Angriffswege und Verteidigungslinien mit ihren Vor- und Nachteilen zu erkennen.

5.2 Einsatzszenario: Brand in einem großen Verwaltungsgebäude

Dass dies für Ungeübte nicht einfach ist, sehen wir im nächsten Beispiel, bei dem wir die potenziellen Verteidigungslinien innerhalb des Objektes besprechen.

5.2.6 Mögliche Verteidigungslinien

Als potenzielle Verteidigungslinien haben wir die Zellenbildung und die Brandwände kennengelernt. Über die in diesem Beispielobjekt eingezogene Brandwand haben wir bereits mehrfach gesprochen: Sie soll die Brandausbreitung auf den rechts liegenden Gebäudeteil verzögern und wird dies aller Voraussicht nach auch tun können, sofern wir keine einsatztaktischen Fehler begehen. Aber was ist mit der Zellenbildung in diesem Objekt? Wo würden wir Anforderungen an Trennwände vermuten? Oder vielleicht sollte man besser fragen: Wo sind in diesem Objekt überall Trennwände?

Möglicherweise fällt Dir direkt der notwendige Flur ein, der als ein horizontal verlaufender Rettungsweg hellgrün eingefärbt ist. Allerdings werden nur die horizontalen Rettungswege und nicht explizit die notwendigen Flure in Feuerwehrplänen eingezeichnet: Man kann den notwendigen Flur jedoch aus der Kombination aus horizontal verlaufendem Rettungsweg und Rauchschutztür zum notwendigen Treppenraum vermuten. Du weißt, dass notwendige Flure mit feuerhemmenden Wänden von den angrenzenden Räumen bzw. Nutzungseinheiten abgetrennt sein müssen. Damit soll die sichere Selbstrettung bzw. durch die Feuerwehr durchgeführte Rettung von Personen gewährleistet werden. Folglich können wir in unseren Feuerwehrplan gedanklich feuerhemmende Wände rund um den notwendigen Flur eintragen (▶ Bild 111). Beachte bitte, dass die Türen zu Nutzungseinheiten in den Wänden des notwendigen Flurs nur dichtschließend sein müssen. Da für dichtschließende Türen nur definiert ist, dass sie über eine dreiseitig umlaufende Dichtlippe verfügen müssen, ist eine große Bandbreite von verwendeten Materialien in der Praxis zu finden. Manche dieser Türen sind aus massivem Holz ausgeführt und halten dem Feuer und den heißen Rauchgasen deutlich länger stand als solche Türen, die in kostengünstiger Ausführung aus synthetischen Materialien hergestellt wurden.

Während Du Dich also bei der Verteidigung darauf verlassen kannst, dass die Wände des notwendigen Flures Feuer und Rauch für mindestens 30 Minuten erfolgreich zurückhalten, musst Du im Zweifel zu einem wesentlich früheren Zeitpunkt mit einem Versagen der Tür zum Brandraum rechnen.

Bitte beachte:
In den Feuerwehrplänen sind nach DIN 14095 keine Feuerwiderstände eingetragen.

5 Taktische Schlussfolgerungen aus Kapitel 4

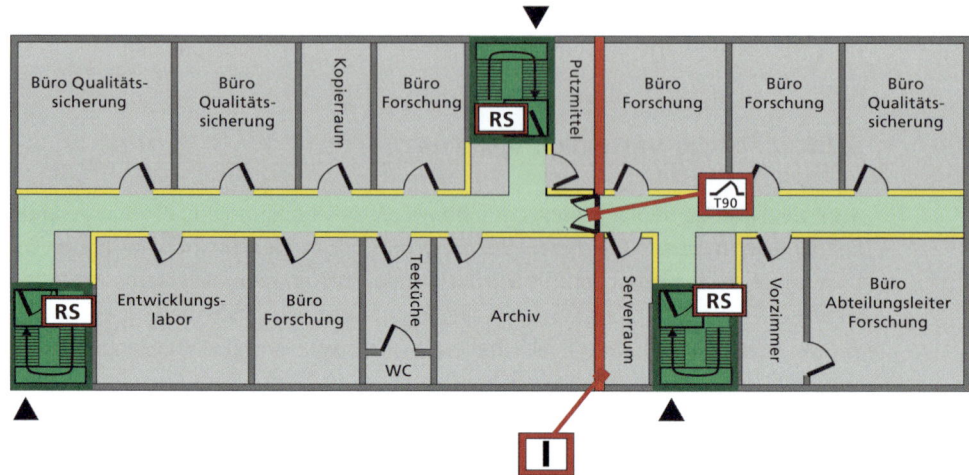

Bild 111: Den notwendigen Flur können wir anhand der hellgrünen Einfärbung als horizontalen Rettungsweg sowie den zum Treppenraum eingebauten Rauchschutztüren vermuten. Rund um den notwendigen Flur sind mindestens feuerhemmende Wände verbaut (hier abweichend vom üblichen Feuerwehrplan gelb markiert).

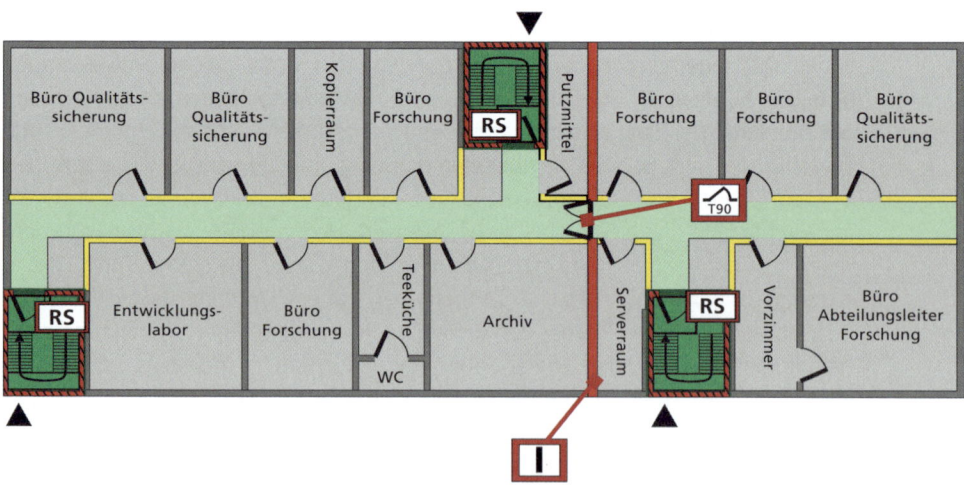

Bild 112: Da es sich um ein Gebäude der Gebäudeklasse 4 oder 5 handelt, müssen die Wände der notwendigen Treppenräume mindestens hochfeuerhemmend sein (hier rot-schwarz-schraffiert).

5.2 Einsatzszenario: Brand in einem großen Verwaltungsgebäude

Dann sind da noch die notwendigen Treppenräume, die abhängig von der Gebäudeklasse gewisse Anforderungen an die Wände erfüllen müssen. Um zu erkennen, welcher Feuerwiderstand in diesem Beispiel zu erwarten ist, müssen wir also erst die Gebäudeklasse bestimmen. In ▶ Bild 106 erkennst Du drei Obergeschosse, sodass das Gebäude entweder in die Gebäudeklasse 4 oder die Gebäudeklasse 5 einzuordnen ist. Wir erwarten daher, dass der Treppenraum von Wänden umgeben ist, die mindestens hochfeuerhemmend sind (▶ Bild 112). Je nach örtlichen Vorgaben findest Du ggf. auch eine Information zur Gebäudeklasse des vorliegenden Objektes im textlichen Teil des Feuerwehrplans.

Wesentlich schwieriger ist es, anhand des Feuerwehrplans zu erkennen, ob die Wände zwischen den Räumen bzw. Nutzungseinheiten im dargestellten Gebäude einen gewissen Feuerwiderstand bieten müssen. Denn woher wissen wir, ob dieses Geschoss als eine einzelne, zusammenhängende Nutzungseinheit geplant wurde und daher keine Trennwände zu anderen Nutzungseinheiten vorhanden sind, für die wir einen Feuerwiderstand vermuten könnten? Oder umgekehrt gefragt: Woran könnten wir erkennen, dass das vorliegende Geschoss in der Planung für mehrere Nutzungseinheiten vorgesehen wurde, zwischen denen Trennwände mit Feuerwiderstand eingezogen wurden, die nun aber nicht mehr offensichtlich sind, weil alle Nutzungseinheiten vom selben Unternehmen gemietet werden?

Aus den Raumbezeichnungen in diesem Feuerwehrplan liegt zunächst einmal nahe, dass ein funktionaler Zusammenhang besteht und daher alle Räume zur selben Nutzungseinheit gehören. Sofern das Gebäude von Beginn an mit einer zusammenhängenden Nutzungseinheit pro Geschoss geplant wurde, sind folglich keine Trennwände mit Feuerwiderstand zwischen den Räumen zu erwarten[1]. Aus einsatztaktischer Sicht ist es sicherer anzunehmen, dass keine Trennwände mit Feuerwiderstand vorhanden sind, als im Einsatzverlauf böse überrascht zu werden. Die Bereiche, in denen zwischen den Räumen kein Feuerwiderstand der raumabschließenden Wände garantiert ist, sind in ▶ Bild 113 farblich markiert.

---

1 Der Vollständigkeit halber sollte erwähnt werden, dass in diesem Fall eine spezielle Regelung in der Musterbauordnung für Nutzungseinheiten mit Büro- und Verwaltungsnutzung kleiner 400 m² greifen könnte. Dann wäre kein notwendiger Flur und folglich auch keine feuerhemmenden Wände entlang des horizontalen Rettungswegs erforderlich, dafür aber T30-RS Türen an den notwendigen Treppenräumen.

5 Taktische Schlussfolgerungen aus Kapitel 4

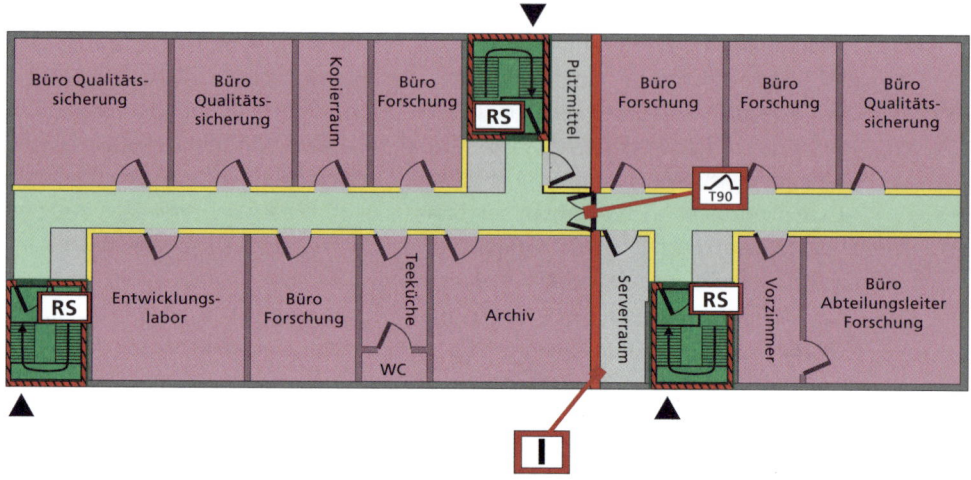

Bild 113: Da die einzelnen Räume offenbar in einem funktionalen Zusammenhang stehen, ist eine brandschutztechnisch wirksame Zellenbildung nicht zu erwarten. Alle Räume, die weder durch die Brandwand, notwendige Treppenräume oder den notwendigen Flur getrennt werden, weisen also keine Anforderungen an die Trennwände auf.

Während man die Anforderungen an den Feuerwiderstand aus dem Feuerwehrplan nicht herauslesen kann, lässt sich bei allen nach DIN 14095 erstellten Feuerwehrplänen aber erkennen, welche Wände raumabschließend ausgeführt sind. Denn raumabschließende Trennwände (häufig mit Feuerwiderstand) müssen im Feuerwehrplan unterscheidbar von nicht raumabschließenden anderen Trennwänden eingezeichnet sein, auf die wir im nächsten Absatz noch eingehen werden. In ▶ Bild 112 erkennt man also, dass alle Räume raumabschließend voneinander abgetrennt sind. Dies kann aus der Tatsache geschlossen werden, dass die Wände am notwendigen Flur (die unzweifelhaft raumabschließend sein müssen), auf die gleiche Art eingezeichnet sind wie die Trennwände zwischen den verschiedenen Räumen.

Es könnte aber auch anders sein: Denn manche Nutzungseinheiten bestehen aus einem einzigen großen Raum, der im Nachgang durch Wände, die bis zu einer abgehängten Decke reichen, unterteilt wird. Im Deckenzwischenraum, dem Bereich zwischen der abgehängten und der tragenden Decke, sind häufig die für den Betrieb erforderlichen Elektro- und EDV-Installationen untergebracht. Was hier nach fester, raumabschließender Struktur aussieht, ist in Wahrheit nur ein günstiges Mittel der flexiblen Raumaufteilung, wie sie häufig in zur Vermietung bestimmten Gebäuden genutzt wird. Denn jeder neue Mieter einer Nutzungseinheit kann mit diesem System

5.2 Einsatzszenario: Brand in einem großen Verwaltungsgebäude

die Raumaufteilung seiner Nutzungseinheit anpassen, ohne Kosten für aufwändige Baumaßnahmen zu verursachen. Im Feuerwehrplan sollten solche Wände, sofern der Plan konform zur DIN 14095 ausgeführt ist, unterscheidbar von raumabschließenden Wänden eingezeichnet sein. Unglücklicherweise existiert in den Feuerwehrplänen keine einheitliche Darstellung (wie z. B. Farbgebung) zur Kennzeichnung raumabschließender und nicht raumabschließender Wände.

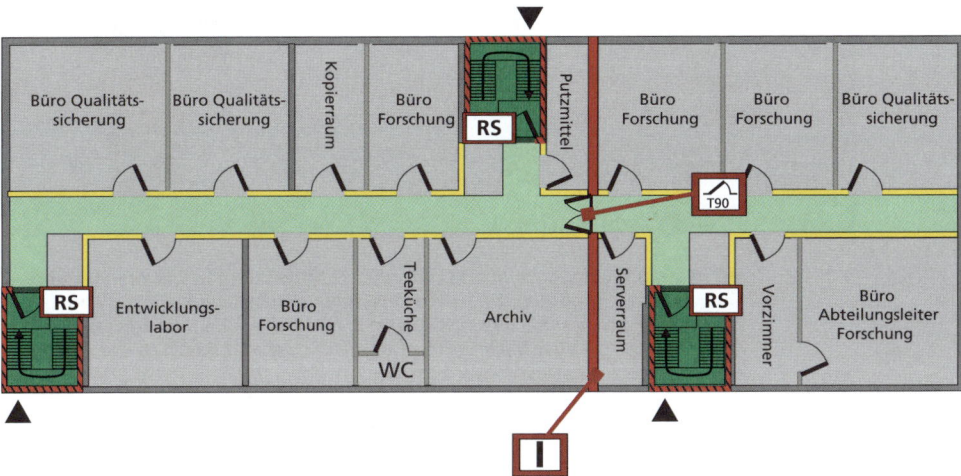

Bild 114: *Nicht raumabschließende Wände (hellgrau) werden in Feuerwehrplänen gemäß DIN 14095 zur Unterscheidbarkeit anders dargestellt als raumabschließende Wände. Es sollte damit erkennbar sein, welche Bereiche von einer potenziellen Rauchausbreitung betroffen sein könnten.*

Man sollte daher im Feuerwehrplan eigentlich erkennen können, welche Wände als nachträglich eingezogene Systembauwände nur bis zu einer abgehängten Decke gezogen wurden und daher eine Rauchausbreitung zwischen den Räumen zulassen, und welche Wände raumabschließend ausgeführt wurden und somit eine Rauchausbreitung verhindern. Grundsätzlich sollte sich daher der Grundriss der Nutzungseinheit, auch in Bezug auf die nur bis zur abgehängten Decke aufgestellten Trennwände, erkennen lassen, um die taktischen Maßnahmen planen zu können. Gleichzeitig soll dieses Verfahren eine Prognose ermöglichen, auf welche Räume eine Rauchausbreitung zu erwarten ist, da sie nicht durch raumabschließende Wände getrennt sind (▶ Bild 114). Allerdings kommt es in der Praxis immer wieder vor, dass die bis zur abgehängten Decke gezogenen Systemwände verschoben werden, ohne dass diese Änderungen im Feuerwehrplan eingezeichnet werden. Als zuständige

5 Taktische Schlussfolgerungen aus Kapitel 4

Führungskraft solltest Du also grundsätzlich darauf vorbereitet sein, dass der im Feuerwehrplan eingezeichnete Grundriss möglicherweise nicht der vorgefundenen baulichen Situation entspricht.

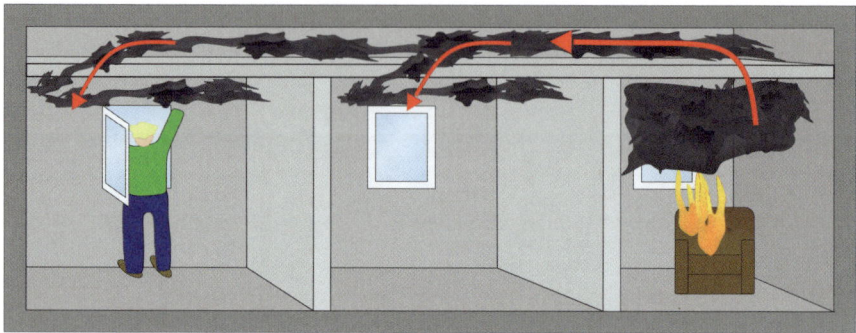

Bild 115: *Bei manchen Nutzungseinheiten werden Trennwände nur bis zu einer abgehängten Decke geführt, sodass sie zwar wie raumabschließende Wände aussehen, aber keine sind. Dieses Konzept bietet bei der Raumaufteilung große Flexibilität, sorgt aber auch dafür, dass sich Feuer und Rauch in der Nutzungseinheit leicht ausbreiten können.*

Warum aber haben wir in Bezug auf ▶ Bild 111 erwähnt, dass es nicht immer möglich ist, Wände mit Feuerwiderstand zu erkennen? Schließlich gibt es ja eine Unterscheidbarkeit von raumabschließenden und nicht raumabschließenden Wänden – also sollte es doch gar nicht so schwer sein, baulich als verschiedene Nutzungseinheiten voneinander getrennte Bereiche zu erkennen, oder?

Das ist grundsätzlich richtig, vernachlässigt aber die Tatsache, dass manche Geschosse als ein großer Raum geplant werden, der zwar ggf. durch einen notwendigen Flur zerschnitten wird, aber ansonsten ausschließlich mit bis zur abgehängten Decke geführten Systembauwänden aufgeteilt wird. Da auf dem Feuerwehrplan in diesem Fall fast ausschließlich nicht raumabschließende Wände ohne einheitliches Darstellungsschema eingezeichnet sind, kann man dies schlecht von einem Geschoss unterscheiden, in dem ausschließlich raumabschließende Wände eingezogen wurden. Wie bereits erwähnt, ist es daher hilfreich, identifizieren zu können, ob das Gebäude von vorneherein mit mehreren Nutzungseinheiten pro Geschoss geplant wurde, wie man es in ▶ Bild 116 sehen kann.

5.2 Einsatzszenario: Brand in einem großen Verwaltungsgebäude

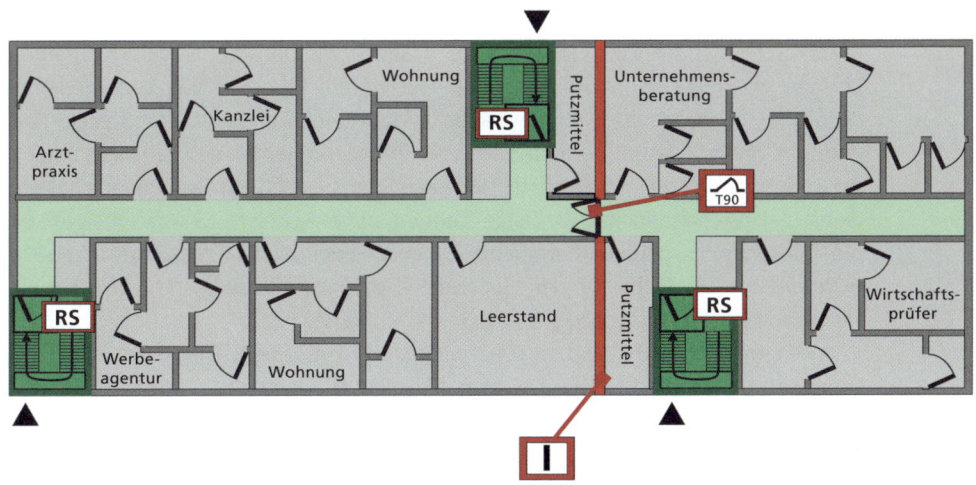

Bild 116: *Der Grundriss des Gebäudes ist gleich, nur wurde er nun beispielhaft mit verschiedenen Nutzungseinheiten wie z. B. Arzt- und Anwaltspraxen, Wohnungen und Firmenvertretungen gefüllt.*

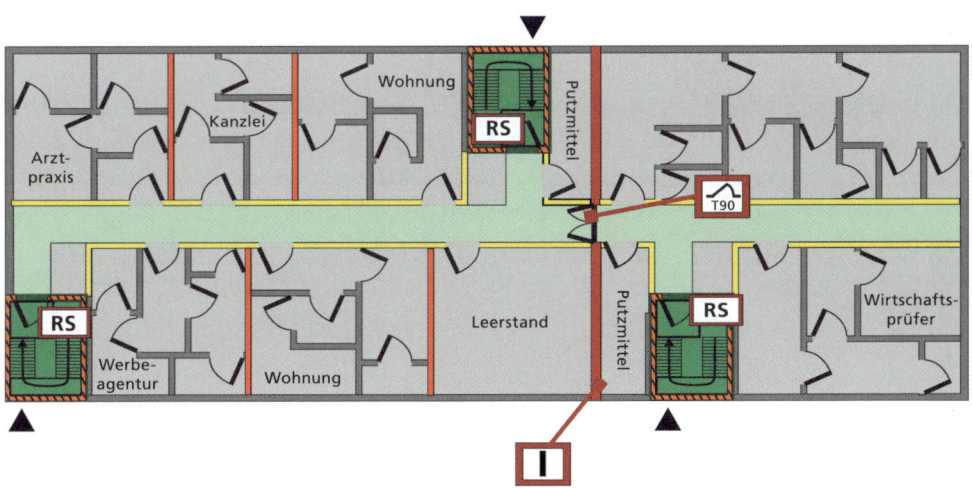

Bild 117: *Da es sich nun um verschiedene Nutzungseinheiten im gleichen Geschoss handelt, müssen die Trennwände zwischen den Nutzungseinheiten raumabschließend und hochfeuerhemmend sein.*

5 Taktische Schlussfolgerungen aus Kapitel 4

Hier können wir nicht nur davon ausgehen, dass die eingezeichneten Wände raumabschließend sind, sondern für die Wände zwischen den Nutzungseinheiten können wir auch einen Feuerwiderstand erwarten. Es hängt von verschiedenen Details ab, ob das Gebäude in Gebäudeklasse 4 oder Gebäudeklasse 5 einsortiert wird und dies wiederum bestimmt, welche Anforderungen an den Feuerwiderstand der Trennwände und Decken gestellt werden. Sofern es sich um ein Gebäude aus der Gebäudeklasse 4 handelt, müssen die Trennwände zwischen Nutzungseinheiten und die Decken nur hochfeuerhemmend (60 min Feuerwiderstand) ausgeführt sein, während für ein Gebäude der Gebäudeklasse 5 eine feuerbeständige (90 min Feuerwiderstand) Ausführung erwartet werden kann.

Wie bereits erwähnt, sind die Feuerwiderstandsklassen der Trennwände nicht im Feuerwehrplan aufgeführt, Du kannst lediglich die raumabschließenden Wände sicher identifizieren. Um zu wissen, welche Wand Dir sicher einen Feuerwiderstand bietet, musst Du erkennen, wo unterschiedliche Nutzungseinheiten aneinandergrenzen. Diese Erkenntnis wiederum hat immensen Einfluss auf Dein taktisches Vorgehen: Denn wenn es beispielsweise zu einem Brand in der Kanzlei kommen würde, müsstest Du bei baurechtlich einwandfreier Ausführung des Gebäudes in der nächsten Zeit weder eine Rauch- noch eine Brandausbreitung auf die angrenzende

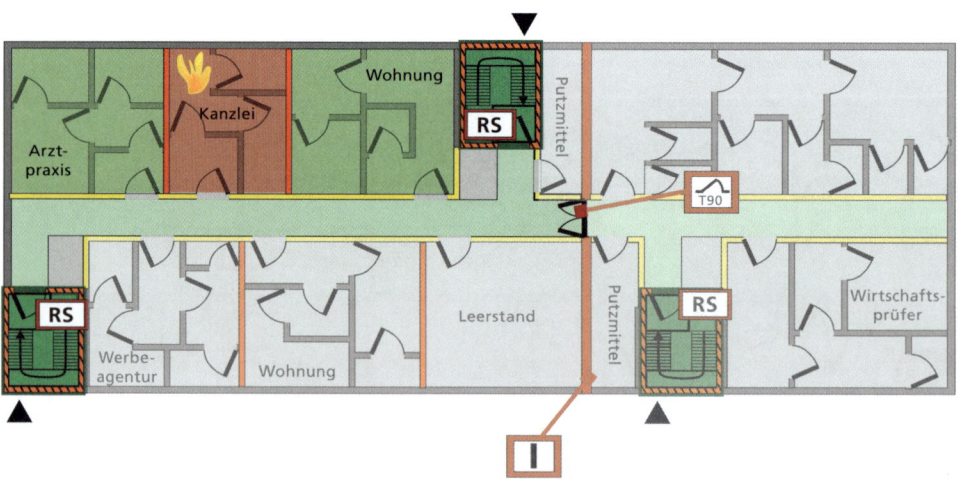

Bild 118: *Aufgrund der raumabschließenden, hochfeuerhemmenden Trennwände zwischen den Nutzungseinheiten ist für die nächsten Minuten weder eine Rauch- noch eine Brandausbreitung zu erwarten. Sofern die Menschen in der Wohnung und der Arztpraxis diese nicht einfach verlassen können, könntest Du in Erwägung ziehen, sie vorerst unter Betreuung dort zu belassen und Deine Kräfte vollends auf den Angriff zu konzentrieren.*

Arztpraxis und die Wohnung befürchten. Menschen, die sich noch in diesen Räumen aufhalten, sind keiner akuten Gefahr ausgesetzt (▶ Bild 118). Sofern Du sie nicht auf einfache Weise retten kannst (beispielsweise, weil der Bewohner der Wohnung adipös und bettlägerig ist), könntest Du sie in ihrer Wohnung belassen – zumindest sofern keine Rauchausbreitung über den notwendigen Flur zu befürchten ist und sie entsprechend von einer Einsatzkraft betreut werden können. Aufgrund der verschiedenen Komplikationen in der Praxis, wie z. B. nicht fachmännisch umgesetzte Öffnungen für Leitungsdurchführungen zwischen den Nutzungseinheiten, kann eine allmähliche Verrauchung der unmittelbar angrenzenden Nutzungseinheiten jedoch nicht vollends ausgeschlossen werden. Es ist daher ratsam, trotzdem frühzeitig Reserven für eine kurzfristige Rettung der Personen in den benachbarten Nutzungseinheiten zu bilden.

5.3 Fazit

Du solltest in diesem Unterkapitel gelernt haben, wie wichtig das Arbeiten mit dem Feuerwehrplan beim Festlegen der Taktik ist. Mit etwas Übung kannst Du in kurzer Zeit verschiedene Angriffswege sowie die im Gebäude angelegten Verteidigungslinien erkennen. Allerdings sind nicht alle Informationen explizit im Feuerwehrplan aufgeführt, manche musst Du Dir anhand Deines Wissens über den vorbeugenden Brandschutz selbst erschließen. Das ist nicht immer leicht und vor allem in der Hektik des Einsatzes eine Herausforderung, die Du nur mit ausreichendem Training meistern kannst. Daher solltest Du den Feuerwehrplan regelmäßig im Einsatz nutzen – und wenn sich diese Gelegenheit zu selten ergibt, solltest Du ab und zu Planübungen durchführen, bei denen Du mit Feuerwehrplänen arbeitest. Dazu benötigt man auch nicht zwangsläufig eine Planübungsplatte: Der betreffende Feuerwehrplan und eine gewisse Routine mit dieser Methode reichen aus.

6 Ermöglichung wirksamer Löschmaßnahmen

Bis hierhin haben wir die Maßnahmen des Insicherheitbringens und des Verteidigens betrachtet. Das bedeutet konkret, dass alle zur Selbstrettung fähigen Personen das Gebäude verlassen haben sollten und die Brandausbreitung auf andere Nutzungseinheiten durch den baulichen Brandschutz verzögert wurde. Nun geht es also darum, den Brand in der betroffenen Nutzungseinheit zu löschen.

6.1 Brandbekämpfung in kleinen und mittleren Wohn- und Verwaltungsgebäuden

Für die Brandbekämpfung in kleineren und mittleren Gebäuden mit Wohn- oder Verwaltungsnutzung sind die Feuerwehren in Bezug auf die zur Verfügung stehende Technik und angewandten Vorgehensweisen üblicherweise gut aufgestellt: Die Anzahl der C-Längen im Schlauchtragekorb, die Art des Schlauchverlegens und die Suchtaktiken zur Lokalisierung des Brandes sind seit Jahrzehnten auf die typischen Nutzungseinheiten im Wohn- und Verwaltungsbereich optimiert worden. Das Bauordnungsrecht geht daher auch davon aus, dass wir als Feuerwehr eine schnelle und erfolgreiche Brandbekämpfung einleiten können. Damit konzentrieren sich die meisten bauordnungsrechtlichen Vorgaben auf die Ermöglichung der Selbstrettung von Personen und die Verhinderung der Ausbreitung von Feuer und Rauch. Auf die wenigen, direkt mit dem Angriff verknüpften Regelungen möchten wir dennoch im Folgenden eingehen:

Zuwegungen

Ein Grundstück darf nach der MBO nur bebaut werden, wenn es an einer öffentlichen Verkehrsfläche liegt oder wenn die Zufahrt öffentlich-rechtlich gesichert ist. Liegt ein Gebäude vollständig oder zumindest teilweise (d.h. mehr als 50 m) von einer öffentlichen Verkehrsfläche entfernt, müssen regelmäßig Zufahrten und Bewegungsflächen für die Feuerwehr sichergestellt werden, sofern dies für den Feuerwehreinsatz erforderlich ist. Es wird also von der Feuerwehr erwartet, dass sie das benötigte Gerät 50 m bis zum jeweiligen Gebäude und von dort ggf. noch einmal z. B. auf die Gebäuderückseite zu Fuß transportieren kann. Dies gilt für das gesamte Schlauchmaterial, Werkzeug, Sprungpolster, aber auch für tragbare Leitern! Ins-

6.1 Brandbekämpfung in kleinen und mittleren Gebäuden

besondere, wenn an den Fenstern stehende Personen möglichst schnell gerettet werden müssen, verlangt der schnelle Transport und das Aufstellen der tragbaren Leitern über bis zu 50 m Fußweg eine nicht unerhebliche körperliche Fitness. Sofern der zweite Rettungsweg über Leitern der Feuerwehr sichergestellt werden soll und aufgrund der Höhe eine Drehleiter erforderlich ist, muss natürlich grundsätzlich eine entsprechende Zufahrt sowie die passende Aufstellfläche vorbereitet sein (▶ Bild 119).

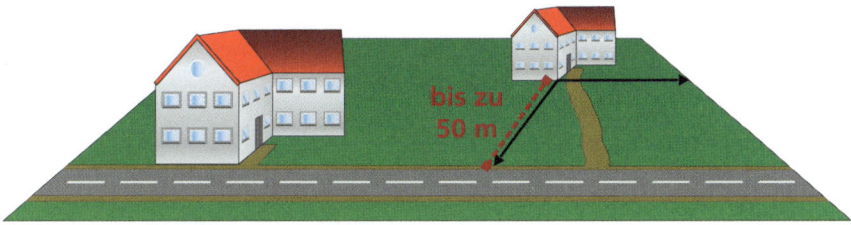

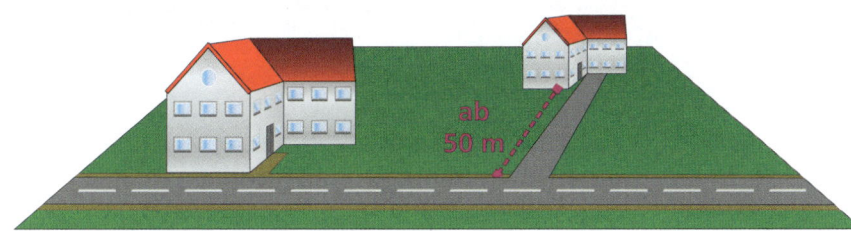

Bild 119: *Sofern ein Gebäude, oder Teile davon, mehr als 50 m von der öffentlichen Verkehrsfläche entfernt sind, muss eine Zufahrt für die Feuerwehr geschaffen werden, sofern dies für den Feuerwehreinsatz erforderlich ist. Eine Ausnahme liegt vor, wenn für die Personenrettung eine Drehleiter als zweiter Rettungsweg vorgesehen ist, dann sind entsprechende Zufahrten und Aufstellflächen grundsätzlich herzustellen.*

Rauchableitung aus Kellergeschossen

In der Musterbauordnung wird für jedes Kellergeschoss eine Öffnung ins Freie gefordert, um Rauch ableiten zu können. Das kann ein Fenster, aber auch eine Außentür sein. Da Keller oftmals als Abstellräume genutzt werden und daher in der Regel eine hohe Brandlast aufweisen, ist im Brandfall mit enormer Wärme- und Rauchentwicklung zu rechnen. Es kann für Deine Trupps daher eine deutliche Erleichterung der Arbeit darstellen, wenn Du eine gezielte Rauchableitung (und damit auch eine Verringerung der Temperatur im Brandraum) durch Einschlagen von

6 Ermöglichung wirksamer Löschmaßnahmen

Fenstern oder Öffnen von Außentüren, ggf. mit anschließender taktischer Ventilation, herbeiführen kannst (▶ Bild 120).

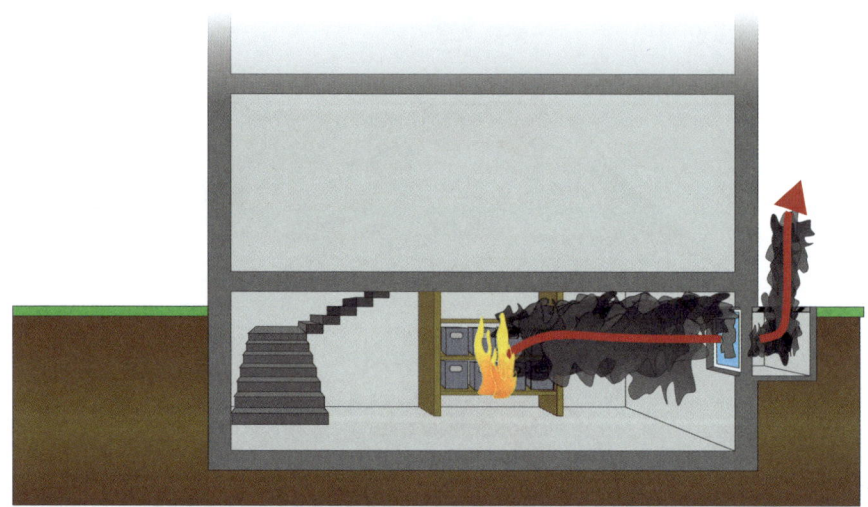

Bild 120: *Kellergeschosse müssen über eine Öffnung ins Freie wie z. B. ein Fenster verfügen, um im Brandfall eine Rauchableitung gewährleisten zu können.*

Hiermit schließen die spezifischen bauordnungsrechtlichen Regelungen der Musterbauordnung auch schon ab, wenn es um die unmittelbar zur Ermöglichung wirksamer Löschmaßnahmen angeordneten Maßnahmen geht. Während die Selbstrettung im Brandfall für die Nutzer eines Gebäudes eine Ausnahmesituation darstellt, die durch viele bauliche Maßnahmen erleichtert wird, kann die Brandbekämpfung als das Tagesgeschäft der Feuerwehr betrachtet werden. Der Gesetzgeber geht daher davon aus, dass die Feuerwehren gut darauf vorbereitet sind und verzichtet darauf, den Bauherren zusätzliche Auflagen zu machen, die ausschließlich der Brandbekämpfung dienen. Allerdings darf nicht vergessen werden, dass auch die bereits in vorherigen Kapiteln vorgestellten Elemente des vorbeugenden Brandschutzes die Brandbekämpfung erleichtern und wirksame Löschmaßnahmen möglich machen können: Die Möglichkeiten zur Entrauchung eines verrauchten notwendigen Treppenraums können auch genutzt werden, wenn dort keine Menschen vermisst

6.2 Brandbekämpfung in größeren, komplexeren Gebäuden

werden und erleichtern aufgrund der größeren Sichtweite die Arbeit der vorgehenden Trupps. Durch die Zellenbildung müssen wir vorerst keine Brandausbreitung auf andere Nutzungseinheiten befürchten und können unsere Kräfte folglich auf die Brandbekämpfung in der betroffenen Nutzungseinheit konzentrieren. Aufstellflächen für Drehleitern können nicht nur zum Retten von an den Fenstern befindlichen Menschen, sondern auch als Angriffsweg für Trupps bzw. im Zuge eines Außenangriffs genutzt werden, auch wenn Hubrettungsgeräte bauordnungsrechtlich nur für die Personenrettung vorgesehen sind.

Obwohl wir im bisherigen Verlauf des Buches alle Maßnahmen des vorbeugenden Brandschutzes einem Ziel wie z. B. der (Selbst-)Rettung von Menschen oder der Verhinderung der Brandausbreitung zugeordnet haben, wirken viele Maßnahmen des vorbeugenden Brandschutzes doch an der Erreichung mehrerer Schutzziele mit.

Vor diesem Hintergrund solltest Du auch die folgenden Diskussionen sehen, wenn wir über die Brandbekämpfung in größeren und komplexeren Gebäuden sprechen: Viele der hier angesprochenen Elemente des vorbeugenden Brandschutzes sind eher exemplarisch im Kapitel »Ermöglichung wirksamer Löschmaßnahmen« eingeordnet, sie könnten mit leicht anderem Fokus auch problemlos in die anderen Kapitel eingeordnet werden.

6.2 Brandbekämpfung in größeren, komplexeren Gebäuden

Wenden wir uns nun also den größeren Gebäuden zu: Nehmen wir als ein Beispiel ein großes Gebäude mit vielen verschiedenen Büros, Kanzleien, Arztpraxen und Wohnungen in den oberen Geschossen. Mit wachsender Höhe und Fläche des Gebäudes wird es für uns als Feuerwehr zusehends schwieriger, die Brandbekämpfung schnell vorzutragen. Daher werden wir bei solchen Gebäuden mit wachsender Größe auch mehr und mehr Elemente des vorbeugenden Brandschutzes finden, die uns als Feuerwehr das Vorgehen zur Brandbekämpfung erleichtern werden. Beispielhaft dafür sind unter anderem Brandmeldeanlagen oder Wandhydranten.

Allerdings sind die nachfolgend angesprochenen technischen Brandschutzeinrichtungen nicht explizit in der Musterbauordnung gefordert: Es gibt also zunächst keine Gewähr dafür, dass bestimmte Gebäude (innerhalb des Gültigkeitsbereiches der Musterbauordnung) eine Brandmeldeanlage, Steigleitung oder Wandhydranten haben müssen. Wenn Du diese Elemente des vorbeugenden Brandschutzes im Einsatz dennoch antriffst, könnte das einen der nachfolgenden Gründe haben:

6 Ermöglichung wirksamer Löschmaßnahmen

- Du befindest Dich nicht mehr in einem Gebäude, das ausschließlich den Regelungen der Musterbauordnung bzw. der jeweiligen Landesbauordnung unterliegt, sondern nach den gesteigerten oder reduzierten Anforderungen einer Sonderbauvorschrift errichtet worden ist. Dies könnte beispielsweise die Beherbergungsstättenverordnung (die im weiteren Verlauf des Buches vorgestellt wird) oder die Verkaufsstättenverordnung sein. Auch für Hochhäuser existiert eine bauaufsichtliche Muster-Richtlinie, die als Technische Baubestimmung eingeführt und damit Rechtskraft erlangen kann. Die Forderung nach Brandmeldeanlagen, Wandhydranten oder Löschanlagen ergänzt hier den Werkzeugkasten der Musterbauordnung. Bei einem komplexen Gebäude kann es durchaus vorkommen, dass ein Gebäudeteil den Vorgaben einer Sonderbauvorschrift unterliegt, während für das übrige Gebäude lediglich die Anforderungen der Musterbauordnung gelten (▶ Bild 121).

Bild 121: *Je nach Nutzung können für verschiedene Gebäudeteile unterschiedliche Bauvorschriften gelten.*

- Du befindest Dich in einem Gebäude, das zwar prinzipiell den Regelungen der Musterbauordnung unterliegt, aufgrund einer seiner »besonderen Art« oder seiner »besonderen Nutzung« in gewissen Punkten jedoch abweicht. Beispielsweise könnte die Notwendigkeit bestehen, größere Brandabschnitte oder längere Rettungswege zu realisieren. Abweichungen von der Bauordnung sind grundsätzlich möglich, wenn auf andere Weise das erforderliche Sicherheitsniveau nachgewiesen werden kann. Kompensationsmaßnahmen, wie beispielsweise der Einbau einer automatischen Brandmeldeanlage, können hier geeignet sein, da damit die

6.2 Brandbekämpfung in größeren, komplexeren Gebäuden

Gebäudenutzer frühzeitig gewarnt und die Feuerwehr alarmiert werden können.
- Insbesondere wenn es sich um einen ungeregelten Sonderbau handelt, sind intensive Abstimmungen zwischen dem Bauherrn und der Bauaufsichtsbehörde erforderlich, um eine einvernehmliche Lösung zu finden. Hierbei wird regelmäßig auch die Brandschutzdienststelle herangezogen, um die Möglichkeiten und Grenzen des abwehrenden Brandschutzes zu erörtern.

Um zu erläutern, was ungeregelte Sonderbauten sind, muss man zunächst verstehen, dass für Gebäude mit bestimmten Nutzungszwecken und Größen eigene Bauordungen existieren: Verkaufsstätten beispielsweise werden nach der Muster-Verkaufsstättenverordnung geplant, die u. a. die Forderung nach Sprinkleranlagen oder eine gewisse Mindestbreite der Rettungswege beinhaltet. Jedoch gelten diese Vorschriften dann nur für Verkaufsstätten mit einer Mindestgröße von 2 000 m², damit dem kleinen Schreibwarenladen oder dem Kiosk an der Ecke nicht unverhältnismäßig hohe Brandschutzauflagen auferlegt werden. Andererseits ist die Musterbauordnung mit ihren baulichen Anforderungen aber vor allem auf den Wohnungsbau ausgerichtet und eignet sich nicht wirklich für einen wirksamen baulichen Brandschutz in Ladengeschäften mit mehr als 800 m². Schließlich beinhalten Ladengeschäfte nicht nur viel Brandlast, sondern haben aufgrund der fehlenden Nutzerschaft in der Nacht auch eine lange Brandentdeckungszeit. Die Anforderungen der Musterbauordnung erscheinen also einerseits nicht ausreichend, um einen wirksamen baulichen Brandschutz von z. B. Supermärkten mit mehr als 800 m² und weniger als 2 000 m² Verkaufsfläche zu gewährleisten. Andererseits sind die Anforderungen der Muster-Verkaufsstättenverordnung auch für Supermärkte überdimensioniert.

Um diese Zwickmühle zu lösen, wird im Bauordnungsrecht die Bezeichnung des »ungeregelten Sonderbaus« verwendet: Hierunter fallen alle Gebäude, die nicht mehr unter die Musterbauordnung fallen, gleichzeitig aber noch zu klein sind, um unter die für die jeweilige Nutzung gültige Sonderbauordnung (z. B. Muster-Verkaufsstättenverordnung oder Muster-Versammlungsstättenverordnung) zu fallen (▶ Bild 122). Da in der Grauzone des ungeregelten Sonderbaus weder die Musterbauordnung noch die jeweilige Sonderbauordnung gilt, können die Bauaufsichtsbehörden auf den Regelungen der Musterbauordnung aufbauend weitergehende Anforderungen stellen oder Erleichterungen zulassen. So könnten sie z. B. die Installation einer Brandmeldeanlage oder gewisse Mindestbreiten der Rettungswege fordern.

6   Ermöglichung wirksamer Löschmaßnahmen

Bild 122: *Je nach Größe und Nutzung der jeweiligen Gebäude sind verschiedene Bauvorschriften anzuwenden: Kleinere Geschäfte bis 800 m² beispielsweise werden in der Regel durch die jeweilige Landesbauordnung beschrieben, Gebäude mit mehr als 2 000 m² Verkaufsfläche und Ladenstraßen werden in der Verkaufsstättenverordnung des jeweiligen Landes geregelt. Alle Geschäfte mit mehr als 800 m², aber weniger als 2 000 m² Verkaufsfläche sind typischerweise ungeregelte Sonderbauten.*

6.2.1 Brandmeldeanlagen

Brandmeldeanlagen dienen der Früherkennung von Bränden und verbinden dies in der Regel mit der frühzeitigen Warnung der Gebäudenutzer. Wenn die installierten Detektionselemente (Melder) der Brandmeldeanlage auslösen, wird beispielsweise in betroffenen Gebäudebereichen in der Regel ein Alarmton (oder eine andere Art von akustischem Alarm) wiedergegeben, der die Nutzer auffordert, sich ins Freie und damit in Sicherheit zu begeben. Gleichzeitig wird die Information über die Auslösung der Brandmeldeanlage, sofern gefordert, an die Leitstelle der Feuerwehr übermittelt, sodass diese unverzüglich die Alarmierung der erforderlichen Einsatzmittel veranlassen kann (▶ Bild 123).

Damit lässt sich die Brandmeldeanlage den Schutzzielen der Menschenrettung und bedingt der Ermöglichung wirksamer Löschmaßnahmen zuordnen: Wir hätten die Brandmeldeanlage also auch im ersten Kapitel dieses Buches diskutieren können, das sich mit den baulichen und technischen Einrichtungen zur Unterstützung der Menschenrettung beschäftigt. Dass die Brandmeldeanlage von den Autoren im Bereich der wirksamen Löschmaßnahmen eingeordnet wird, liegt daran, dass sie zu jeder Tages- und Nachtzeit die frühzeitige Alarmierung der Feuerwehr veranlasst. Dadurch wird die Feuerwehr in die Lage versetzt, zu einem relativ frühen Zeitpunkt die Brandbekämpfung einzuleiten. Hierdurch steigen die Erfolgsaussichten und damit die Wirksamkeit. Die Menschenrettung unterstützt sie nur, wenn sich auch Menschen im Gebäude befinden. Auch wenn die Frühwarnung der Gebäudenutzer

6.2 Brandbekämpfung in größeren, komplexeren Gebäuden

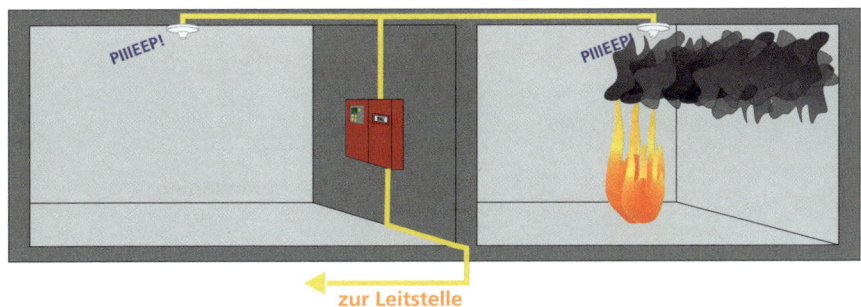

Bild 123: *Eine Brandmeldeanlage besteht aus verkabelten oder funkvernetzten Detektionselementen bzw. Auslöseelementen, die ihr Auslösesignal an eine zentrale Steuerungseinheit weitergeben. Von dort wird dann die Warnung in festgelegten Gebäudeteilen sowie die Weiterleitung des Signals an die Leitstelle der Feuerwehr veranlasst.*

eine enorm wichtige Funktion ist, sollte die Wirkung der Brandmeldeanlage als »Brandwache« also nicht unterschätzt werden.

Gerade deswegen müssen wir die Auslösung von Brandmeldeanlagen stets als eine qualifizierte Feuermeldung werten und sie somit einem von Menschen abgesetzten Notruf gleichsetzen. Da die Technik der verbauten Sensoren in den letzten Jahrzehnten deutlich verbessert wurde, ist die Anzahl der Fehlauslösungen stark zurückgegangen: In der überwiegenden Mehrzahl der Fehlauslösungen gibt es nachvollziehbare Gründe wie z. B. aufgewirbelter Staub, Wasserdampf oder kleine Rauchentwicklungen, die z. B. durch angebranntes Essen hervorgerufen werden. Erreicht wird die verringerte Quote von Fehlalarmen durch die Kombination verschiedener Sensortechnologien und einer verbesserten Anlagensteuerung. Man verwendet neben den klassischen Rauchmeldern mittlerweile auch Temperaturfühler, Infrarotsensoren und andere Systeme. Teilweise werden mehrere dieser Systeme in einem Melder genutzt, um eine Auslösung nur zu gestatten, wenn zwei Brandkenngrößen detektiert werden (▶ Bild 124).

Bei den Vorkehrungen, die für viele Anlagen gegen Fehlauslösungen etabliert wurden, ist es also mehr als leichtsinnig, als Führungskraft dem Einsatzstichwort »ausgelöste Brandmeldeanlage« mit der Einstellung »Ach, da ist eh' mal wieder nichts!« zu begegnen.

Diese Aussage gilt umso mehr, wenn Du Dir in Erinnerung rufst, in welchen Gebäuden in der Regel Brandmeldeanlagen verbaut werden: Meistens dort, wo wir viele Gebäudenutzer (teilweise mit eingeschränkter Selbsthilfefähigkeit wie z. B. in

6 Ermöglichung wirksamer Löschmaßnahmen

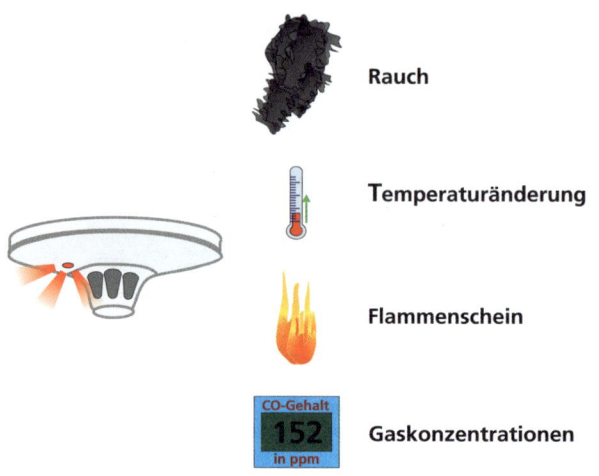

Bild 124: *In Brandmeldeanlagen können verschiedene Arten bzw. Kombinationen von Detektionsprinzipien innerhalb desselben Melders verbaut werden, sodass sie nicht nur auf Rauch, sondern auch auf ungewöhnlich schnelle Temperaturanstiege, Flammenschein oder bestimmte Rauchgase reagieren.*

Krankenhäusern oder Altenheimen) oder besonders zu schützende Sachwerte oder eine besondere Gefahr der Brandausbreitung haben.

Abhängig davon, welches Schutzgut durch die Brandmeldeanlage überwacht wird, d. h. ob es sich um ein Gebäude mit vielen Menschen und/oder hohen Sachwerten handelt, wird auch die »Dichte« der Melder eingestellt. Natürlich ist das Schutzniveau umso besser, je mehr Melder installiert wurden. Um das Schutzniveau einfach und anschaulich charakterisieren zu können, gibt man nicht die Anzahl an verbauten Meldern an, sondern ordnet Brandmeldeanlagen in verschiedene Kategorien ein:

Kategorie 1:

Wenn eine Überwachung aller Räume gewährleistet wird, zählt die Brandmeldeanlage zur Kategorie 1. Sie wird umgangssprachlich auch als »flächendeckende Brandmeldeanlage« bezeichnet, wobei die zu beachtende Norm auch hier Ausnahmen von der Überwachung zulässt. Dies wird unter anderem für Gebäude mit vielen bzw. sehr gefährdeten Nutzern verwendet (von denen viele allerdings nicht nach der Musterbauordnung, sondern auf Grundlage von Sonderbauvorschriften errichtet werden). So finden sich diese flächendeckenden Brandmeldeanlagen beispielsweise in Kran-

6.2 Brandbekämpfung in größeren, komplexeren Gebäuden

kenhäusern, Alten- oder Pflegeheimen, aber auch in vielen anderen Gebäuden mit hoher Nutzerzahl. ▶ Bild 125 zeigt ein fiktives Wohnheim für Menschen mit Behinderung, in dem eine Brandmeldeanlage der Kategorie 1 installiert wurde.

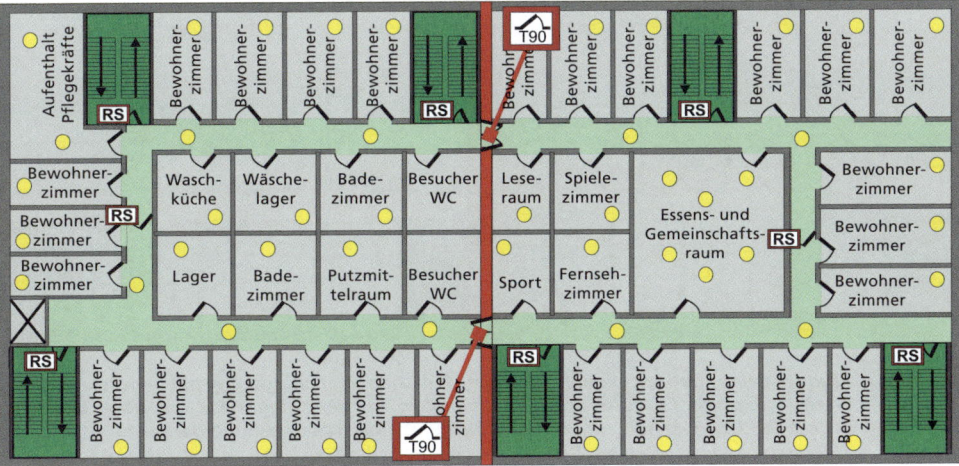

Bild 125: *Grundriss eines fiktiven Wohnheimes für Menschen mit Behinderung. Es wurde eine Brandmeldeanlage der Kategorie 1 (flächendeckende Überwachung) installiert. Die Melder sind als gelbe Kreise dargestellt. Bitte beachte, dass in Feuerwehrpläne laut Norm keine Melder eingezeichnet werden.*

Kategorie 2:

Wenn der Überwachungsumfang nicht auf alle Teile eines Gebäudes ausgedehnt ist, sprechen wir von einer Brandmeldeanlage der Kategorie 2. Um beim Beispiel des Wohnheimes für Menschen mit Behinderung zu bleiben, wäre es beispielsweise denkbar, dass der Wohnbereich im Obergeschoss des Brandabschnittes liegt und von einer Brandmeldeanlage der Kategorie 1 überwacht wird. Der Werkstattbereich im Erdgeschoss des Brandabschnittes weist ein geringeres Gefahrenpotential auf, weshalb auf eine Überwachung durch die Brandmeldeanlage verzichtet worden ist.

6 Ermöglichung wirksamer Löschmaßnahmen

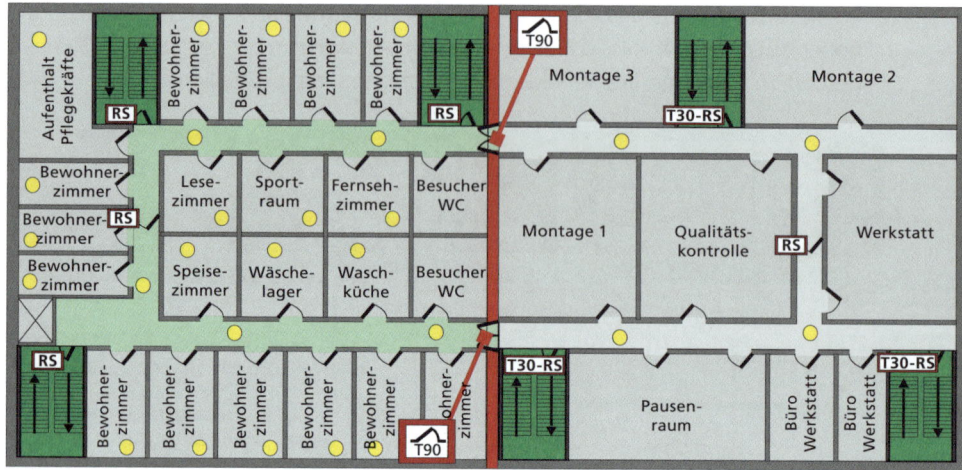

Bild 126: *Grundriss eines fiktiven Wohnheimes für Menschen mit Behinderung mit angeschlossenem Werkstattbereich. Es wurde eine Brandmeldeanlage der Kategorie 2, d. h. einer flächendeckenden Überwachung im Wohnbereich und einer Überwachung der Rettungswege im Werkstattbereich, installiert. Die Melder sind als gelbe Kreise dargestellt. Bitte beachte, dass in Feuerwehrpläne laut Norm keine Melder eingezeichnet werden.*

Kategorie 3:

Bei Brandmeldeanlagen der Kategorie 3 werden nur die Rettungswege überwacht. Die Nutzer sollen vor einem Ausfall der Rettungswege rechtzeitig gewarnt werden, um sich in Sicherheit bringen zu können. Da Rettungswege in der Regel von Brandlasten freigehalten werden müssen, ist die Wahrscheinlichkeit, dass dort ein Brand entsteht, eher gering. Die Brandmeldeanlage wird also erst auslösen, wenn Rauch in den Rettungsweg eingedrungen ist. Du musst also in Deinen Planungen davon ausgehen, dass es sich nicht mehr um das angebrannte Essen auf dem Herd, sondern eher um einen ausgedehnten Raumbrand handelt, der bereits begonnen hat die Rettungswege zu verrauchen (▶ Bild 127). Die Möglichkeit der Gebäudenutzenden zur Selbstrettung wird dadurch deutlich eingeschränkt!

6.2 Brandbekämpfung in größeren, komplexeren Gebäuden

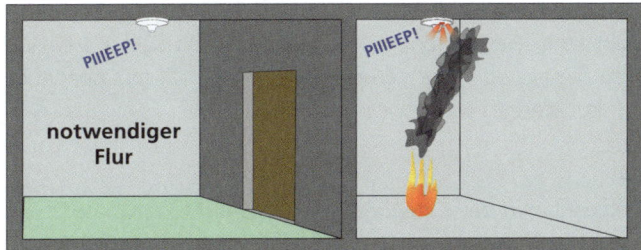

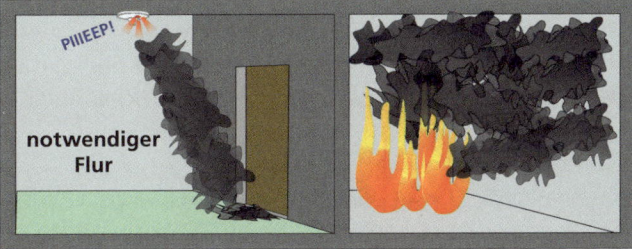

Bild 127: *Es ist in den meisten Fällen davon auszugehen, dass die Entdeckungszeit eines Brandes bei Brandmeldeanlagen der Kategorie 1 sehr viel kürzer ist als bei solchen der Kategorie 3. Denn hier müsste der Rauch zunächst den Brandraum füllen und unter der Tür in den notwendigen Flur dringen, um vom dortigen Melder detektiert zu werden.*

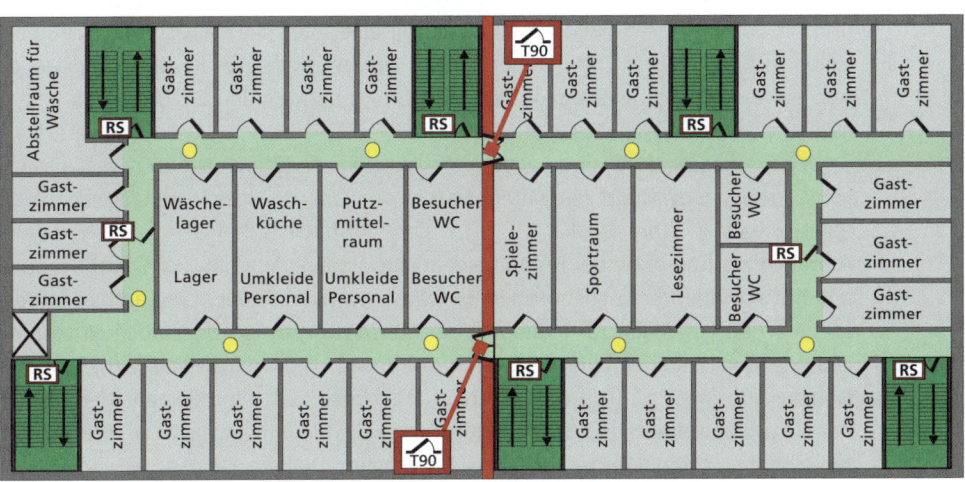

Bild 128: *In Hotels beispielsweise wird durch die Muster-Beherbergungsstättenverordnung nur eine Brandmeldeanlage der Kategorie 3 gefordert. Damit werden nur die Rettungswege durch entsprechende Melder überwacht. Die Melder sind als gelbe Kreise dargestellt. Bitte beachte, dass in Feuerwehrpläne üblicherweise keine Melder eingezeichnet sind.*

6   Ermöglichung wirksamer Löschmaßnahmen

Wie wir im späteren Verlauf des Buches noch sehen werden, sind Brandmeldeanlagen der Kategorie 3 in der Muster-Beherbergungsstättenverordnung für Betriebe mit mehr als 12 Gastbetten vorgeschrieben (▶ Bild 128). Die einsatztaktischen Konsequenzen dieser Regelung werden wir in diesem Zusammenhang auch noch ausführlich diskutieren.

Kategorie 4:
Die Brandmeldeanlagen der Kategorie 4 werden nicht zum Schutz von Personen, sondern zum Schutz von Sachwerten installiert. Daher wird eine Teilüberwachung von Räumen mit besonders sensiblen technischen Einrichtungen oder teurem Lagergut gewährleistet, indem nur in diesen Räumen eine Überwachung durch die Brandmeldeanlage erfolgt. Ein Beispiel sind Serverräume, die aufgrund der gespeicherten Daten für viele Unternehmen sehr wertvoll sind und daher eigens mit Brandmelde- und teilweise sogar mit speziellen Löschanlagen ausgestattet werden.

Fragt sich nur: Was bringt Dir als Führungskraft im Einsatz das Wissen über die verschiedenen Kategorien von Brandmeldeanlagen? Woher weißt Du, ob es sich um eine Brandmeldeanlage der Kategorie 1 mit flächendeckender Überwachung handelt und Du daher wahrscheinlich noch nicht mit einem voll ausgewachsenen Zimmerbrand rechnen musst? Oder woher nimmst Du umgekehrt die Information, dass es sich um eine Brandmeldeanlage der Kategorie 3 handelt und Du daher mit einem intensiven Brandereignis rechnen musst?

Leider gibt es kein eindeutiges »Erkennungsmerkmal« auf den Feuerwehr-Laufkarten, an dem Du die Kategorie der vor Ort verbauten Brandmeldeanlage ablesen kannst. Aber Du kannst i. d. R. im schriftlichen Teil des Feuerwehrplans Angaben zur Kategorie der Brandmeldeanlage finden. Alternativ könntest Du auch anhand von mehreren stichprobenartig ausgewählten Feuerwehr-Laufkarten versuchen, den Überblick zu gewinnen, ob nur Rettungswege oder auch Nutzungseinheiten mit Meldern überwacht sind. Diese Karten dienen eigentlich dazu, Dich und Deinen Angriffstrupp in großen Gebäuden schnell zum ausgelösten Melder und damit zum Brandraum zu führen. Auf ihnen sind zudem die installierten Melder von typischerweise einer Melderlinie verzeichnet, sodass Du beim Überfliegen von zufällig gewählten Feuerwehr-Laufkarten erahnen kannst, ob nur Rettungswege oder scheinbar auch flächendeckend Räume durch Melder überwacht werden. Diese stichprobenartige Vorgehensweise liefert allerdings nur Indizien und keine Garantie, dass es sich z. B. um eine flächendeckende Überwachung handelt!

6.2 Brandbekämpfung in größeren, komplexeren Gebäuden

Unabhängig von der Kategorie der Brandmeldeanlage kannst Du anhand der ausgelösten Melder auf der Feuerwehr-Laufkarte erkennen, auf welche Räume sich der Rauch schon ausgebreitet hat. Zwar sind bei Brandmeldeanlagen der Kategorie 3 (Überwachung der Rettungswege) auch nur Rückschlüsse auf die Rauchausbreitung innerhalb der Rettungswege möglich, aber konsequenterweise müsste man alle an den verrauchten Bereich angrenzenden Räume ebenfalls als verraucht annehmen, da man nichts darüber weiß, welche Türen von angrenzenden Räumen geöffnet oder geschlossen sind. Anhand der Anzahl der ausgelösten Melder innerhalb eines Rettungsweges kann der Verrauchungsumfang des betroffenen Bereiches abgeschätzt werden. Wir werden das hierfür notwendige Vorgehen und die taktischen Schlussfolgerungen daraus im nächsten Kapitel noch detailliert diskutieren.

Dazu lohnt es sich allerdings noch einmal einen detaillierteren Blick auf Feuerwehr-Laufkarten zu werfen: Feuerwehr-Laufkarten werden in der Nähe des Feuerwehr-Anzeigetableaus (FAT) aufbewahrt. Am FAT kannst Du die Gruppen und Nummern der ausgelösten Melder ablesen und anschließend die Feuerwehr-Laufkarten für die passenden Meldergruppen mitnehmen. Sie stellen auf der Vorderseite

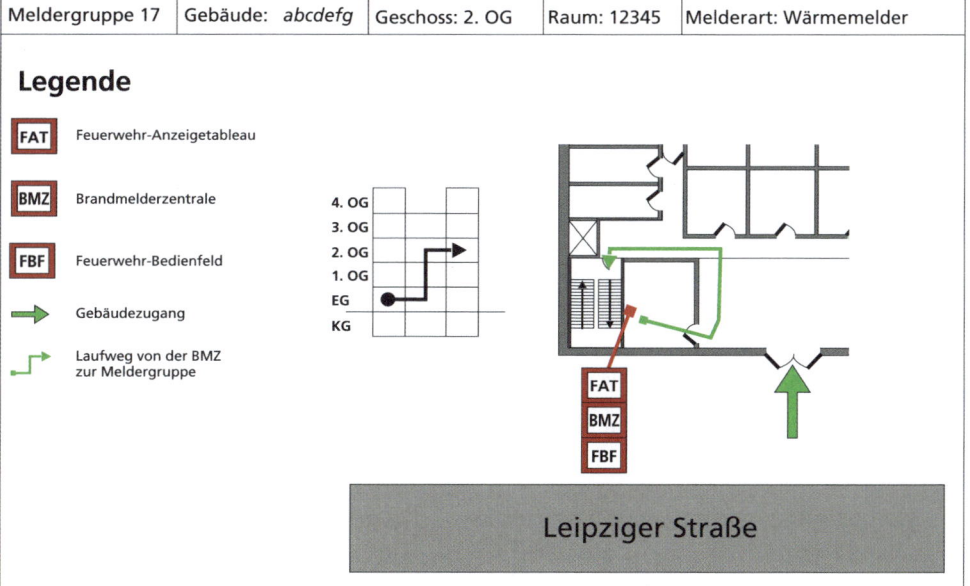

Bild 129: *Die Vorderseite der Feuerwehr-Laufkarte zeigt, wie Du von der Brandmelderzentrale (BMZ) in den Gebäudeteil und in das Geschoss kommst, in dem der ausgelöste Melder zu finden ist. Zudem wird in der Kopfzeile angegeben, welches Detektionsprinzip der Melder nutzt.*

6 Ermöglichung wirksamer Löschmaßnahmen

in einem dargestellten Gebäudegrundriss den Weg dar, den Du gehen musst, um in den Gebäudeteil zu kommen, in dem der ausgelöste Melder zu finden ist (▶ Bild 129).

Du nimmst die Feuerwehr-Laufkarte dabei mit und drehst sie um, wenn Du am Ziel angekommen bist. Du siehst nun einen Ausschnitt des Geschossgrundrisses, in dem die Melder der jeweiligen Meldergruppe eingezeichnet sind. Dadurch kannst Du erkennen, welche Melder in welchem Raum verbaut sind und welche Räume daher im Falle eines Realbrandes betroffen sein müssten (▶ Bild 130).

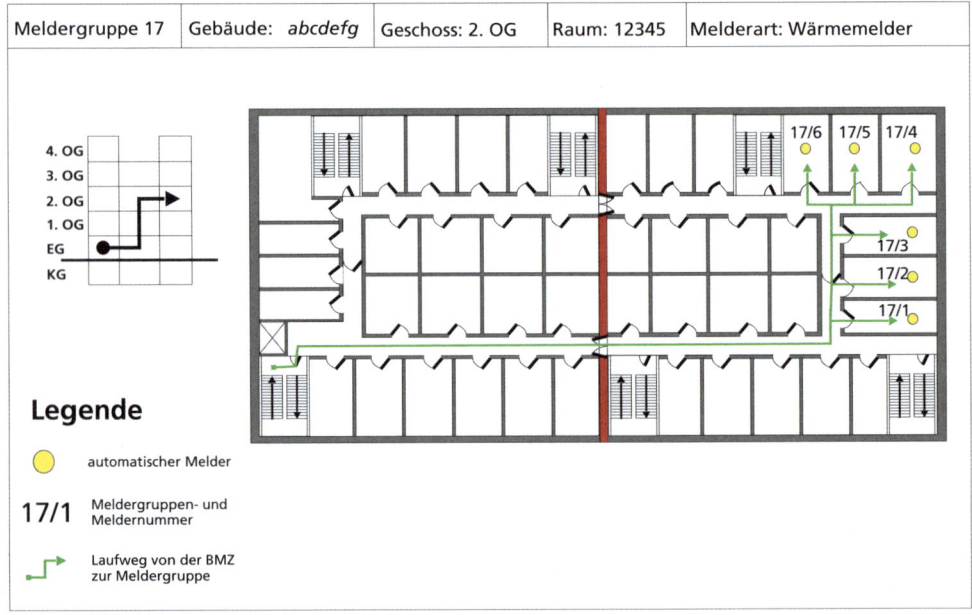

Bild 130: *Auf der Rückseite der Feuerwehr-Laufkarte ist eingezeichnet, in welchen Räumen die Melder der betreffenden Meldergruppe installiert sind. Zudem ist der Weg zu den Meldern, ausgehend vom letzten auf der Vorderseite eingezeichneten Wegpunkt, eingezeichnet.*

Wie Du vielleicht gerade zwischen den Zeilen gelesen hast, werden Brandmeldeanlagen oft (aber nicht ausschließlich!) in größeren Gebäuden verbaut. Teilweise werden auch ganze Anlagen, die aus mehreren Gebäuden bestehen, von einer Brandmeldeanlage versorgt. Die Angriffswege und damit die zu verlegenden Schlauchleitungen können dabei theoretisch beliebig lang werden – und damit auch beliebig zeitaufwändig. Um hier schneller und gezielter vorgehen zu können, werden in manchen sehr großen (oder z. B. auch sehr hohen Gebäuden) Wandhydranten und/oder Steigleitungen verbaut, die wir uns im Folgenden ansehen möchten.

6.2.2 Wandhydranten und Steigleitungen

Um in großen und komplexen Gebäuden für uns als Feuerwehr die Brandbekämpfung zu erleichtern, werden in manche Objekte Wandhydranten eingebaut. In der Musterbauordnung werden die Wandhydranten nicht gefordert, jedoch sind sie Bestandteil vieler Sonderbauvorschriften wie z. B. der Verkaufsstättenverordnung. Da Wandhydranten regelmäßig gewartet und geprüft werden müssen, verursachen sie laufende Kosten, wodurch viele Bauherren die Installation von Wandhydranten vermeiden, sofern sie nicht unbedingt dazu verpflichtet werden.

Trotzdem sind Wandhydranten sowie Steigleitungen ein für die Feuerwehr sehr wertvolles Element des vorbeugenden bzw. abwehrenden Brandschutzes: Sie ersparen das Verlegen von langen Schlauchleitungen und verkürzen somit die Angriffszeit immens. Es ist also sinnvoll, im Feuerwehrplan gezielt nach Wandhydranten oder Steigleitungen Ausschau zu halten. Allerdings sollte man sich auch bewusst sein, welche Randbedingungen insbesondere ein Wandhydrant für den Einsatz mitbringt.

Grundsätzlich bestehen Wandhydranten aus einem aufgewickelten Schlauch, der an eine hausinterne Wasserleitung angeschlossen und in einem allgemein zugänglichen Kasten verbaut ist. Es gibt zwei Typen von Wandhydranten: Einmal solche vom »Typ S«, die für die Selbsthilfe gedacht sind und Wandhydranten vom »Typ F«, die auch von uns als Feuerwehr verwendet werden können (▶ Bild 131).

Sollten Gebäudenutzer einen Entstehungsbrand feststellen, können sie die Schranktüren des Wandhydranten öffnen, den Schlauch von der fest verbauten Haspel abrollen, das zugehörige Ventil aufdrehen und die Erstbrandbekämpfung einleiten. Für die Wandhydranten vom »Typ S« ist dabei nur eine Wasserlieferung von 24 L pro Minute bei 2 bar Druck vorgesehen, wobei unter diesen Bedingungen zwei Wandhydranten gleichzeitig Wasser abgeben können müssen. Die für die Feuerwehr nutzbaren Wandhydranten vom »Typ F« müssen mindestens 100 Liter pro Minute bei mindestens 3 bar liefern, wobei unter diesen Randbedingungen mindestens drei Wandhydranten gleichzeitig betrieben werden können müssen. Außerdem muss der Schlauch der Haspel abkuppelbar sein, sodass wir unsere Angriffsleitung an die Wasserleitung anschließen können.

6 Ermöglichung wirksamer Löschmaßnahmen

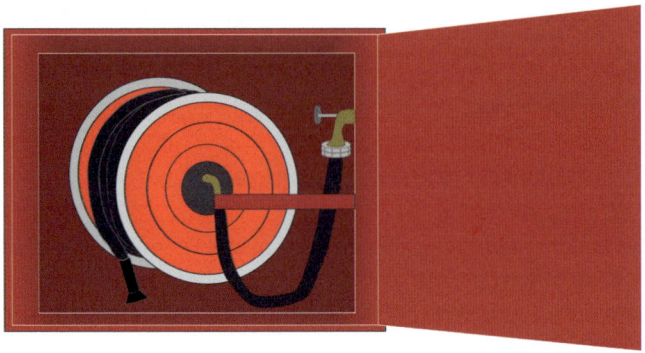

Bild 131: *Wandhydranten vom Typ F sind fest in der Wand montierte Haspeln mit einem formstabilen Schlauch, die von den Gebäudenutzern auch zur Selbsthilfe genutzt werden können. Durch die Kräfte der Feuerwehr kann die Haspel von der Wasserversorgung getrennt und stattdessen die Angriffsleitung angekuppelt werden.*

Pro und Contra der Nutzung von Wandhydranten

Wahrscheinlich wirst Du Dich jetzt fragen, warum man einen Wandhydranten als »Typ F«, also für die Feuerwehr verwendbar, kennzeichnet, obwohl er nur 3 bar Fließdruck garantiert. Dabei werden unsere Hohlstrahlrohre mittlerweile mit 5 bis 7 bar betrieben. Die Normung der Wandhydranten wurde offenbar nicht an den neuen Standard der Hohlstrahlrohre angepasst. Dadurch entsprechen die von den Wandhydranten gelieferten Drücke und Durchflussmengen nicht mehr den Anforderungen, die für die optimale Arbeitsweise des Hohlstrahlrohrs empfohlen werden. Eine Brandbekämpfung ist dennoch möglich, allerdings ist das Sprühbild nicht optimal.

Man könnte dies als Einbußen in Bezug auf die Sicherheit der vorgehenden Trupps werten, schließlich gehen sie mit einer Angriffsleitung ohne optimalen Betriebsdruck zur Brandbekämpfung vor. Sollte man stattdessen also lieber eine eigene Angriffsleitung verlegen, um die optimalen Ausgangsdrücke am Strahlrohr zu gewährleisten? Dies wäre ein Trugschluss, den wir im Folgenden entlarven wollen: Gehen wir zunächst einmal von der Annahme aus, dass es sich bei den Gebäuden mit Wandhydranten um größere Gebäude handelt, die zusätzlich auch über eine Brandmeldeanlage verfügen. Die Entdeckungszeit des Brandes wird also (vor allem bei flächendeckender Überwachung durch die Brandmeldeanlage) relativ kurz sein, sodass wir als Feuerwehr frühzeitig vor Ort sein werden. Du hast als verantwortliche Führungskraft nun die Wahl den Wandhydranten zu nutzen oder selbst eine

6.2 Brandbekämpfung in größeren, komplexeren Gebäuden

Schlauchleitung durch das Gebäude bis zum Brandraum zu verlegen. Bei Verwendung des Wandhydranten hast Du zwar nicht den optimalen Betriebsdruck auf der Angriffsleitung, aber der Trupp muss nur mit Schlauchmaterial ins Brandgeschoss und sich dort entwickeln. In Verbindung mit der frühen Brandentdeckung durch die Brandmeldeanlage verschafft uns dies einen enormen zeitlichen Vorteil, sodass die Brandbekämpfung frühzeitig eingeleitet werden kann. Die Wahrscheinlichkeit, dass das Feuer in dieser Zeit eine solche Intensität entwickeln kann, die zu den extremen Phänomenen der Brandausbreitung bei denen ein perfektes Sprühbild erforderlich ist, ist deutlich geringer als bei den typischen Wohnungsbränden: Hier haben wir weder die automatische Brandmeldeanlage noch Wandhydranten, sodass wir es oftmals mit deutlich heftigeren Bränden zu tun haben.

Solltest Du als Führungskraft dennoch an der Einsatzstelle ein scheinbar weit entwickeltes und intensiv brennendes Feuer antreffen, musst Du abwägen, ob Du Deine Trupps unter Nutzung des Wandhydranten vorgehen lassen möchtest oder ob das eigene Verlegen einer Angriffsleitung die bessere Alternative ist. Als Entscheidungshilfe könntest Du die Frage heranziehen, ob die beim Aufbau einer eigenen Wasserversorgung verstreichende Zeit und die damit einhergehende Vergrößerung des Brandes für den Trupp schwerer wiegen könnte als der geringere Betriebsdruck am Strahlrohr.

Standorte von Wandhydranten
Wandhydranten werden in vielen großen Gebäuden so angeordnet, dass sie innerhalb von Nutzungseinheiten, also ggf. im verrauchten Bereich, liegen. Es soll dadurch vermieden werden, dass die an den Wandhydranten angeschlossene Angriffsleitung die Rauch- und/oder Feuerschutztür ein Stück offenhält, wodurch Rauch in die zu schützenden Bereiche eindringen würde (▶ Bild 132). Ausnahmen sind häufig in Bereichen mit Wohnnutzung zu finden, da die Installation der zugehörigen Armaturen in Privatwohnungen typischerweise unbeliebt und einsatztaktisch nicht zielführend sind. In diesen und anderen vergleichbaren Nutzungen (z. B. Arztpraxen oder Anwaltskanzleien) werden die Wandhydranten eher in den notwendigen Fluren oder notwendigen Treppenräumen angeordnet.

Das Problem bei Wandhydranten innnerhalb von Nutzungseinheiten (wie z. B. Versammlungsstätten) ist jedoch, dass bei extremer Verrauchung der Angriffstrupp sein Schlauchmanagement somit unter Nullsicht durchführen muss. Um dies schnell und trotzdem sicher leisten zu können, ist viel Übung erforderlich. Somit ist die Frage, ob ein Wandhydrant genutzt werden kann, nicht nur von der zuständigen Führungskraft abhängig, die den Wandhydranten auf dem Feuerwehrplan gezielt suchen muss, sondern auch von den Fähigkeiten des vorgehenden Trupps. Das Schlauchma-

6 Ermöglichung wirksamer Löschmaßnahmen

nagement am Wandhydranten unter schlechter Sicht ist eine Übung, die potenziell in der Ausbildung von Atemschutzgeräteträgern einfließen könnte, um ein sicheres und zügiges Vorgehen zu gewährleisten.

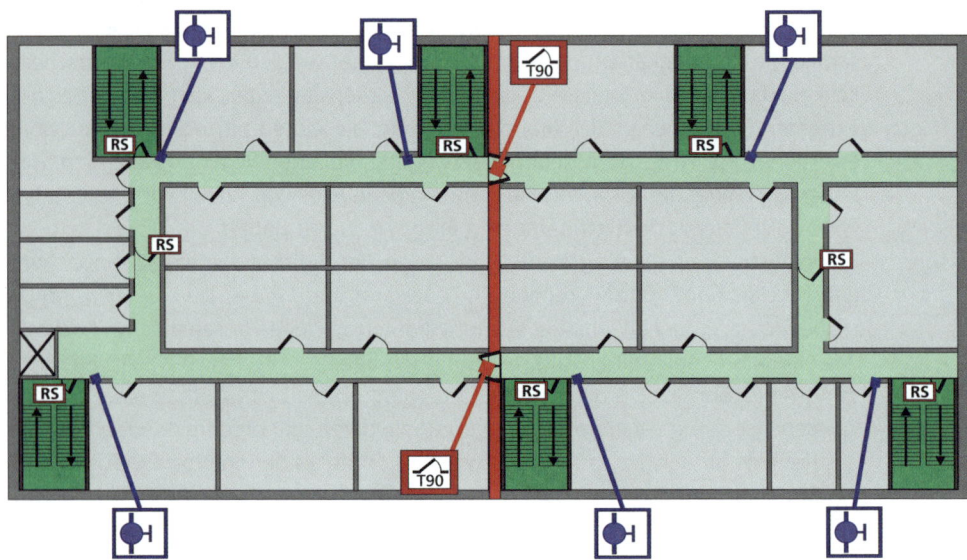

Bild 132: *Wandhydranten sind in der Regel außerhalb der notwendigen Treppenräume angeordnet, um zu verhindern, dass die Rauchschutztür durch die Schlauchleitung ein Stück offengehalten wird. Das bedeutet aber auch, dass der vorgehende Trupp seine Angriffsleitung vom Wandhydranten aus ggf. unter Nullsicht entwickeln muss.*

Sind Vorräume oder Schleusen geplant, werden Wandhydranten und die nachfolgend beschriebenen Steigleitungen i. d. R. dort angeordnet, um das Schlauchmanagement dort unter gesicherten Bedingungen einzuleiten.

Neben Wandhydranten werden teils auch die weniger wartungsintensiven und daher günstigeren trockenen Steigleitungen verbaut. Sie bestehen aus fest im Gebäude verlegten Metallrohren, in die wir als Feuerwehr mittels der fest verbauten Feuerlöschkreiselpumpen unserer Fahrzeuge Löschwasser einspeisen und im Zielgeschoss entnehmen können. Hier wird allerdings in der Regel nur eine Festkupplung mit Absperrventil vorgehalten, sodass die Angriffsleitung dort angeschlossen werden kann. Eine Haspel wird nicht verbaut. Die trockene Steigleitung erfordert zwar neben dem Einspeisen noch den Aufbau einer Löschwasserversorgung, erspart uns aber das zeitintensive Verlegen von Schläuchen vom Gebäudezugang bis ins Brandgeschoss

6.2 Brandbekämpfung in größeren, komplexeren Gebäuden

(▶ Bild 133). Zudem kann auch durch die Nutzung von trockenen Steigleitungen das Verlegen von Schläuchen durch Rauch- bzw. Feuerschutzabschlüsse vermieden werden. Allerdings kommt es immer wieder vor, dass von unbedachten Zeitgenossen im Rahmen von »Scherzen« die Abgänge der Steigleitungen in verschiedenen Geschossen geöffnet werden. Die Entnahmeeinrichtungen der Steigleitungen sind zwar häufig durch den Verbau in einem Metallkasten gesichert, diese Kästen können aber durch improvisierte Werkzeuge geöffnet und die Blindkupplungen der Abgänge entfernt werden. Bei einer Einspeisung würden demnach große Mengen Wasser in den Treppenraum bzw. in das jeweilige Geschoss fließen. Du solltest daher, sofern es die Dynamik der Einsatzlage zulässt, die Abgänge der betreffenden Steigleitung in allen Geschossen kontrollieren lassen.

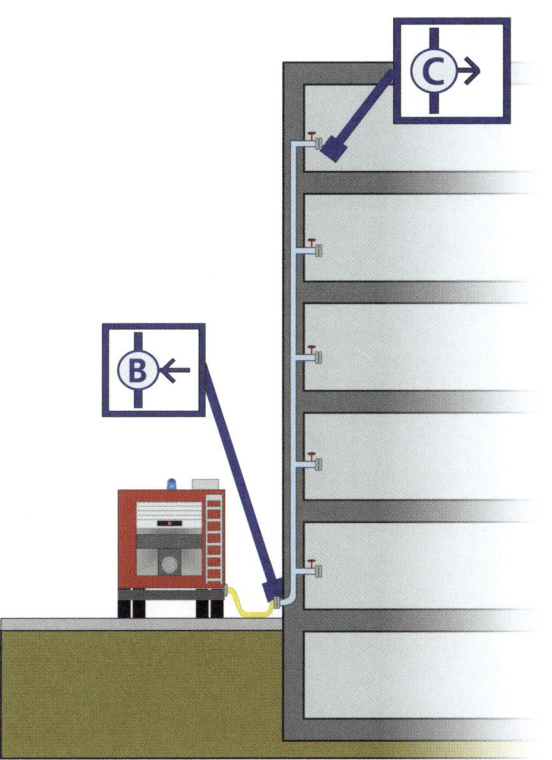

Bild 133: *Trockene Steigleitungen sind fest durch das Gebäude verlegte Rohre, die am unteren Ende mit Einspeisevorrichtungen und in den jeweiligen Geschossen mit Entnahmevorrichtungen versehen sind. Einspeisestellen und Entnahmestellen sind im Feuerwehrplan i. d. R. mit den dargestellten Piktogrammen gekennzeichnet.*

Nun hast Du einige geläufige brandschutztechnische Einrichtungen kennengelernt, die uns als Feuerwehr die Brandbekämpfung erleichtern. Auf automatische Lösch-

6 Ermöglichung wirksamer Löschmaßnahmen

anlagen sind wir bewusst nicht eingegangen, da sie im größeren Maßstab in der Regel nur in Gebäuden installiert werden, die nach Sonderbauvorschriften wie beispielsweise der Industriebaurichtlinie oder der Verkaufsstättenverordnung errichtet wurden.

Betrachten wir also im nächsten Kapitel, welchen Einfluss Brandmeldeanlagen und Wandhydranten auf Deine taktischen Planungen haben können.

Literatur-Tipp:

Jochen Thorns: Einsatz »Brandmeldeanlage«, Verlag W. Kohlhammer GmbH, Stuttgart, 2022.

7 Taktische Schlussfolgerungen aus »Ermöglichung wirksamer Löschmaßnahmen«

7.1 Einsatzstichwort »Ausgelöste Brandmeldeanlage«

Nehmen wir einmal an, dass Du zu einer ausgelösten Brandmeldeanlage alarmiert wirst. Auf der Anfahrt wirfst Du bereits einen Blick in den Feuerwehrplan: Es handelt sich um ein Gebäude in Wohn- und Verwaltungsnutzung (diese Information ist normalerweise inklusive der zu erwartenden Nutzerzahl und weiterer Details im Textteil des Feuerwehrplans zu finden, der hier nicht abgebildet wird). Das Objekt verfügt über sechs oberirdische Geschosse und ein Kellergeschoss und ist laut Feuerwehrplan in drei Brandabschnitte aufgeteilt. Die Geschosse können über zwei Treppenräume je Brandabschnitt erreicht werden, wobei je einer zur Gebäudevorder- und einer zur Gebäuderückseite orientiert ist. Am linken Treppenraum auf der Gebäudevorderseite ist die Brandmelderzentrale (BMZ) mit dem Feuerwehranzei-

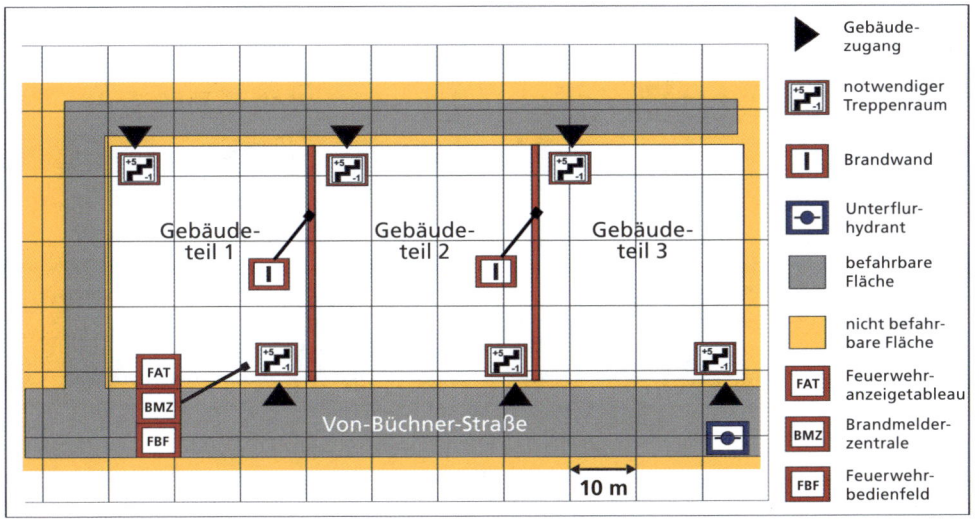

Bild 134: *Der Feuerwehrübersichtsplan zeigt, dass das Gebäude in drei Brandabschnitte aufgeteilt ist, von denen jeder über jeweils einen Treppenraum auf der Gebäudevorder- und -rückseite erreicht werden kann. Das Gebäude hat ein Kellergeschoss und sechs oberirdische Geschosse (ein Erdgeschoss und fünf Obergeschosse).*

7 Taktische Schlussfolgerungen aus Kapitel 6

getableau (FAT) und dem Feuerwehrbedienfeld (FBF) zu finden. Das Gebäude befindet sich freistehend an der wenig befahrenen Von-Büchner-Straße (▶ Bild 134). Unmittelbar neben dem Objekt befindet sich ein Unterflurhydrant an einer Wasserleitung mit einem Nenndurchmesser von 100 mm, sodass Du mit einer Wasserlieferung von ca. 1 000 l/min rechnen kannst.

Unterwegs erhältst Du von der Leitstelle die Information, dass zusätzlich zum Auslösen der Brandmeldeanlage ein Anrufer ein Brandereignis im 3. Obergeschoss gemeldet hat. Daher schaust Du Dir den Geschossplan des 3. Obergeschosses nun genauer an: Jeder der drei Brandabschnitte besteht neben den beiden Treppenräumen jeweils aus einem notwendigen Flur, der jeweils in zwei Rauchabschnitte unterteilt ist (▶ Bild 135). Pro Brandabschnitt befinden sich in der Regel sechs Nutzungseinheiten, wobei es sich um Wohnungen, Arztpraxen, Firmen und Kanzleien handelt. Diese Aufteilung in verschiedene Nutzungseinheiten lässt den Schluss zu, dass die Trennwände zwischen den Nutzungseinheiten feuerbeständig ausgeführt sein müssen, da es sich offensichtlich um ein Gebäude der Gebäudeklasse 5 handelt.

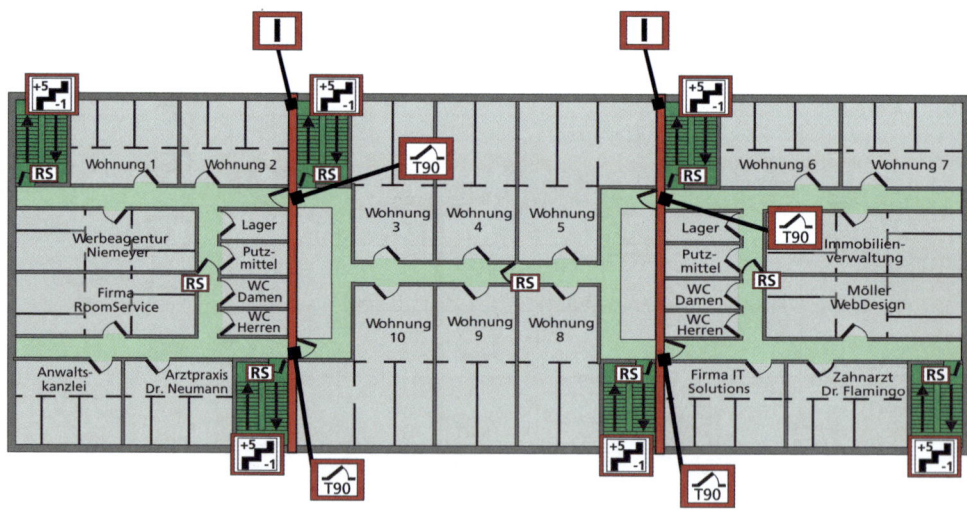

Bild 135: *Der Geschossplan für das 3. OG des Gebäudes. Das Gebäude ist in drei Brandabschnitte aufgeteilt, die sich wiederum in jeweils zwei Rauchabschnitte unterteilen. Pro Brandabschnitt sind sechs Nutzungseinheiten untergebracht.*

Als Du vor Ort angekommen bist, kannst Du auf der Gebäudevorderseite noch keine Besonderheiten feststellen. Es ist von der Gebäudevorderseite weder Rauch noch

7.1 Einsatzstichwort »Ausgelöste Brandmeldeanlage«

Feuerschein zu sehen. Einzig die auf das Feuerwehranzeigetableau hinweisende Blitzleuchte blinkt (▶ Bild 136) und eine Person winkt vor dem Gebäude (nicht in der Grafik dargestellt). Sie erklärt, dass es in ihrer Wohnung im 3. Obergeschoss, die im mittleren Brandabschnitt liegt, brennt. Sie weiß, dass sich niemand mehr in der Brandwohnung befindet, kann sonst aber keine Angaben darüber machen, wie viele Personen sich im Gebäude bzw. in den umliegenden Nutzungseinheiten befinden. Einen Schlüssel für die Wohnung kann die Person aushändigen.

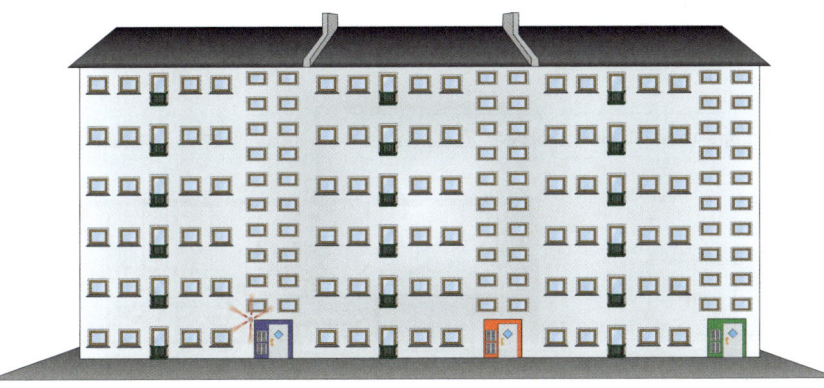

Bild 136: *An der Einsatzstelle angekommen, kannst Du auf der Gebäudevorderseite keine Besonderheiten feststellen.*

7.1.1 Auswertung der aus der Brandmeldeanlage zu gewinnenden Informationen

Du begibst Dich nach der Personenbefragung zum Feuerwehranzeigetableau (FAT) und liest dort ab, welche Melder ausgelöst haben. Die Nummern der ausgelösten Melder schreibst Du in Auslösereihenfolge auf (▶ Bild 137). Solltest Du nicht als Gruppen-, sondern als Zugführer im Einsatz sein, kannst Du natürlich schon während der Personenbefragung eine Führungskraft zur Erkundung an das FAT schicken.

Mit diesen Informationen allein kannst Du selbstverständlich nichts anfangen. Daher nimmst Du die entsprechenden Laufkarten und den Feuerwehrplan zur Hand. Zunächst schaust Du Dir die Rückseite der Laufkarte für die Meldergruppe 42 an (▶ Bild 138), um einen Überblick zu bekommen, wo sich die ausgelösten Melder befinden.

7 Taktische Schlussfolgerungen aus Kapitel 6

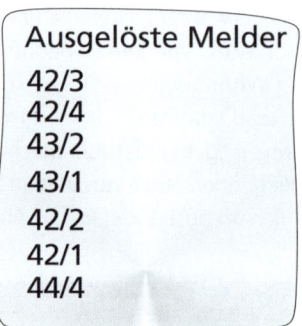

Bild 137: *Die Nummern der ausgelösten Melder, geordnet nach der Auslösereihenfolge.*

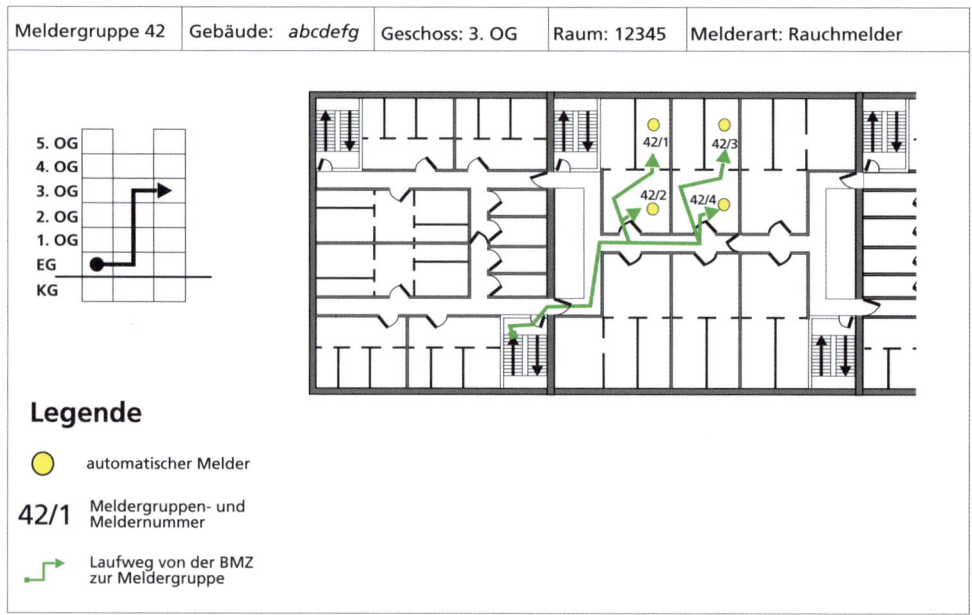

Bild 138: *Die Rückseite der Feuerwehr-Laufkarte für die Meldergruppe 42. Zuerst ausgelöst haben die Melder 42/3 und 42/2, d.h., dass die Brandwohnung zentral zur Gebäuderückseite angeordnet ist.*

7.1 Einsatzstichwort »Ausgelöste Brandmeldeanlage«

> **Hinweis:**
> Wohnungen werden in der Regel nicht mit automatischen Brandmeldeanlagen überwacht. Nach den Bauordnungen der deutschen Bundesländer sind dort lediglich Rauchwarnmelder vorgesehen, die nicht in Zusammenhang mit einer Brandmeldeanlage stehen. Dennoch haben wir uns dazu entschieden, eine flächendeckende Überwachung des Gebäudes anzunehmen, um bei der aus didaktischen Gründen gewählten Mischnutzung keine tiefgehende Differenzierung vornehmen zu müssen.

Zunächst einmal sehen wir, dass es sich scheinbar um eine Brandmeldeanlage der Kategorie 1 oder 2 handelt, da zumindest in den betreffenden Nutzungseinheiten eine flächendeckende Überwachung gewährleistet zu sein scheint. Auf jeden Fall sind in den Wohnungen des betroffenen Abschnitts automatische Rauchmelder verbaut. Wir können also von einer frühen Brandentdeckung ausgehen, da der Rauch direkt in der betroffenen Wohnung detektiert werden konnte. Es ist davon auszugehen, dass sich der erstauslösende Melder in der Brandwohnung befindet: In dem hier vorliegenden Fall brennt es also in der zentral zur Gebäuderückseite ausgerichteten Wohnung.

Allerdings haben auch die Rauchmelder in der links benachbarten Wohnung ausgelöst: Hat hier die Zellenbildung aufgrund von baulichen Mängeln versagt oder welchen Grund kann es dafür geben? Klar ist: Die Nachbarwohnung, die durch die Melder 42/2 und 42/1 überwacht wird, scheint ebenfalls verraucht zu sein und da wir keine anderen gesicherten Erkenntnisse haben, müssen wir davon ausgehen, dass sich hier noch Menschen befinden. Übertragen wir diese Erkenntnis also zunächst einmal mit Hilfe eines gut sichtbaren Filzstiftes auf unseren laminierten Feuerwehrplan: Wir umranden die scheinbar verrauchten Nutzungseinheiten und schraffieren ggf. noch das Innere, um die als betroffen angenommenen Bereiche deutlicher kenntlich zu machen (▶ Bild 139). Selbstverständlich sollten durch unsere Markierungen keine relevanten Informationen verdeckt werden!

7 Taktische Schlussfolgerungen aus Kapitel 6

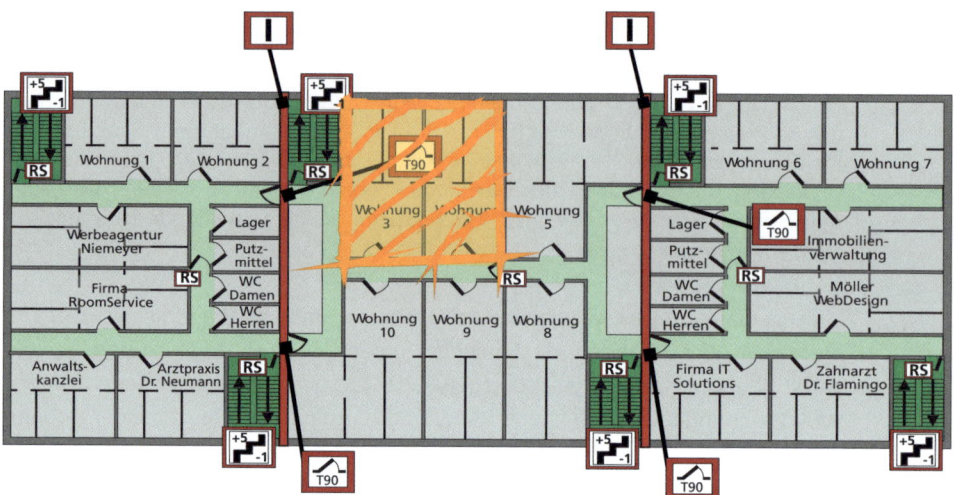

Bild 139: *Der durch die ausgelösten Melder überwachte Bereich wird mit einem Folienmarker auf dem laminierten Feuerwehrplan eingezeichnet. Je nach Vorliebe kann der als verraucht anzunehmende Bereich durch weitere Schraffuren hervorgehoben werden.*

Nun nehmen wir uns die Feuerwehr-Laufkarte für die nächste ausgelöste Meldergruppe zur Hand, also für die Meldergruppe 43. Auch hier betrachten wir die Rückseite und stellen fest, dass diese Meldergruppe aus zwei Rauchmeldern besteht, die den notwendigen Flur überwachen (▶ Bild 140). Offensichtlich hat der Bewohner der Brandwohnung also vergessen seine Wohnungstür zu schließen, sodass der Rauch sich in den notwendigen Flur ausbreiten konnte. Dadurch erklärt sich auch, warum die Rauchmelder in der links zur Brandwohnung befindlichen Nutzungseinheit ausgelöst haben: Vermutlich haben auch hier die Nutzer die Wohnung fluchtartig verlassen und dabei vergessen die Wohnungstür zu schließen.

7.1 Einsatzstichwort »Ausgelöste Brandmeldeanlage«

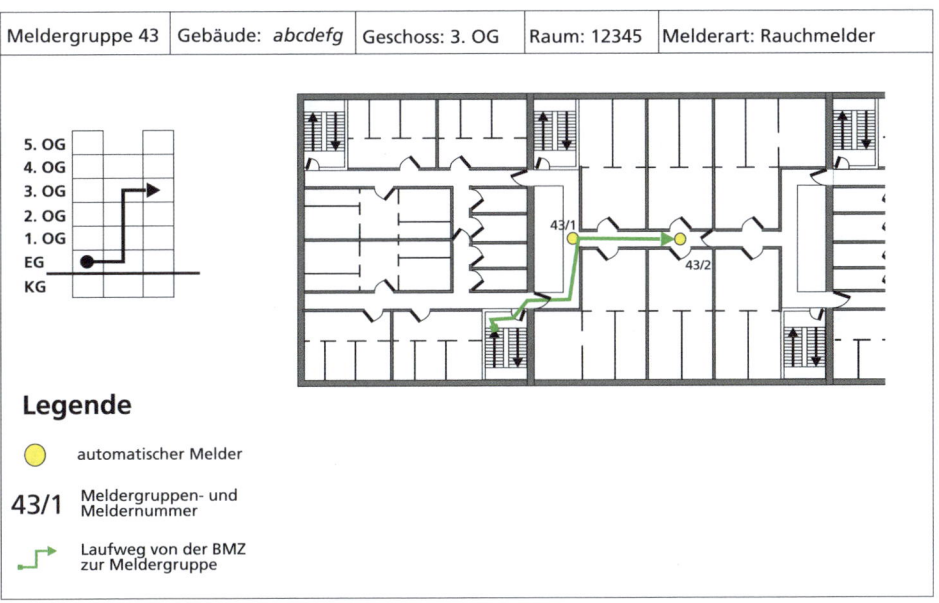

Bild 140: *Die Meldergruppe 43, von der beide Melder ausgelöst haben, überwacht den notwendigen Flur. Es kann also davon ausgegangen werden, dass auch der notwendige Flur verraucht ist.*

Du nimmst Dir also wieder Deinen Feuerwehrplan zur Hand und markierst die als verraucht anzunehmenden Bereiche mit dem Folienmarker (▶ Bild 141).

7   Taktische Schlussfolgerungen aus Kapitel 6

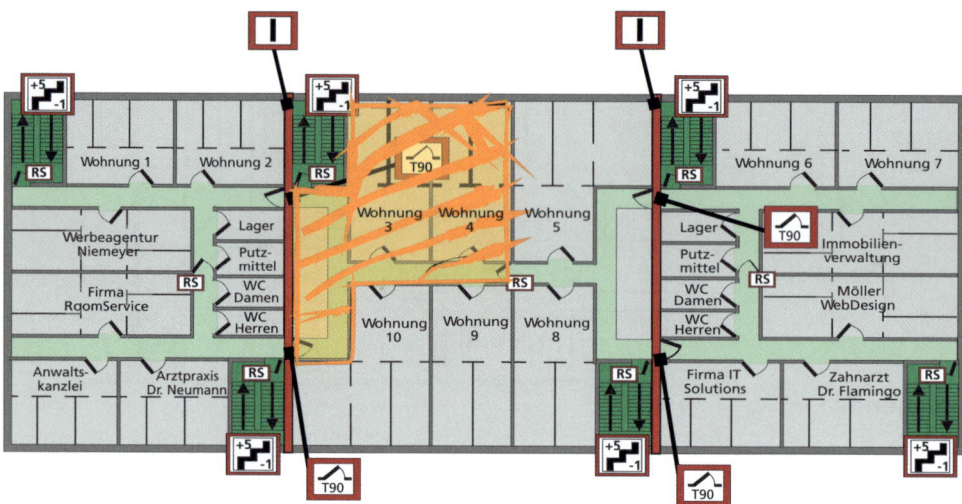

Bild 141: *Der Rauch scheint sich auf die beiden Wohnungen sowie den notwendigen Flur ausgebreitet zu haben. Die als verraucht anzunehmenden Bereiche wurden auf dem Feuerwehrplan markiert.*

Neben den bislang betrachteten Meldern hat auch ein Melder der Meldergruppe 44 ausgelöst, sodass Du auch hierfür die Feuerwehr-Laufkarte nimmst und die Rückseite betrachtest (▶ Bild 142). Offensichtlich hat ein Rauchmelder in der Wohnung gegenüber der Brandwohnung ausgelöst. Derzeit kann noch nichts genaueres gesagt werden, aber ggf. ist auch dort die Tür nicht richtig geschlossen oder die eigentlich als dichtschließend vorgesehene Wohnungstür lässt langsam Rauch aus dem notwendigen Flur in die gegenüberliegende Wohnung eindringen. Woran der Raucheintritt in diese Wohnung auch immer liegen mag, wir können nicht ausschließen, dass sich noch Personen darin befinden könnten.

7.1 Einsatzstichwort »Ausgelöste Brandmeldeanlage«

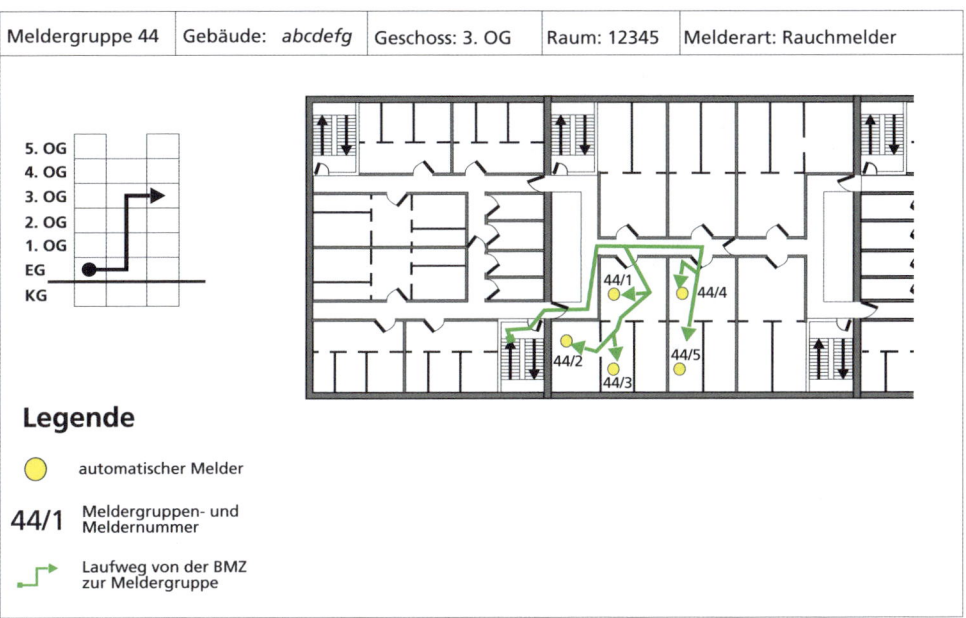

Bild 142: *Die Rauchmelder der Gruppe 44 überwachen die beiden Wohnungen gegenüber der Brandwohnung bzw. der verrauchten Wohnung.*

Wiederum markierst Du diesen Bereich in Deinem Feuerwehrplan als verraucht (▶ Bild 143).

7 Taktische Schlussfolgerungen aus Kapitel 6

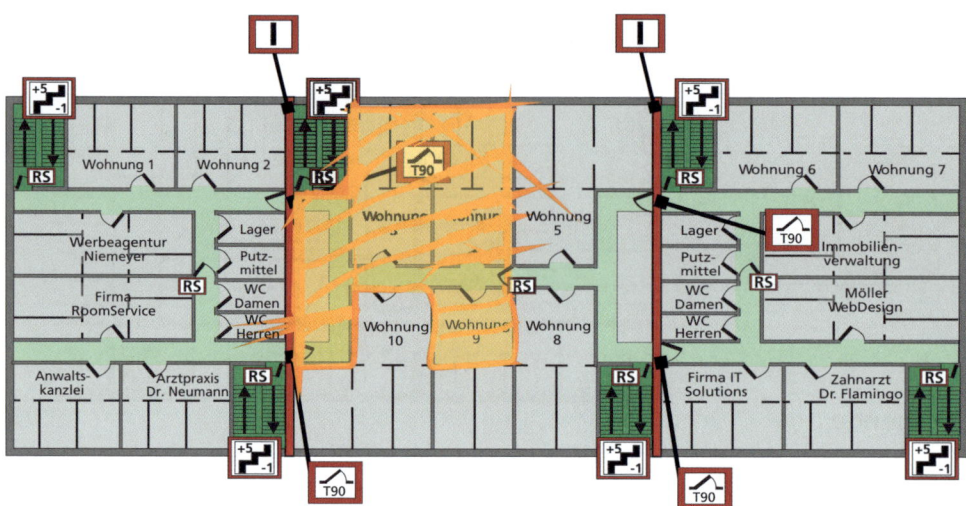

Bild 143: *Die Auswertung der Feuerwehr-Laufkarte für die Meldergruppe 44 hat ergeben, dass auch ein Teil der Wohnung gegenüber der Brandwohnung verraucht zu sein scheint. Folglich wurde der entsprechende Teil markiert.*

Wir haben jetzt alle scheinbar verrauchten Bereiche markiert, sodass es sich nun lohnt, einen genaueren Blick auf unseren »modifizierten« Feuerwehrplan zu werfen – quasi als eine Art Zusammenfassung der Lage, mit der wir in die Beurteilung und den Entschluss der Einsatzmaßnahmen starten können.

7.1.2 Zusammenfassung der Lage

Wir haben zwei offensichtlich voll verrauchte und eine mindestens zum Teil verrauchte Wohnung. Von der Brandwohnung wissen wir, dass sich dort keine Personen mehr aufhalten, über die anderen beiden Wohnungen haben wir keine gesicherten Informationen – lediglich die Vermutung, dass die Wohnung links der Brandwohnung verraucht sein könnte, möglicherweise, weil die Nutzer bei der Flucht vergaßen die Tür zu schließen. Wir müssen davon ausgehen, dass sich in diesen Wohnungen (sowie auch in der vierten, noch nicht betroffenen Wohnung) noch Menschen befinden könnten und wir folglich eine Menschenrettung und eine Brandbekämpfung planen müssen.

7.1 Einsatzstichwort »Ausgelöste Brandmeldeanlage«

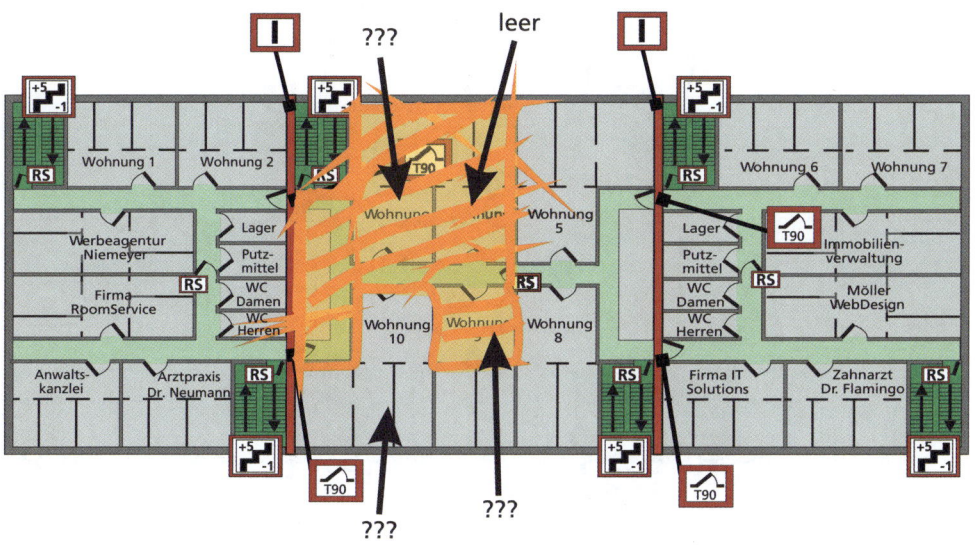

Bild 144: *Während klar ist, dass sich in der Brandwohnung keine Personen mehr befinden, liegen keine Informationen zu den Bewohnern der restlichen drei Wohnungen vor. Es ist folglich davon auszugehen, dass sich in diesen Nutzungseinheiten noch Menschen befinden könnten.*

Wir sehen außerdem, dass der betroffene Brandabschnitt in zwei Rauchabschnitte aufgeteilt ist – es ist aber nur einer dieser beiden Rauchabschnitte verraucht. Gleiches gilt für den an den betroffenen Bereich angrenzenden Brandabschnitt und den notwendigen Treppenraum: Auch diese sind nicht verraucht. Offensichtlich erfüllen also sowohl die Rauchschutztür auf dem notwendigen Flur neben der Brandwohnung als auch die Feuerschutztüren in der Brandwand und die Tür zum notwendigen Treppenraum ihren Zweck: Schließlich hat keiner der hinter diesen Türen liegenden Melder der Brandmeldeanlage ausgelöst. Zur besseren Übersichtlichkeit markieren wir auch diese Türen noch im Feuerwehrplan (▶ Bild 145).

7 Taktische Schlussfolgerungen aus Kapitel 6

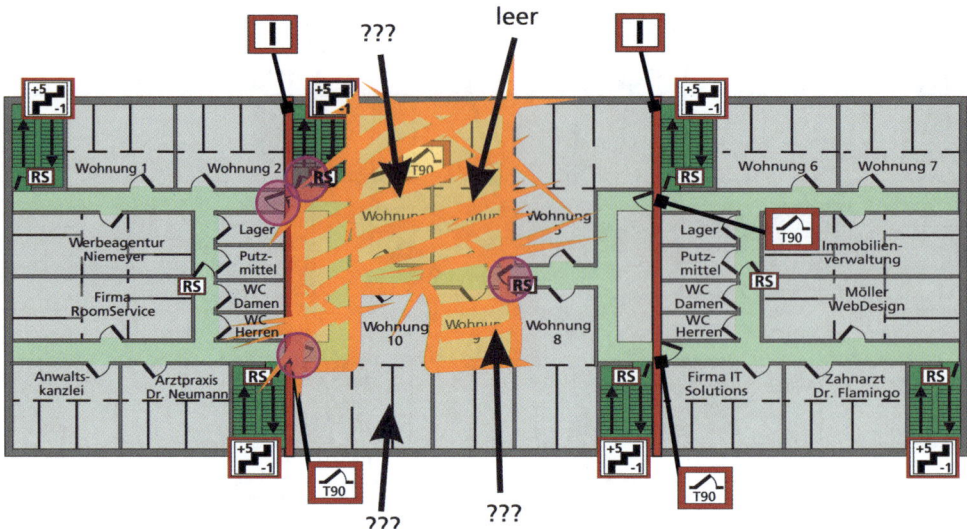

Bild 145: Die mit pinken Kreisen markierten Rauch- und Feuerschutztüren haben eine Rauchausbreitung auf den anderen Rauch- bzw. den anderen Brandabschnitt und den notwendigen Treppenraum bislang wirkungsvoll verhindert.

Wir als Feuerwehr sind demnach gut beraten, diesen Erfolg des vorbeugenden Brandschutzes nicht leichtfertig aufzugeben. Also sollten wir uns einen Angriffsweg suchen, der uns schnell zu den betroffenen Räumen führt und trotzdem die Rauchausbreitung auf bisher nicht betroffene Bereiche klein hält. Bevor wir also die weiteren einsatztaktischen Maßnahmen der Menschenrettung und der Brandbekämpfung planen, müssen wir uns entscheiden, welchen Angriffsweg wir wählen möchten. Denn dieser hat einen enormen Einfluss auf die Bewegungsabläufe der Trupps, die logistischen Anforderungen in Bezug auf das benötigte Schlauchmaterial und den Strömungspfad bei der Planung von taktischer Ventilation. Betrachten wir also zunächst die verschiedenen Angriffswege, die uns zur Verfügung stehen:

Angriffsweg 1:
Ein möglicher Weg führt durch den Treppenraum am Feuerwehranzeigetableau ins 3. Obergeschoss, durch die T-90 Tür in der Brandwand zum betroffenen Bereich. Dies ist zwar einfach und erfordert keine neue Fahrzeugaufstellung, aber es muss die T-90 Tür in der Brandwand geöffnet werden, sodass eine Verrauchung des bisher noch nicht betroffenen linken Brandabschnittes in Kauf genommen wird (▶ Bild 146).

7.1 Einsatzstichwort »Ausgelöste Brandmeldeanlage«

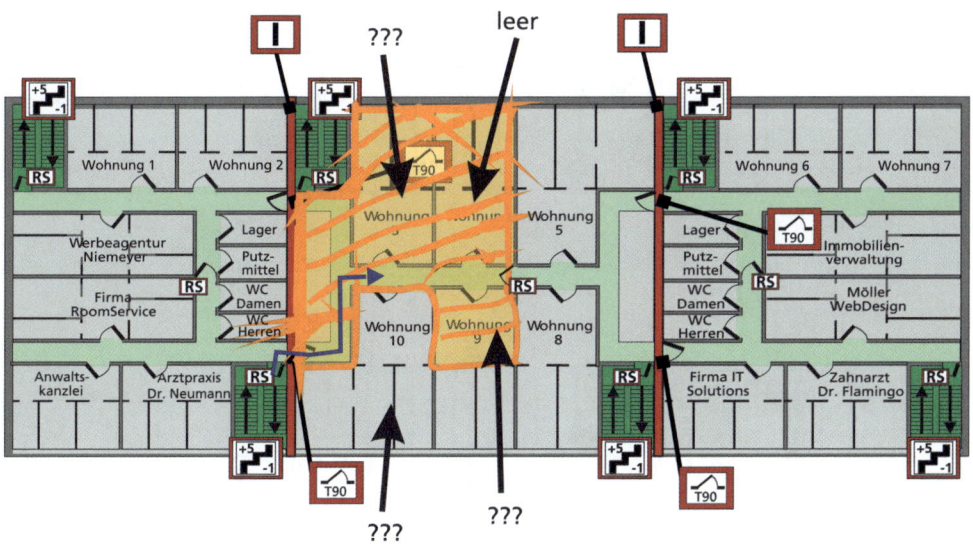

Bild 146: *Ein möglicher Angriffsweg führt durch den notwendigen Treppenraum, der an der Brandmelderzentrale liegt und auf den Feuerwehr-Laufkarten als Laufweg eingezeichnet ist. Allerdings wird dabei die T-90 Tür in der Brandwand geöffnet, sodass die Brandabschnittstrennung deutlich geschwächt wird.*

Angriffsweg 2:

Alternativ kannst Du auch den mittleren notwendigen Treppenraum auf der Gebäudevorderseite als Angriffsweg nutzen. Auch hier wird vermutlich die Fahrzeugaufstellung nicht bedeutend verändert werden müssen, allerdings führt der Angriffsweg durch die Rauchschutztür, die den notwendigen Flur in zwei Rauchabschnitte unterteilt (▶ Bild 147). Dadurch wird sich der Rauch sehr wahrscheinlich auch auf den zweiten Rauchabschnitt ausbreiten.

7 Taktische Schlussfolgerungen aus Kapitel 6

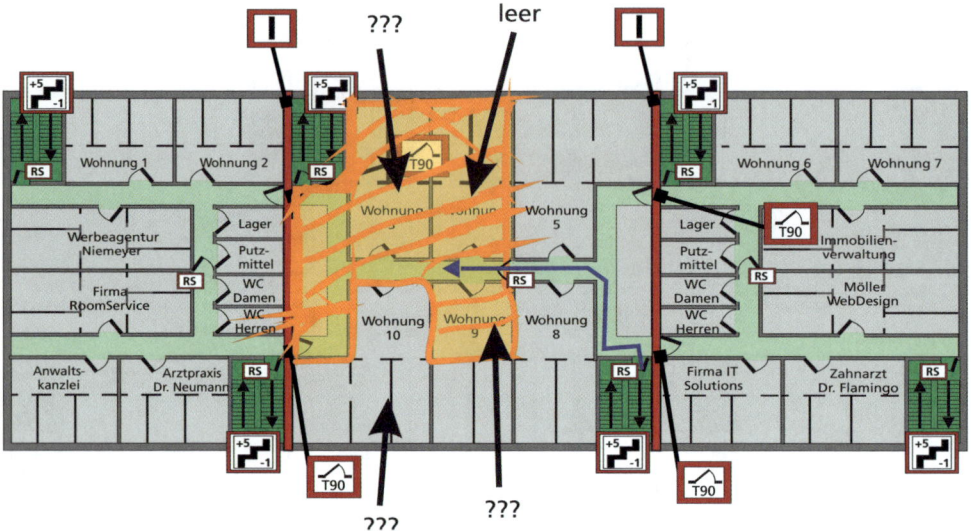

Bild 147: *Ein anderer möglicher Angriffsweg führt über den mittleren, an der Gebäudevorderseite angeordneten notwendigen Treppenraum. Allerdings muss dadurch die Rauchschutztür geöffnet werden, die den notwendigen Flur in zwei Rauchabschnitte teilt. Damit wird eine Verrauchung des restlichen Brandabschnittes sehr wahrscheinlich.*

Angriffsweg 3:

Eine dritte sinnvolle Möglichkeit wäre es, den mittleren notwendigen Treppenraum auf der Gebäuderückseite als Angriffsweg zu nutzen. Zwar muss dafür mindestens ein Fahrzeug die Gebäudeumfahrung (▶ Bild 134, S. 168) nutzen, um die Basis für den Angriff zu bieten. Dafür wiederum führt dieser notwendige Treppenraum direkt in den betroffenen Rauchabschnitt, sodass maximal eine Rauchausbreitung auf diesen notwendigen Treppenraum zu befürchten ist. Da, wie bereits im ersten Kapitel diskutiert, für notwendige Treppenräume allerdings Möglichkeiten zur Entrauchung vorgesehen sind, ist dieses Problem zweitrangig – zumindest solange sichergestellt werden kann, dass dadurch keine Gebäudenutzer gefährdet werden. Für die Selbstrettung der Gebäudenutzer würden immerhin noch andere Treppenräume zur Verfügung stehen. Eine Rauchausbreitung auf andere Brand- oder Rauchabschnitte, die nicht so leicht entraucht werden können, wird mit dieser Vorgehensweise vermieden (▶ Bild 148).

7.1 Einsatzstichwort »Ausgelöste Brandmeldeanlage«

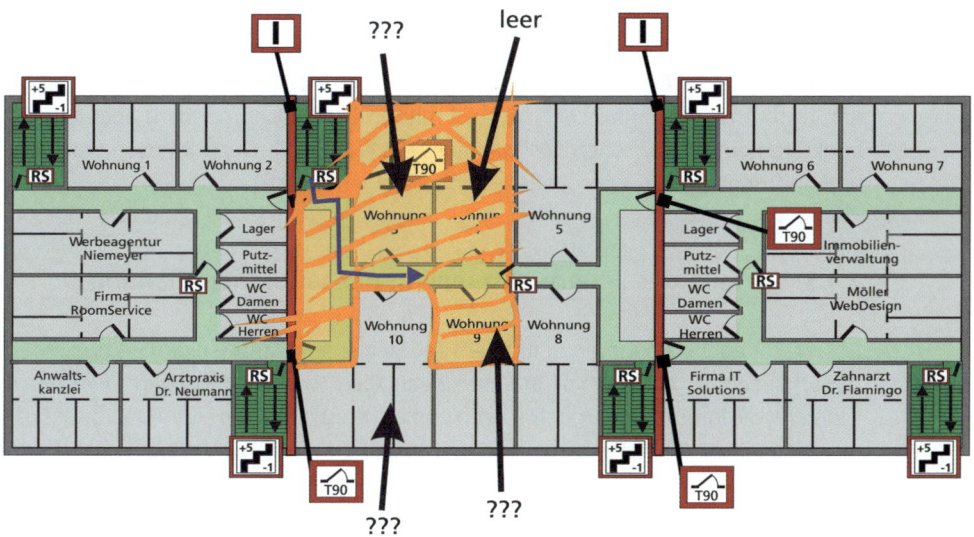

Bild 148: *Es kann auch der mittlere, zur Gebäuderückseite orientierte notwendige Treppenraum als Angriffsweg genutzt werden. Da dieser direkt in den verrauchten Bereich führt, wird eine Rauchausbreitung auf andere Brand- oder Rauchabschnitte vermieden. Der ggf. in den notwendigen Treppenraum eindringende Rauch kann von dort wiederum leicht entfernt werden, da notwendige Treppenräume bauliche Vorkehrungen zur Entrauchung mitbringen.*

Das schadenärmste Vorgehen scheint die dritte Variante, also der Angriff über den mittleren, an der Gebäuderückseite angebrachten notwendigen Treppenraum zu sein. Der Aufwand zur Nutzung dieser Option besteht lediglich im Umsetzen eines der Löschgruppenfahrzeuge, von dem sich der vorgehende Trupp entsprechend entwickeln kann. Jedoch würden viele Feuerwehrangehörige diesen Angriffsweg wahrscheinlich nicht intuitiv wählen – man muss sich bewusst die Frage stellen, welcher Zugang die geringste Schadensausbreitung mit sich bringt. Dazu muss man allerdings eine Übersicht über das Gebäude und die als verraucht vermuteten Bereiche haben – und dazu wiederum muss man die am Feuerwehranzeigetableau angezeigten, ausgelösten Melder richtig in den Feuerwehrplan übertragen. Allein das erfordert schon einiges an Übung, um in der stressigen Einsatzsituation gut zu funktionieren.

Andererseits muss bedacht werden, dass durch eine unbedachte Aufhebung einer brandschutztechnischen Barriere, wie beispielsweise einer Rauchschutztür, auch Personen in Bereichen gefährdet werden können, die bis dahin rauchfrei waren.

7 Taktische Schlussfolgerungen aus Kapitel 6

Du merkst vielleicht, wie wichtig die systematische Auswertung der über die Brandmeldeanlage zur Verfügung gestellten Informationen ist, um eine handwerklich saubere taktische Planung durchzuführen. Denn die Wahl des Zugangsweges hat natürlich nicht nur Einfluss auf die Ausbreitung des Rauchs, sondern auch auf die konkreten einsatztaktischen Maßnahmen, die Du für die Durchführung der Menschenrettung und der Brandbekämpfung befehlen musst.

7.1.3 Vorteile des Feuerwehrplans in der taktischen Planung

Das beschriebene Verfahren könnte ein Teil Deiner standardmäßigen Erkundungen bei Einsätzen an ausgelösten Brandmeldeanlagen werden. Es dauert zwar einen Moment, die Informationen zu sortieren und zu verarbeiten, um einen Überblick über die verrauchten Bereiche zu bekommen. Wenn Du versuchen würdest ohne Einbeziehung der Informationen aus dem Feuerwehranzeigetableau dieselbe Erkundung durchzuführen, würdest Du jedoch mindestens denselben Zeitansatz benötigen. Denn durch die Brandmeldeanlage bekommst Du alle Informationen zentral zur Verfügung gestellt und musst sie nur noch zu einem Gesamtbild zusammensetzen. Dafür hast Du aber einen fundierten Lageüberblick, der Dir eine speziell auf die baulichen Gegebenheiten und die aktuelle Ausbreitung des Rauchs abgestimmte taktische Planung ermöglicht.

Zudem kann Dir ein Feuerwehrplan mit den eingetragenen Erkundungsergebnissen noch in anderer Form nützlich sein: Oftmals hast Du nur einen Satz Feuerwehr-Laufkarten. Wenn Du den ersten Angriffstrupp bei einem größeren Objekt mit diesen Feuerwehr-Laufkarten zur Erkundung geschickt hast und dann Verstärkung benötigt wird, stellt sich die Frage wie nachrückende Kräfte den Weg zum ausgelösten Melder finden sollen. Hier kannst Du den modifizierten Feuerwehrplan nutzen: Da in ihm alle relevanten Informationen eingetragen sind, kannst Du ihn nutzen, um die weiteren zum Brandraum entsandten Trupps in die Lage einzuweisen und ihnen den Weg zu erklären.

7.2 Einsatz von Wandhydranten

Du hast im vorherigen Kapitel gelernt, dass Wandhydranten oftmals außerhalb der notwendigen Treppenräume, dafür aber in deren unmittelbarer Nähe installiert werden. Sobald also der Trupp den notwendigen Treppenraum verlässt und das Brandgeschoss betritt, kann er seine Angriffsleitung verlegen und an den jeweiligen

7.2 Einsatz von Wandhydranten

Wandhydranten anschließen. Interessant wird es jedoch, wenn Du als verantwortliche Führungskraft mehrere Angriffsleitungen vornehmen lassen möchtest – beispielsweise, weil noch Personen im betroffenen Bereich vermisst werden oder es sich augenscheinlich um ein größeres Brandereignis handelt.

Die verantwortliche Führungskraft könnte den Angriff über mehrere Wandhydranten befehlen, indem sich mehrere Trupps von verschiedenen notwendigen Treppenräumen (bzw. den dahinter angebrachten Wandhydranten) aus entwickeln. Das funktioniert zumindest dann gut, wenn sich die beiden Wandhydranten im selben Rauchabschnitt befinden (▶ Bild 149).

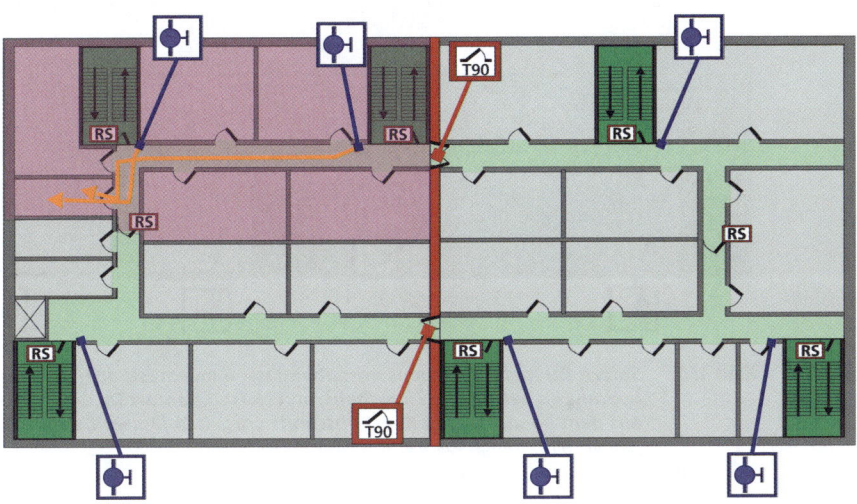

Bild 149: *Innerhalb desselben Brand- bzw. Rauchabschnittes bietet es sich an, verschiedene Trupps über verschiedene Wandhydranten in diesem Brand- bzw. Rauchabschnitt vorgehen zu lassen.*

Manchmal liegt aber innerhalb eines Rauchabschnittes nur ein Wandhydrant, sodass für das Vorgehen mehrerer Trupps auf unterschiedliche Wandhydranten zurückgegriffen werden muss. Daraus wiederum ergeben sich verschiedene Möglichkeiten für die taktische Planung:

Angriffsweg 1:
Du kannst den zweiten Trupp von einem Wandhydranten in einem anderen Rauchabschnitt vorgehen lassen. Dadurch wird aber die Rauchschutztür ein Stück geöffnet, sodass eine Rauchausbreitung auf den anderen Rauchabschnitt wahrscheinlich ist

7 Taktische Schlussfolgerungen aus Kapitel 6

(▶ Bild 150). Berücksichtige dabei bitte auch, dass Rauchabschnitte anders als notwendige Treppenräume nicht über bauliche Vorbereitungen zur Entrauchung verfügen. Ein Raucheintrag hier ist also möglicherweise schwerer zu kompensieren als in notwendigen Treppenräumen.

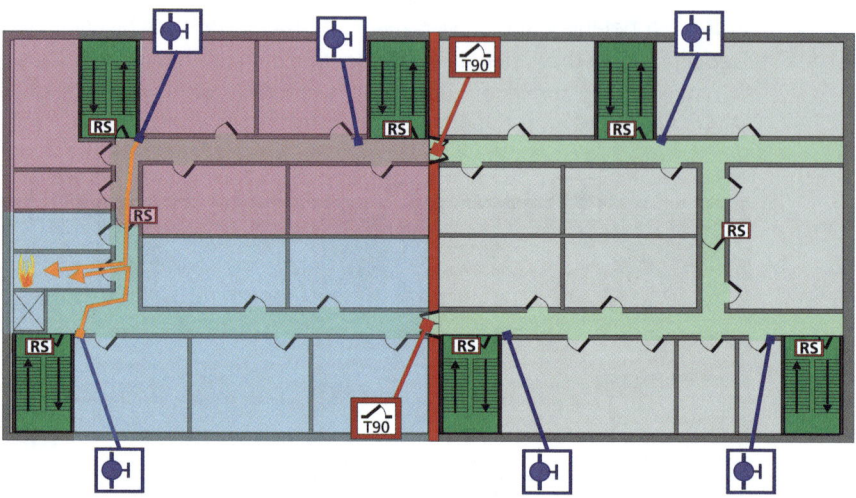

Bild 150: Sofern Du mehrere Trupps vorgehen lassen möchtest, aber nur einen Wandhydrant im betroffenen Rauchabschnitt hast, könntest Du einen anderen Trupp aus dem benachbarten Rauchabschnitt vorgehen lassen. Damit riskierst Du jedoch eine Rauchausbreitung in diesen Bereich.

Angriffsweg 2:
Du kannst einen zweiten Trupp über denselben notwendigen Treppenraum vorgehen lassen, allerdings soll er an dem Wandhydranten unter dem Brandgeschoss ankuppeln und dann seine Angriffsleitung durch den notwendigen Treppenraum in den betroffenen Rauchabschnitt verlegen (▶ Bild 151). Hierdurch riskierst Du jedoch, dass der notwendige Treppenraum in Mitleidenschaft gezogen wird. Auch wenn die notwendigen Treppenräume zur Entrauchung baulich vorbereitet sind und deshalb nicht mit einer Ansammlung von Rauch zu rechnen ist, musst Du Dir bewusst sein, dass dieser notwendige Treppenraum nicht mehr uneingeschränkt als vertikaler Rettungsweg für Gebäudenutzer zur Verfügung steht.

Bei dieser Variante wird deutlich, warum für Wandhydranten Typ F normalerweise ein gleichzeitiger Betrieb von drei Wandhydranten gefordert wird: Der erste Atemschutztrupp soll seine Angriffsleitung im Brandgeschoss anschließen, während zwei

7.2 Einsatz von Wandhydranten

weitere Atemschutztrupps die Wandhydranten im Geschoss darüber sowie darunter nutzen und ihre Schlauchleitung durch den notwendigen Treppenraum verlegen. Um auf diese Art weder Rauch- noch Brandabschnitte kurzzuschließen, kann es also erforderlich sein, drei übereinanderliegende Wandhydranten gleichzeitig anzuzapfen.

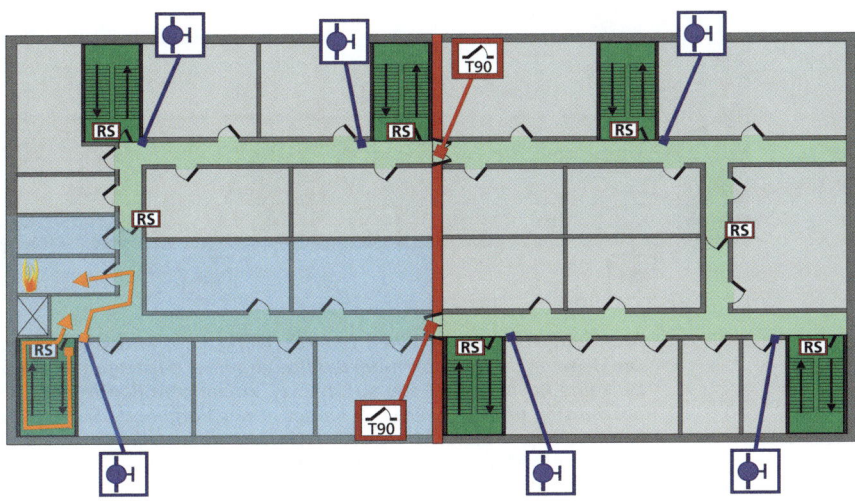

Bild 151: *Sofern Du im betroffenen Rauchabschnitt nur einen Wandhydranten hast, kannst Du auch den an gleicher Stelle liegenden Wandhydranten im Geschoss unter dem Brandgeschoss nutzen und die zweite Schlauchleitung durch den notwendigen Treppenraum ins Brandgeschoss legen lassen. Der Vorteil an dieser Variante ist, dass notwendige Treppenräume baulich zur Entrauchung vorbereitet sind.*

Angriffsweg 3:
Anstatt einen zweiten Wandhydranten in einem anderen Brand- oder Rauchabschnitt anzuzapfen, könntest Du auch den zweiten Trupp über die Drehleiter durch das Fenster eines Nachbarraumes zum Brandraum vorgehen lassen, sofern Du eine passende Aufstellfläche zur Verfügung hast (▶ Bild 152). Aufgrund der im Beispiel gezeigten zwei baulichen Rettungswege ist eine solche Aufstellfläche jedoch nicht als selbstverständlich vorauszusetzen! Mit dieser Variante kannst Du zwar eine Rauchausbreitung auf andere Bereiche des Gebäudes vorerst vermeiden, bindest aber gleichzeitig Deine Drehleiter.

7 Taktische Schlussfolgerungen aus Kapitel 6

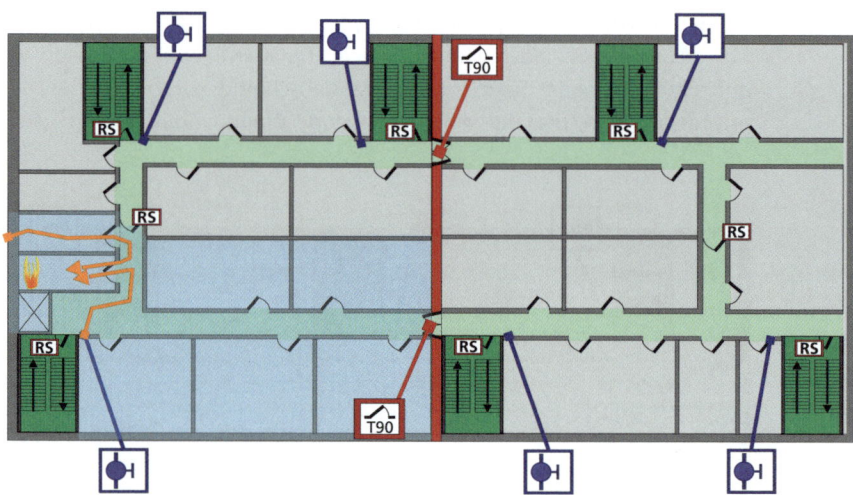

Bild 152: *Alternativ könntest Du einen zweiten Trupp zur Brandbekämpfung über die Drehleiter in den Nachbarraum des Brandraumes einsteigen lassen. So müsstest Du keine Rauch- oder Feuerschutztüren zu anderen Rauch- oder Brandabschnitten öffnen. Allerdings bindet dieses Vorgehen nicht nur Deine Drehleiter, sondern setzt auch eine Aufstellfläche voraus, die bei Gebäuden mit zwei baulichen Rettungswegen nicht vorhanden sein muss.*

Der Einsatz von Wandhydranten kann daher die Brandbekämpfung deutlich beschleunigen, weil keine Schlauchleitung ins Brandgeschoss verlegt werden muss. Andererseits setzt dies aber auch voraus, dass die zuständige Führungskraft die Wandhydranten taktisch sinnvoll einzusetzen weiß – insbesondere sollte die Rauchausbreitung auf bisher nicht betroffene Bereiche vermieden werden.

8 Muster-Beherbergungsstättenverordnung

Kommen wir nun zur ersten (und einzigen) Sonderbauvorschrift, die wir im Rahmen dieses Buches besprechen werden: Der Muster-Beherbergungsstättenverordnung.

8.1 Sonderbauvorschriften als Erweiterung der Musterbauordnung

Bevor wir erörtern, warum ausgerechnet diese Sonderbauvorschrift ausgewählt wurde, lohnt sich eine Betrachtung, was Sonderbauvorschriften eigentlich sind. In den meisten Fällen handelt es sich hier um Ergänzungen und Konkretisierungen der Musterbauordnung bzw. der jeweiligen Landesbauordnungen, die für Gebäude mit gewissen Nutzungen wie z. B. Beherbergungsstätten, Verkaufsstätten oder Versammlungsstätten gelten. Sobald eine bestimmte Kennzahl überschritten wird, also beispielsweise eine gewisse Anzahl an Gastbetten in Beherbergungsstätten oder eine gewisse Verkaufsfläche in Verkaufsstätten, sind die baulichen Gegebenheiten nach der jeweils geltenden Sonderbauvorschrift auszurichten. So wird verhindert, dass der Kiosk an der Ecke das gleiche Sicherheitsniveau haben muss wie das mehrgeschossige Einkaufszentrum oder Privatleute mit einem Gästezimmer für Übernachtungsgäste den gleichen baulichen Brandschutz gewährleisten müssen wie das große Hotel mit 500 Betten.

Allerdings regeln die Sonderbauvorschriften nicht jedes Detail noch einmal: Die Musterbauordnung bzw. die jeweiligen Landesbauordnungen behalten überall dort ihre Gültigkeit, wo die Sonderbauvorschriften keine Regelungen vorsehen. Solange also in der Muster-Beherbergungsstättenverordnung keine Regelungen zur Größe von Brandabschnitten getroffen werden, gelten weiterhin die von der Musterbauordnung gestellten Anforderungen. Umgekehrt wird in der Muster-Beherbergungsstättenverordnung beispielsweise durchgängig ein feuerbeständiges Tragwerk gefordert, sodass die Regelungen der Musterbauordnung in diesem Punkt »überschrieben« werden. Auf diese Weise kann der Regelungsumfang der Sonderbauvorschriften klein gehalten werden. Es gibt allerdings auch Sonderbauvorschriften, die in sich geschlossen sind, d. h. dass sie vollständig die technischen Anforderungen der Musterbauordnung für gewisse Gebäude ersetzen. Ein Beispiel hierfür ist die Industriebaurichtlinie, die im überwiegenden Teil der Bundesländer als Technische Baubestimmung eingeführt ist.

8.2 Beherbergungsstätten als Herausforderung für die Feuerwehr

Wenn wir in diesem Buch nur eine Sonderbauvorschrift behandeln, warum ist dies ausgerechnet die Muster-Beherbergungsstättenverordnung? Warum sprechen wir nicht über Versammlungsstätten (unter denen größere Kneipen, Kinos usw. zusammengefasst werden) oder Verkaufsstätten?

Es gibt mehrere Gründe dafür, warum sich die Muster-Beherbergungsstättenverordnung an dieser Stelle anbietet. Zum einen ist der Regelungsumfang vergleichsweise gering, sodass eine relativ große Ähnlichkeit zu den bereits bekannten Inhalten der Musterbauordnung besteht. Zum anderen können Einsätze in Beherbergungsstätten für die Feuerwehr schnell zum Problem werden: Bei einem Brandereignis muss von einer großen Zahl an Gebäudenutzern ausgegangen werden. Im Vergleich zum Wohnungsbau ist die Nutzerdichte aufgrund der kleinen Beherbergungszimmer deutlich größer, sodass beim Brandereignis mehr Menschen von einer Rauchausbreitung betroffen sein könnten als es bei gleicher Lage im Wohnungsbau der Fall wäre. Zudem sind die Gebäudenutzer oftmals nicht ortskundig, sodass ihre mangelnde Orientierung im Gebäude die Selbstrettungsfähigkeit einschränken könnte.

Ein nicht zu unterschätzender Faktor ist außerdem die Verbreitung von Beherbergungsstätten: Große Verkaufsstätten oder Versammlungsstätten sind meist nicht in kleinen Dörfern zu finden. Beherbergungsstätten hingegen sind im gesamten Bundesgebiet, und somit auch in sehr ländlich geprägten Gebieten, anzutreffen – aufgrund der touristischen Nutzung vielleicht insbesondere in kleinen, romantischen Dörfern. Und wie wir noch sehen werden, sieht die Muster-Beherbergungsstättenverordnung für kleine Beherbergungsbetriebe gewisse Erleichterungen vor. Ein Brandereignis in der idyllischen Bauernhof-Pension eines 500-Seelen-Dorfes mit Freiwilliger Feuerwehr (und demnach der entsprechend längeren Ausrückezeit, verminderten Tagesverfügbarkeit und geringeren Verfügbarkeit von Atemschutzgeräteträgern) könnte demnach sehr viel kritischer verlaufen als das Feuer im Beherbergungszimmer eines großen Hotel-Neubaus im Herzen einer Großstadt mit Berufsfeuerwehr.

8.2 Beherbergungsstätten als Herausforderung für die Feuerwehr

Bild 153: *Mancher zum Landgasthof umgebaute Bauernhof birgt mehr Gefahrenpotenzial als das moderne Großhotel, das speziell auf die Nutzung als Beherbergungsstätte ausgelegt ist.*

Um ein Bewusstsein für dieses Spannungsfeld zu schaffen und Dich bestmöglich auf solche Einsätze vorzubereiten, wird an dieser Stelle die Muster-Beherbergungsstättenverordnung erörtert.

8.2.1 Begriffe

Die Muster-Beherbergungsstättenverordnung gilt für Beherbergungsstätten, d. h. Hotels, Pensionen oder Jugendherbergen etc. mit mehr als 12 Gastbetten. Wie die Musterbauordnung stellt die Muster-Beherbergungsstättenverordnung nur einen roten Faden dar, an dem sich die jeweiligen Landesbauordnungen bzw. die Sonderbauvorschriften der einzelnen Bundesländer orientieren sollen. Abweichungen sind von Bundesland zu Bundesland in verschiedener Ausprägung möglich. In der Muster-Beherbergungsstättenverordnung werden die folgenden Begriffe definiert:

Beherbergungsstätte:
Als Beherbergungsstätte werden Gebäude oder Gebäudeteile bezeichnet, die ganz oder teilweise für die Unterbringung von Gästen bestimmt sind. Für sie gilt die Beherbergungsstättenverordnung des jeweiligen Bundeslandes, sofern mehr als 12 Gastbetten vorhanden sind. Ferienwohnungen sind ausgenommen, da sie eher einer normalen Wohnnutzung entsprechen.

Beherbergungsräume:
Das sind die Zimmer, in denen Gäste wohnen und schlafen, also beispielsweise Hotelzimmer.

Galerieräume:
Diese Räume sind zum Aufenthalt von Gästen, allerdings nicht zum Schlafen, bestimmt. Beispiele hierfür sind der Speise- oder der Sportraum.

8 Muster-Beherbergungsstättenverordnung

Nach der Klärung der Begriffe wenden wir uns also den Regelungen zu, die durch die Muster-Beherbergungsstättenverordnung getroffen werden. Ganz analog zu den vorherigen Kapiteln werden wir zuerst die Rettungswegesystematik sowie alles, was den Gebäudenutzern eine erfolgreiche Selbstrettung ermöglicht, betrachten.

8.2.2 Problemaufriss: In Sicherheit bringen in Beherbergungsstätten

Gehen wir einmal davon aus, dass es in einem Beherbergungsraum zu einem Feuer gekommen ist, dessen Rauch sich nach und nach auf den angrenzenden notwendigen Flur ausbreitet. Da in Beherbergungsstätten in der Regel viele Beherbergungsräume über den gleichen notwendigen Flur erschlossen werden, sind nun viele Nutzer von der Verrauchung betroffen.

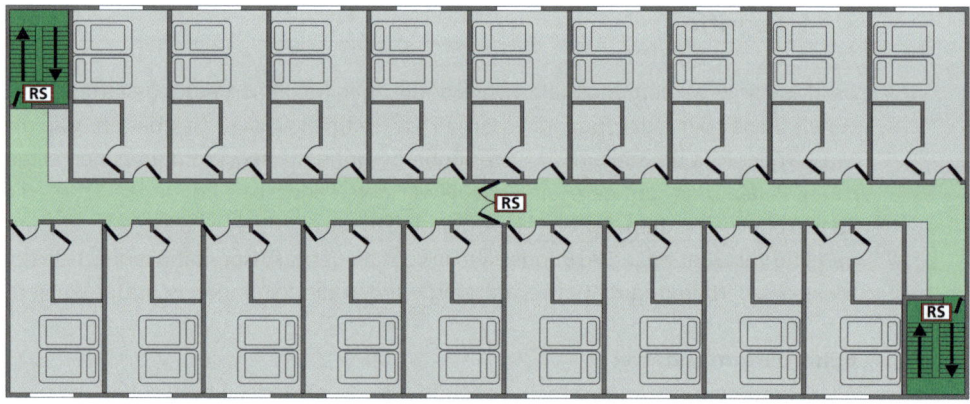

Bild 154: *Im Falle eines Brandes sind potenziell viele Nutzer durch den Rauch betroffen.*

In diesem Fall müssen wir verschiedene Dinge gewährleisten können: Zum einen muss dafür gesorgt werden, dass sich möglichst alle Gebäudenutzer nach Entdeckung des Feuers (bzw. des Rauchs), informiert durch ein entsprechendes Warnsystem, unverzüglich in Sicherheit bringen. Daher ist in Beherbergungsstätten, abhängig von der Anzahl der Gastbetten im Gebäude bzw. in einem Geschoss, entweder eine Alarmierungseinrichtung oder eine Brandmeldeanlage mindestens der Kategorie 3 (d. h. Überwachung der Rettungswege) Pflicht. Beherbergungsstätten mit insgesamt mehr als 60 Gastbetten müssen über eine automatische Brandmeldeanlage verfügen, während alle kleineren Beherbergungsstätten nur eine

8.2 Beherbergungsstätten als Herausforderung für die Feuerwehr

manuell auszulösende Alarmierungseinrichtung haben müssen, über die Gäste und Beschäftigte gewarnt werden.

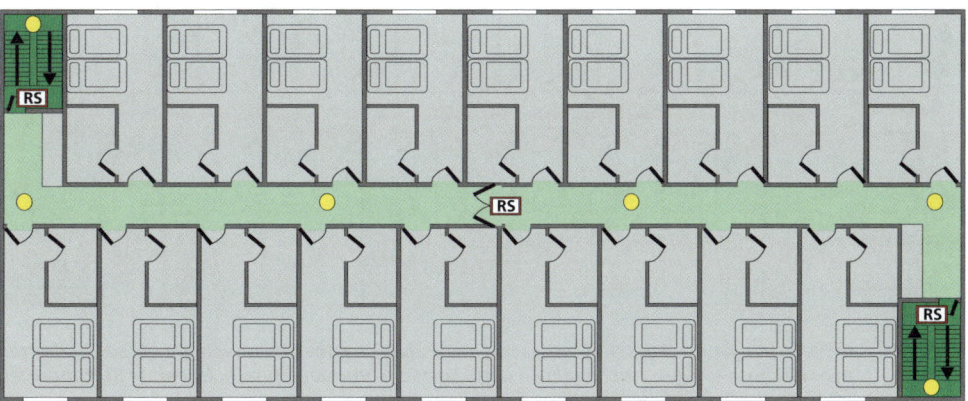

Bild 155: *Automatische Brandmeldeanlagen sind nur in Beherbergungsstätten mit mehr als 60 Gastbetten vorgeschrieben, wobei der Gesetzgeber Anlagen der Kategorie 3, die auf Rauch in den Rettungswegen reagiert, als ausreichend ansieht. Für alle kleineren Beherbergungsstätten ist nur eine Alarmierungseinrichtung vorgeschrieben, die manuell ausgelöst wird.*

Ein durch die Melder einer Brandmeldeanlage entdecktes Feuer führt demnach zur Warnung aller im Gebäude befindlichen Nutzer. Diese werden folglich versuchen, sich ins sichere Freie zu begeben, d. h. sie öffnen die Tür ihres Beherbergungsraumes und versuchen sich in Richtung des nächsten notwendigen Treppenraumes zu orientieren. Nehmen wir einmal an, dass aus der Richtung des ersten baulichen Rettungsweges die Verrauchung kommt und die Menschen daher dem Rauch entgegenlaufen müssten, um diesen Rettungsweg nutzen zu können. Je nach Grad der Verrauchung würden sie sich damit möglicherweise in unwägbare Gefahren begeben – wir können uns also nicht darauf verlassen, dass diese Option in jedem Fall erfolgversprechend ist. Was aber nun? Welche Alternativen sieht das Bauordnungsrecht für diesen Fall vor?

An diesem Punkt gibt es zwei Möglichkeiten: Beherbergungsstätten mit mehr als 60 Gastbetten insgesamt oder mit mehr als 30 Gastbetten in einem Geschoss müssen zwei bauliche Rettungswege aufweisen, sodass die Nutzer in Ausbreitungsrichtung des Rauches z. B. in den nächsten notwendigen Treppenraum flüchten könnten. Die Länge des Rettungsweges beträgt dabei analog zur Musterbauordnung maximal 35 m, während die Länge des zweiten Rettungsweges nicht definiert ist.

8 Muster-Beherbergungsstättenverordnung

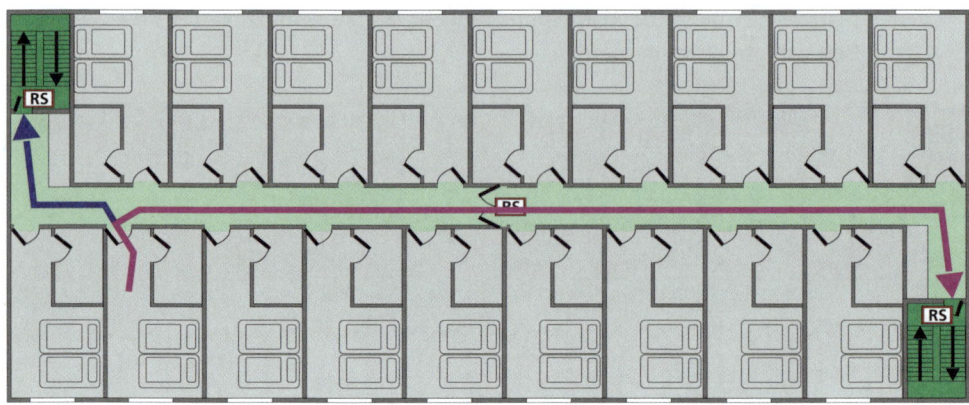

Bild 156: *In Beherbergungsstätten mit insgesamt mehr als 60 Gastbetten oder mehr als 30 Gastbetten pro Geschoss müssen zwei bauliche Rettungswege vorhanden sein. Der erste Rettungsweg ist blau, der zweite Rettungsweg lila gekennzeichnet.*

Neben einem zusätzlichen notwendigen Treppenraum ist auch eine Außentreppe als zweiter baulicher Rettungsweg zulässig, wenn diese auch im Brandfall uneingeschränkt nutzbar ist. Die an die Außentreppe angrenzenden Fenster müssen also im jeweiligen Geschoss mindestens feuerhemmend sein, um zu verhindern, dass aus dem Fenster schlagende Flammen die Nutzbarkeit der Außentreppe verhindern.

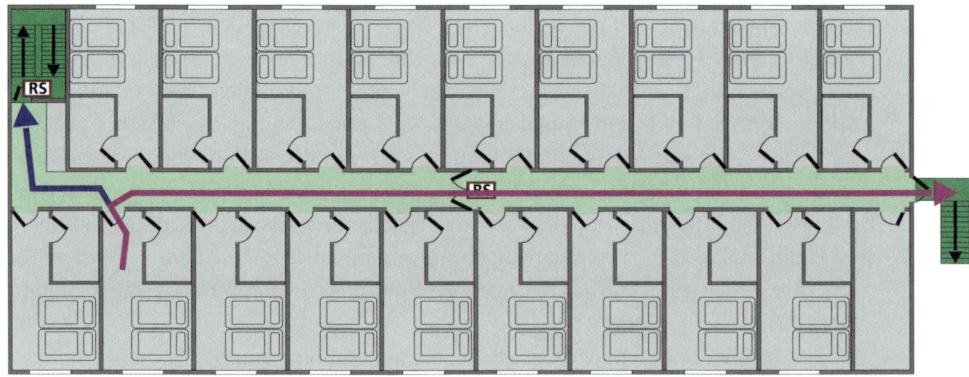

Bild 157: *Alternativ zu einem zweiten notwendigen Treppenraum ist als zweiter baulicher Rettungsweg auch eine Außentreppe zulässig, sofern diese im Brandfall ausreichend lang benutzbar ist. Der erste Rettungsweg ist blau, der zweite Rettungsweg lila gekennzeichnet.*

8.2 Beherbergungsstätten als Herausforderung für die Feuerwehr

Da die Gebäudenutzer in der Regel nicht ortskundig sind, kennen sie auch oftmals den Weg von ihrem Beherbergungsraum ins sichere Freie nicht. Daher ist für alle Beherbergungsstätten eine Sicherheitsbeleuchtung in den Rettungswegen inklusive der entsprechenden Sicherheitszeichen, die auf Ausgänge hinweisen, verpflichtend. Zum anderen müssen aber auch alle Beherbergungsstätten in den Beherbergungsräumen Rettungswegpläne und Hinweise zum Verhalten bei Bränden aushängen. So soll die sichere und zielgerichtete Selbstrettung der Nutzer über die baulichen Rettungswege einfacher und schneller werden.

Für Beherbergungsstätten mit insgesamt weniger als 60 Gastbetten und gleichzeitig weniger als 30 Gastbetten pro Geschoss reicht neben dem ersten baulichen Rettungsweg ein zweiter, über die Rettungsgeräte der Feuerwehr sichergestellter Rettungsweg.

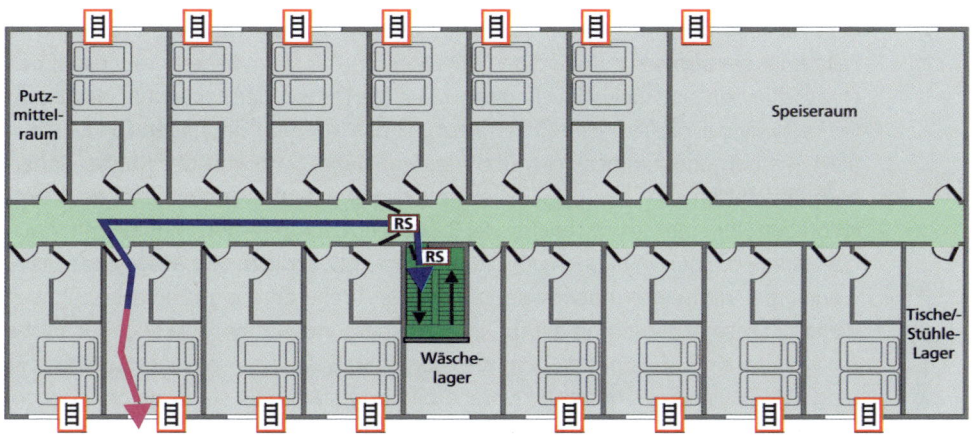

Bild 158: *Sofern nicht mehr als 60 Gastbetten insgesamt und maximal 30 Gastbetten pro Geschoss vorhanden sind, kann der zweite Rettungsweg über die Leitern der Feuerwehr sichergestellt werden. Der erste Rettungsweg ist blau, der zweite Rettungsweg lila gekennzeichnet.*

Im ungünstigsten Fall, d.h. einem verrauchten notwendigen Flur, von dem alle Beherbergungsräume dieses Geschosses betroffen sind, wären demnach in einem Geschoss bis zu 30 Personen in ihren Beherbergungsräumen eingeschlossen und müssen über die Leitern der Feuerwehr gerettet werden. Man könnte demnach schlussfolgern, dass die Muster-Beherbergungsstättenverordnung von jeder Feuerwehr, ganz gleich, ob Berufsfeuerwehr in der Großstadt oder Freiwillige Feuerwehr im kleinen Dorf, verlangt, bis zu 30 Menschen aus einer Beherbergungsstätte ausreichend schnell über die Leitern der Feuerwehr retten zu können. Wie sich zeigen wird, wäre diese Folgerung jedoch vorschnell.

8.2.3 Problemaufriss: Verteidigung in Beherbergungsstätten

Es liegt jedoch auf der Hand, dass die Rettung von bis zu 30 Personen über die Leitern der Feuerwehr nicht in kurzer Zeit erfolgen kann. Die Arbeitsgemeinschaft der Leiterinnen und Leiter der Berufsfeuerwehren beispielsweise geht davon aus, dass die Rettung von 30 Personen über die Leitern der Feuerwehr für einen Löschzug der Berufsfeuerwehr zwischen 15 und 30 Minuten in Anspruch nimmt. Dass diese Zeitspanne anzusetzen ist und dass die entsprechende Rettungszeit für Menschen in verrauchten Bereichen zu lang wäre, war natürlich auch den Verantwortlichen bei der Erstellung der Muster-Beherbergungsstättenverordnung bewusst. Wenn also im Falle eines verrauchten notwendigen Flurs Menschen in ihren Beherbergungsräumen eingeschlossen sind und eine Rettung über die Leitern der Feuerwehr nicht ausreichend schnell möglich ist, müssen sie zumindest vor dem Eindringen von Rauch in die Beherbergungszimmer geschützt werden. Daher wird von der Muster-Beherbergungsstättenverordnung zwischen jedem Beherbergungsraum und dem notwendigen Flur eine (selbstschließende) Rauchschutztür gefordert (▶ Bild 159). Auch Galten müssen mit Rauchschutztüren zum notwendigen Flur ausgestattet sein, wenn über denselben notwendigen Flur auch Beherbergungsräume erschlossen werden. Diese Anforderung gilt für alle Beherbergungsstätten, also auch für solche mit weniger als 60 Gastbetten bzw. weniger als 30 Gastbetten in einem Geschoss. Es mag allerdings bereits bestehende Beherbergungsstätten (Bestandsbauten) geben, bei denen keine Rauchschutztüren zwischen dem notwendigen Flur und den Gast- bzw. Beherbergungsräumen verbaut wurden. Du solltest daher sehr aufmerksam darauf achten, ob im Feuerwehrplan die entsprechenden Rauchschutztüren kenntlich gemacht sind. Für Deine Taktik kann dies einen sehr deutlichen Unterschied machen!

Die Rauchschutztüren sorgen aber nicht nur dafür, dass der Raucheintrag aus dem notwendigen Flur in die Beherbergungsräume verringert wird. Sie vermindern umgekehrt auch den Raucheintrag aus beispielsweise brennenden Beherbergungs- oder Galträumen in den angrenzenden notwendigen Flur. Der notwendige Flur bleibt damit über eine längere Zeitspanne für die Selbstrettung der Menschen im Gebäude nutzbar – zumindest theoretisch. Denn es gibt eine Schwachstelle im System: Wie bereits erwähnt wird durch die Muster-Beherbergungsstättenverordnung nur für Beherbergungsstätten mit mehr als 60 Gastbetten eine automatische

8.2 Beherbergungsstätten als Herausforderung für die Feuerwehr

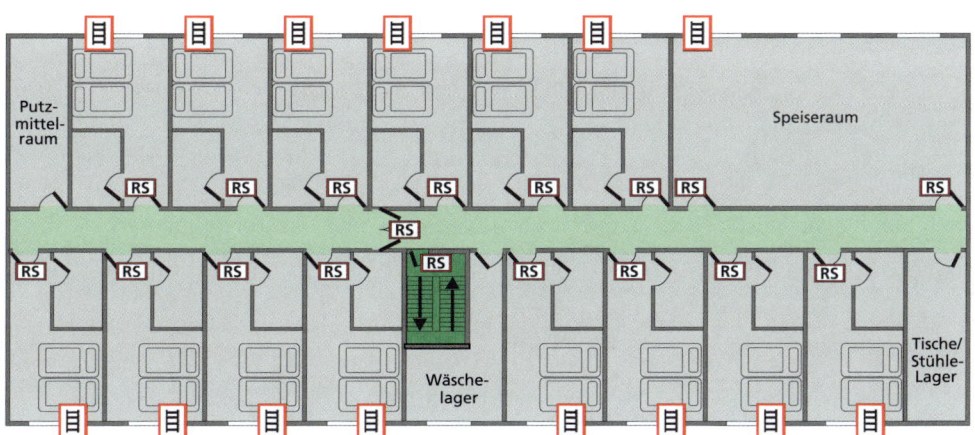

Bild 159: *Um im Falle einer Verrauchung des notwendigen Flurs die Menschen in den Beherbergungs- und Gasträumen so lange wie möglich vor dem Rauch zu schützen, müssen die Türen zu diesen Räumen Rauchschutztüren sein.*

Brandmeldeanlage gefordert und diese muss nur die Rettungswege überwachen. Die Brandmeldeanlage schlägt in diesen Fällen also nur an, wenn die Verrauchung im notwendigen Flur die Auslöseschwelle der Rauchmelder überschritten hat, wodurch in der Regel die Selbstrettung der Gebäudenutzer erschwert wird. Das bedeutet einen Zeitverzug zwischen der Brandentstehung und Entdeckung, sodass wir es bei Eintreffen mit einem entwickelten Brand zu tun bekommen könnten.

Um in einem solchen Fall eines entwickelten Brandes in einem Beherbergungsraum die Menschen in den benachbarten Beherbergungsräume zumindest kurzfristig schützen zu können, müssen die Beherbergungsräume über raumabschließende und feuerhemmende Trennwände verfügen (▶ Bild 160).

8 Muster-Beherbergungsstättenverordnung

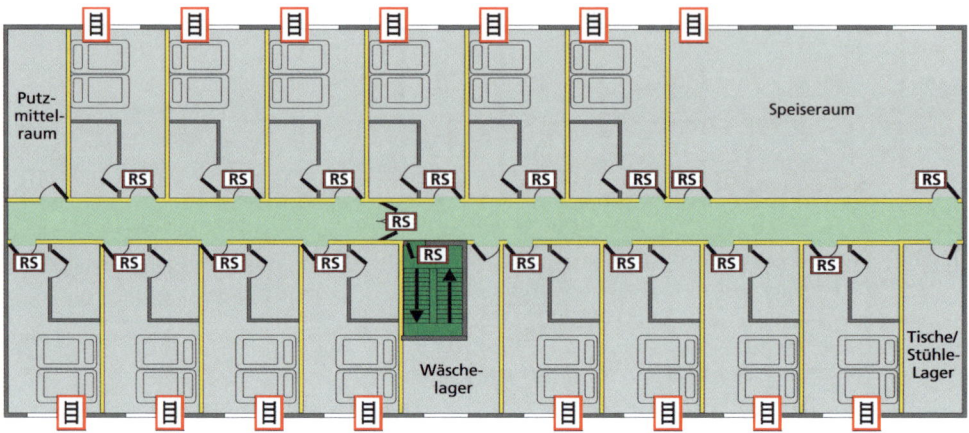

Bild 160: *Die Trennwände zwischen Beherbergungsräumen müssen feuerhemmend ausgeführt sein, um die Brandausbreitung zu verlangsamen. Die brandschutztechnische Abtrennung der Gasträume ist nicht korrekt und wird später noch diskutiert.*

Zieht man bei dem vorgeschriebenen Feuerwiderstand von 30 Minuten demnach die Zeitspanne zwischen Brandentstehung und Entdeckung durch die Brandmeldeanlage sowie die für die Alarmierung, das Ausrücken und Eintreffen der Einsatzkräfte benötigte Zeit ab, wird deutlich, dass für die Rettung der in angrenzenden Beherbergungszimmern befindlichen Personen kein großer Zeitpuffer mehr bleibt. Die entsprechenden Maßnahmen müssen schnell und zielgerichtet ausgeführt werden. Da ist es hilfreich, dass die Decken von Beherbergungsstätten feuerbeständig ausgeführt sein müssen. Wir müssen also zunächst nicht befürchten, dass es zu einer Brand- oder Rauchausbreitung in die Räume direkt oberhalb des Brandraumes kommen könnte. Auch tragende Wände und Stützen sind feuerbeständig auszuführen – für die ausreichende Stabilität des Gebäudes ist also in der Regel ebenfalls gesorgt.

8.2 Beherbergungsstätten als Herausforderung für die Feuerwehr

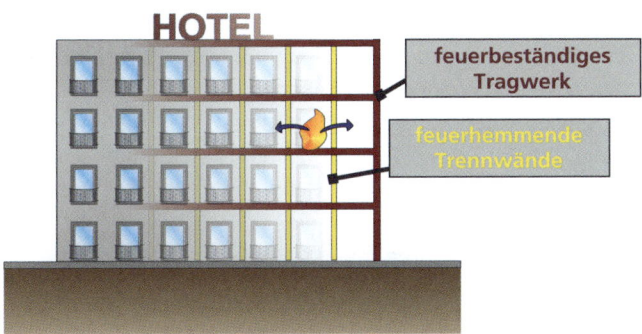

Bild 161: *Während die feuerbeständigen Decken eine Brandausbreitung in die Geschosse über dem Brandraum deutlich verzögern, ist eine horizontale Brandausbreitung durch die feuerhemmenden Trennwände in benachbarte Beherbergungsräume wahrscheinlicher.*

Nur in Fällen von Beherbergungsstätten mit maximal zwei oberirdischen Geschossen (also mit maximal einem Obergeschoss) dürfen der Feuerwiderstand von Decken, tragenden Wänden und Stützen auf feuerhemmend reduziert werden (▶ Bild 162).

Bild 162: *Sofern Beherbergungsstätten nur über zwei oberirdische Geschosse verfügen, müssen Tragwerk und Decken nur feuerhemmend sein. Einer höheren Gefahr der Brandausbreitung steht dabei eine als geringer anzunehmende Anzahl an Nutzern der Beherbergungsstätte gegenüber.*

Bislang haben wir jedoch stets einen Brand in einem Beherbergungsraum betrachtet, der zu allen Seiten an andere Beherbergungsräume bzw. den notwendigen Flur grenzt. In einer solchen Lage würden wir schnellstmöglich zu einer Brandbekämpfung und Menschenrettung in den betroffenen Beherbergungsraum vorgehen, um dort möglicherweise noch befindliche Personen zu retten und die Gefahr für die Bewohner der umliegenden Beherbergungsräume zu reduzieren. Anders ist es bei Gasträumen, also beispielsweise Sport- oder Wellnessräumen sowie bei Küchen: Während in den Beherbergungsräumen Menschen schlafen und daher nichts vom Feuer mitbekommen könnten, ist dies in einer Küche oder einem Sportraum eher unwahrscheinlich. Deshalb würde man sich hier nicht zwangsläufig auf eine Menschenrettung im Brandraum einstellen und das Feuer möglicherweise zunächst brennen lassen, um sich auf die Rettung der vom Rauch gefährdeten Personen zu konzentrieren. Die Trennwände zwischen Küchen oder Gasträumen und Beherbergungsräumen müssen demnach mindestens feuerbeständig sein, um in einem solchen Fall eine Brandausbreitung auf benachbarte Beherbergungsräume zu verzögern, bis eine aktive Brandbekämpfung möglich ist (▶ Bild 163).

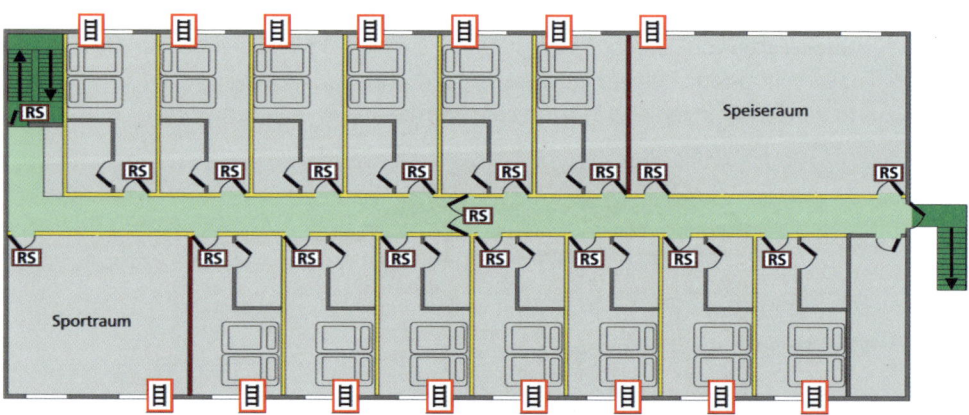

Bild 163: *Gasträume wie z. B. Speise-, Sport- oder Wellnessräume müssen mit feuerbeständigen Trennwänden von den Beherbergungsräumen abgetrennt sein.*

Wenden wir uns nun den taktischen Schlussfolgerungen zu, die wir aus den Regelungen der Muster-Beherbergungsstättenverordnung ziehen können.

9 Taktische Schlussfolgerungen aus der Muster-Beherbergungsstättenverordnung

Wir müssen in diesem Kapitel drei Kategorien von Beherbergungsstätten betrachten und miteinander vergleichen:
1. Beherbergungsstätten, die bis zu 12 Gastbetten haben und daher nicht unter den Regelungsbereich der Muster-Beherbergungsstättenverordnung fallen.
2. Beherbergungsstätten, die bis zu 60 Gastbetten insgesamt haben und für die daher in der Muster-Beherbergungsstättenverordnung weniger strenge Regelungen vorgesehen sind.
3. Beherbergungsstätten, die mehr als 60 Gastbetten insgesamt haben und auf die die Muster-Beherbergungsstättenverordnung vollständig angewandt wird.

Um diese vergleichenden Betrachtungen anzustellen, werden wir uns ein gemeinsames Szenario ansehen, dass wir auf jede der drei Kategorien anwenden. Wir werden dann durchspielen, wie die Einsatzlage sich bis zum Eintreffen der Feuerwehr entwickeln wird und mit welcher Lage sich folglich die ersten Einheiten konfrontiert sehen werden.

9.1 Das Szenario

Anmerkung:
Rauchwarnmelder (d. h. »Heimrauchmelder«) werden von der Muster-Beherbergungsstättenverordnung in Beherbergungsräumen nicht gefordert. Häufig sind trotzdem Rauchwarnmelder (bzw. bei Vorhandensein einer BMA die entsprechenden Rauchmelder) verbaut, da ihre frühzeitige Brandentdeckung für die Gebäudebetreiber eine wirksame Personen- und Sachschadenminimierung im Brandfall darstellt. Wir werden daher für unser Szenario das Vorhandensein von Rauchwarnmeldern annehmen.

Wir befinden uns in einem Beherbergungsraum, der aktuell mit zwei Personen belegt ist. Es ist 02:34 Uhr in der Nacht. Vermutlich aufgrund eines defekten Elektrogerätes kommt es in dem Beherbergungsraum zu einem Feuer. Bevor der Brand durch

9 Taktische Schlussfolgerungen aus Kapitel 8

Rauchwarnmelder (die bei Beherbergungsstätten nicht generell gefordert sind, deren Vorhandensein wir aber hier annehmen) detektiert wird, kann er sich ausreichend ausbreiten, um in der Nähe befindliche Gardinen und anderes Mobiliar in Brand zu stecken. Die beiden anwesenden Personen schlafen weiter, bis der Rauchwarnmelder anschlägt. Die aus dem Schlaf gerissenen und zunächst etwas desorientierten Beherbergungsgäste realisieren die Lage erst nach einigen Sekunden und haben aufgrund der beginnenden Brandausbreitung auf die Gardinen keine Chance mehr, Löschmaßnahmen zu ergreifen. Stattdessen fliehen sie in Panik aus dem Zimmer, allerdings ohne die Zimmertür aktiv hinter sich zuzuziehen (als Folge bleiben nicht-selbstschließende Türen offen stehen, während selbstschließende Türen ins Schloss fallen).

Erst als die beiden von der Krisensituation überrumpelten Übernachtungsgäste das Freie erreicht haben, realisieren Sie, dass sie ja nicht die einzigen Gäste im Gebäude waren. Sie suchen einen Weg, gefahrlos die anderen Übernachtungsgäste warnen zu können – wie dieser Weg aussieht, werden wir für jedes der drei Szenarien separat betrachten.

Wir gehen davon aus, dass jede der Beherbergungsstätten in unserem Szenario ausgebucht ist. Nach erfolgter Warnung vor dem Brand (wie auch immer diese jeweils aussehen mag) wird sich in unserem Szenario ein Drittel der Übernachtungsgäste weder an den Fenstern bemerkbar machen noch sich nach erfolgreicher Selbstrettung vor dem Gebäude einfinden: Von ihnen wird es kein Lebenszeichen geben – weil sie zum Zeitpunkt des Brandes weder im Gebäude waren, noch schlafen oder durch den Brand in Mitleidenschaft gezogen wurden und deshalb zu keiner sichtbaren Reaktion fähig sind.

9.1.1 Szenario 1: Eine Pension mit zwölf Betten, die nicht unter die Muster-Beherbergungsstättenverordnung fällt

Das Gebäude

Bei dem betrachteten Gebäude handelt es sich um einen ehemaligen Bauernhof, der vor vielen Jahren umgebaut und als Pension hergerichtet wurde (▶ Bild 164). Beurteilungsgrundlage für den baulichen Brandschutz war die Musterbauordnung, da die fertige Pension nur über zwölf Betten verfügen wird und daher nicht in den Regelungsbereich der Muster-Beherbergungsstättenverordnung (die für Beherbergungsstätten mit **mehr** als 12 Betten gilt) fällt. Auch wenn das Bestreben da gewesen wäre, die Bauaufsichtsbehörde darf bei einem solchen Objekt demnach keine

9.1 Das Szenario

strengeren Anforderungen stellen, als sie durch die Musterbauordnung vorgegeben werden.

Bild 164: *Manche idyllisch anmutende Pension verfügt über nicht mehr als 12 Gastbetten und fällt daher nicht unter die Regelungen der Muster-Beherbergungsstättenverordnung. Damit können diese Gebäude im Einsatzfall besonders kritische Objekte sein.*

Die Innenaufteilung des 1. Obergeschosses der Pension ist in ▶ Bild 165 zu sehen. Unsere fiktive Bauernhof-Pension hat im Erdgeschoss keine »Beherbergungsräume« (der Begriff wurde in Anführungszeichen gesetzt, da die Muster-Beherbergungsstättenverordnung ja nicht angewandt wird). Hier sind der Speiseraum, die Küche, ein Wäschelager und die Wohnräume der Betreiber untergebracht.

Im Obergeschoss befinden sich die Zimmer der Übernachtungsgäste: Über eine steile Holztreppe kommt man zunächst auf einen Flur, von dem die Zimmer abzweigen. Dabei handelt es sich nicht um einen notwendigen Flur, da dieser in den Gebäuden der Gebäudeklasse 1 (wie es hier vorliegt) nicht erforderlich ist. Insgesamt verfügt die Pension über acht Zimmer, davon vier Doppelzimmer und vier Einzelzimmer. Jedes der Zimmer verfügt über ein Fenster, das prinzipiell mit tragbaren Leitern erreichbar wäre. Allerdings ist das Aufstellen von tragbaren Leitern an den Fenstern aufgrund der Bodenbeschaffenheit und der Gartenanlage alles andere als eine einfache Angelegenheit. Als anleiterbare Stelle ist nur das Fenster in Zimmer 4 vorgesehen, dies ist aber weder von außen noch aus Plänen erkennbar (da es für dieses Objekt keine Feuerwehrpläne gibt).

9 Taktische Schlussfolgerungen aus Kapitel 8

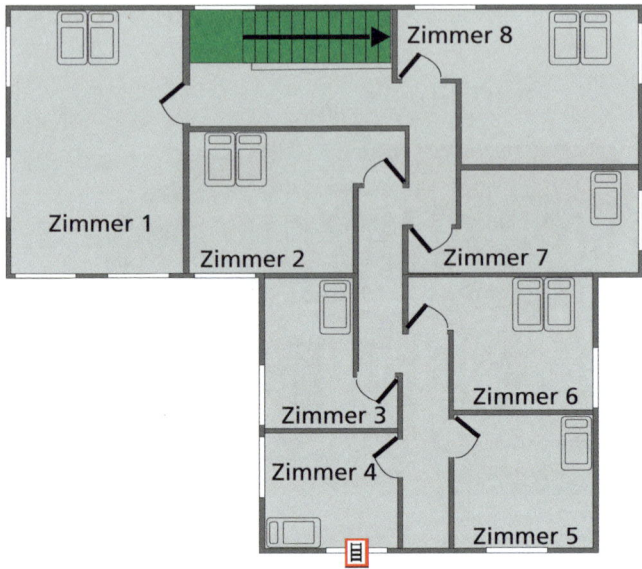

Bild 165: *Ein Beispiel für den Geschossgrundriss eines solchen Beherbergungsbetriebs. Da nicht selten die Gebäude ursprünglich für andere Nutzungen geplant wurden, führen nachträgliche Anpassungen der Raumaufteilungen zu verwinkelten Fluren und Räumen. Dies kann die Rettung von Personen zusätzlich erschweren.*

Der urige Charme der kleinen Pension ist natürlich nicht nur durch ihre überschaubare Größe gegeben, sondern auch durch die Inneneinrichtung im rustikalen Bauernhofstil, die hier nicht abgebildet werden kann. Die Türen beispielsweise sind aus massiver Eiche geschreinert und lassen in den knorrigen Türrahmen hier und da kleinere Spalte. Im rustikalen Ambiente der Bauernhofpension ist das authentisch, für die Rauchdichtigkeit allerdings nicht zuträglich. Folglich sind die Türen nicht wirklich dichtschließend.

Die konkrete Lage
Es brennt im Zimmer 1 der Bauernhofpension. Wie im Szenario vorhergehend beschrieben, sind die beiden Beherbergungsgäste des Zimmers erst auf den Brand aufmerksam geworden als eigenständige Löschmaßnahmen nicht mehr möglich waren. Sie fliehen aus dem Zimmer, ohne die Zimmertür aktiv hinter sich zu schließen. Da diese Tür aber keine Rauchschutztür sein muss, wie sie in der Muster-Beherbergungsstättenverordnung für Beherbergungsräume gefordert wird, ist sie nicht selbstschließend und bleibt folglich offen stehen. Die Folge ist eine massive Rauchausbreitung aus Zimmer 1 auf den Flur, der in der Folge schnell verraucht.

Dies wirkt sich in direkter Weise auch auf die am notwendigen Flur angeschlossenen Zimmer der Übernachtungsgäste aus: Da die Türen, im Gegensatz zu nach der Muster-Beherbergungsstättenverordnung geplanten Gebäuden, keine Rauchschutz-

9.1 Das Szenario

türen sein müssen, muss mit einer vergleichsweise schnelleren Rauchausbreitung auf die Zimmer gerechnet werden (▶ Bild 166). Sofern sich also noch Menschen in den dortigen Zimmern aufhalten, ist die Wahrscheinlichkeit höher, dass diese über z. B. die tragbaren Leitern der Feuerwehr in Sicherheit gebracht werden müssen.

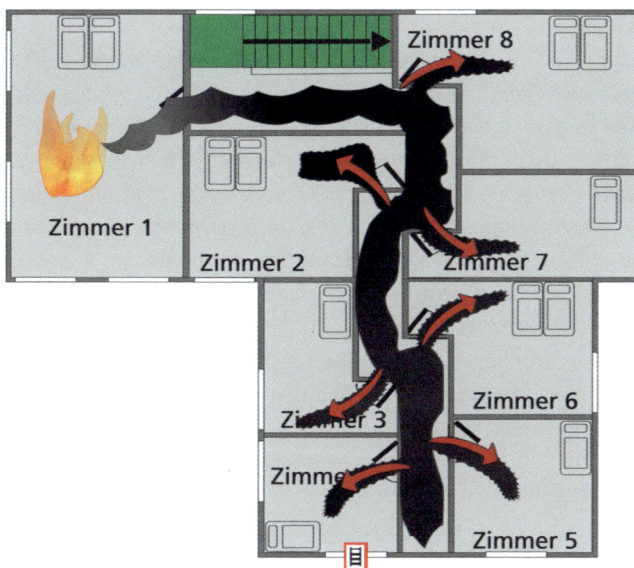

Bild 166: *Da an die Türen zwischen den Zimmern der Gäste und dem Flur geringe Anforderungen gestellt werden, kann sich der Brandrauch ungehindert auf den Flur ausbreiten, sofern die Tür zum Brandraum nicht aktiv geschlossen wurde.*

Allerdings betrifft die Verrauchung der Zimmer natürlich nur die Gäste, die sich nicht bereits ins Freie in Sicherheit gebracht haben. Da in unserem angenommenen Szenario der Verbleib von einem Drittel der Pensionsgäste, also vier Personen, unklar ist, stehen acht Personen vor dem Gebäude. Diese Personen wurden entweder durch die ausgelösten Rauchwarnmelder oder durch die Warnung der beiden Übernachtungsgäste aus dem Brandraum geweckt und konnten sich selbstständig ins Freie retten. Je nach Zeitpunkt der Selbstrettung kann die Verrauchung des Rettungsweges möglicherweise zu Rauchgasvergiftungen und somit medizinischem Behandlungsbedarf geführt haben, wodurch sich für die ersteintreffenden Kräfte ein zusätzlicher Einsatzschwerpunkt ergeben könnte.

Wie aber lief die Warnung durch die Übernachtungsgäste aus dem Brandraum ab? Das Haus muss weder über eine Alarmierungseinrichtung noch über eine Brandmeldeanlage verfügen. Um auf den Brand aufmerksam zu werden, bleibt nur noch, dass die bereits im sicheren Freien befindlichen Personen laut rufen. Es hängt von verschiedenen Faktoren ab, ob dies reicht, um noch auf den Zimmern

9 Taktische Schlussfolgerungen aus Kapitel 8

befindliche Übernachtungsgäste zu wecken: Wer alkoholisiert ist, Schlafmittel einnimmt, Gehörschutz gegen schnarchende Mitbewohner trägt oder sich in gut isolierten oder abgelegenen Zimmern befindet, bekommt diese Art der Warnung möglicherweise nicht mit. Gleiches gilt für Menschen mit körperlichen Einschränkungen wie z. B. Schwerhörigkeit. Kurzum: Es kann nicht davon ausgegangen werden, dass alle im Gebäude befindlichen Menschen auf den Brand aufmerksam geworden sind! Die nicht im Freien angetroffenen Personen müssen demnach zwangsläufig als im Gebäude vermisst angesehen werden – in unserem Fall betrifft dies ein Drittel der Übernachtungsgäste, also konkret vier Personen.

Das Spektrum der erforderlichen einsatztaktischen Maßnahmen zur Rettung dieser Personen erstreckt sich von der Menschenrettung im Innenangriff bis zur Vorbereitung der Rettung über tragbare Leitern: Übernachtungsgäste könnten zu einem relativ späten Zeitpunkt durch das Rufen der bereits im Freien befindlichen Gäste oder durch die ausgelösten Rauchwarnmelder auf den Brand aufmerksam geworden sein und noch versucht haben ins Freie zu gelangen, wobei sie auf dem Weg zusammengebrochen sind. Ihre Rettung ist in diesem Fall nur durch eine Menschenrettung im Innenangriff möglich und erlaubt keinen zeitlichen Aufschub. Gleichzeitig kann es aber auch sein, dass sich diese Menschen anders entschieden haben und sich mit Bemerken des Brandes am Fenster bemerkbar machen. In diesem Fall wäre wahrscheinlich eine Rettung über tragbare Leitern eine geeignete Maßnahme zur Rettung. Wie zeitdringlich diese Leiterrettung umgesetzt werden muss, hängt dabei vom Verrauchungsgrad des Zimmers, dem Verhalten der Nutzer und den zur Verfügung stehenden Kräften ab.

Aus dieser Betrachtung ergibt sich, dass ein kräftemäßig ausreichend stark aufgestellter Innenangriff zur Menschenrettung bereits in der Ersteinsatzphase notwendig wird. Bei vier vermissten Personen ist mit mindestens zwei, eher mehr Atemschutztrupps zu rechnen, die möglichst schnell im 1. Obergeschoss zur Menschenrettung eingesetzt werden müssen. Zusätzlich sollten ebenfalls möglichst schnell Kräfte eingeplant werden, die von außen eine Rettung über tragbare Leitern durchführen können. Für die Ersteinsatzphase ist dies, ggf. gepaart mit möglichen Rauchgasvergiftungen von bereits im Freien befindlichen Personen, eine herausfordernde Lage! Und die Situation kann sich noch zusätzlich verschärfen durch eine geringe Kräfteverfügbarkeit oder einen geringen Anteil an einsetzbaren Atemschutzgeräteträgern in der ersteintreffenden Einheit.

Die Planung der einsatztaktischen Maßnahmen wird weiterhin dadurch erschwert, dass die Führungskraft nicht über einen Feuerwehrplan verfügen kann. Denn für nach Musterbauordnung genehmigte Beherbergungsbetriebe mit bis zu zwölf Betten ist die Erstellung eines Feuerwehrplans nicht vorgesehen. Der Führungs-

9.1 Das Szenario

kraft ist die Anzahl und räumliche Anordnung der Zimmer für die Beherbergungsgäste daher nicht bekannt – zumal er aus der örtlichen Feuerwehr kommend mit hoher Wahrscheinlichkeit selbst nie Übernachtungsgast dieser Pension war. Warum sollte man schließlich in einer Pension übernachten, wenn man im gleichen Ort ein Haus oder eine Wohnung hat?! Die Führungskraft hat durch den Geschossplan, den wir in ▶ Bild 167 sehen, daher eher nur eine diffuse Ahnung, wie das Gebäude strukturiert sein könnte:

Bild 167: *Aufgrund des fehlenden Feuerwehrplans kannst Du Dir kein konkretes Bild über die Anzahl und Anordnung der Zimmer in der Pension machen. Die Einsatzplanung wird aufgrund dieses diffusen Lagebilds sehr erschwert.*

Wie viele Trupps der Einsatzleiter in der Ersteinsatzphase nach der rechte-Hand-Regel und der linke-Hand-Regel absuchen lässt, muss also ohne fundierte Grundlage (Feuerwehrplan) getroffen werden. Es wird sich erst im Nachhinein erweisen, ob mit der linke-Hand-Regel oder der rechte-Hand-Regel eine schnellere Personenrettung möglich gewesen wäre.

Zusätzlich muss die Führungskraft mit einer frühzeitigen Ausbreitung des Brandes auf andere Zimmer rechnen, da anders als bei der Muster-Beherbergungsstättenverordnung die Zimmer der Übernachtungsgäste nicht durch feuerhemmende Wände voneinander getrennt sein müssen. In diesem besonderen Fall, d. h. einem alten Bauernhof, der mit hohen Holz- und Fachwerkanteilen errichtet wurde, kann die Brandausbreitung zudem nochmal extremer sein und die Einsatzkräfte vor zusätzliche Herausforderungen stellen (▶ Bild 168). Mit den ohnehin in der Ersteinsatzphase knappen Personalkapazitäten muss also zusätzlich auch die Brandbekämpfung mitabgedeckt werden.

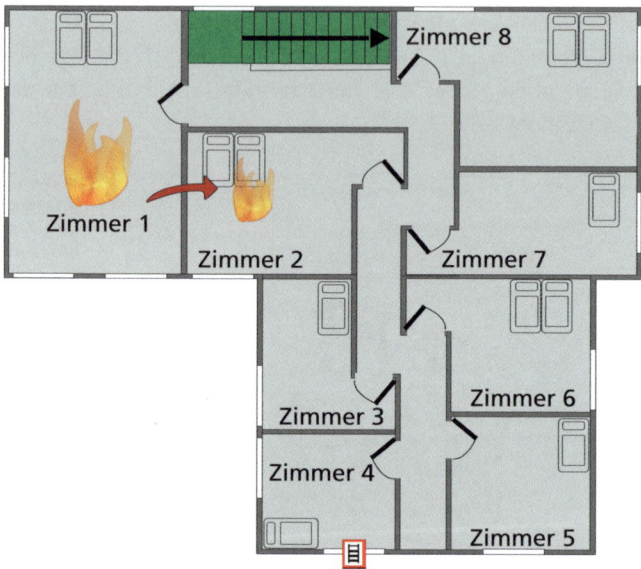

Bild 168: *Da die betrachtete Pension nicht nach der Muster-Beherbergungsstättenverordnung geplant wurde, kann auch kein Feuerwiderstand für die Trennwände zwischen den Zimmern der Übernachtungsgäste vorausgesetzt werden. Je nach Bauart und verwendeten Baumaterialien kann demnach eine schnelle Brandausbreitung den Einsatz zusätzlich verkomplizieren.*

Wir lassen alle diese Ausführungen zu Beherbergungsstätten mit maximal zwölf Gastbetten so stehen und betrachten zunächst die anderen beiden Kategorien, d. h. Beherbergungsstätten mit bis zu 60 Gastbetten und Beherbergungsstätten mit mehr als 60 Gastbetten, bevor wir zum abschließenden Vergleich kommen.

9.1.2 Szenario 2: Ein Hotel mit bis zu 60 Gastbetten

Das Gebäude
Beim betrachteten Objekt handelt es sich um ein typisches Hotel mittlerer Größe, wie man es in vielen Innenstädten findet. Als ein Gebäude der Gebäudeklasse 4 (▶ Bild 169) schmiegt es sich perfekt ins Stadtbild der vielen Mehrfamilienhäuser in den Straßenzügen ein. Unser Hotel hat drei Obergeschosse, die über einen auf der linken Gebäudeseite verlaufenden notwendigen Treppenraum erreicht werden können. Während im Erdgeschoss (bzw. Hochparterre) die Galerieräume wie z. B. Speiseraum und Hotelbar sowie die Rezeption und die Küche untergebracht sind, bestehen die Obergeschosse ausschließlich aus Beherbergungsräumen.

9.1 Das Szenario

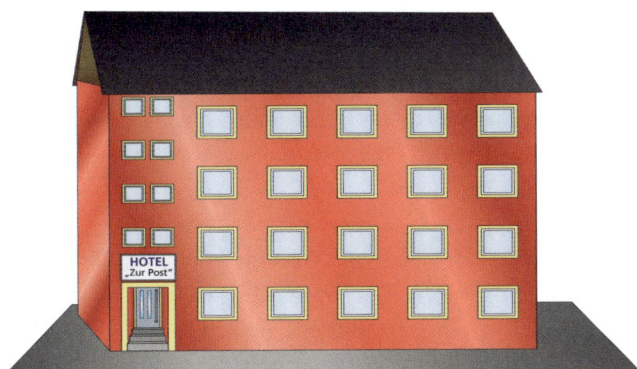

Bild 169: *Wir betrachten ein Hotel, bei dem im Erdgeschoss bzw. Hochparterre die Gasträume, die Küche und die Rezeption untergebracht sind, während in den drei Obergeschossen ausschließlich Beherbergungsräume zu finden sind.*

Die Geschosse mit den Beherbergungsräumen sind geradlinig und übersichtlich aufgeteilt: In jedem Geschoss gibt es elf Beherbergungsräume, die größtenteils als Doppelzimmer ausgeführt sind. Im 1. Obergeschoss gibt es sechs Einzelzimmer, sodass die Gesamtzahl der Beherbergungsbetten bei genau 60 liegt (zwei Geschosse mit je elf Doppelzimmern plus ein Geschoss mit fünf Doppelzimmern und sechs Einzelzimmern). Da in keinem Geschoss mehr als 30 Beherbergungsbetten vorhanden sind, sind die Leitern der Feuerwehr als zweiter Rettungsweg zugelassen. Demnach verfügt jeder Beherbergungsraum über eine anleiterbare Stelle (▶ Bild 170).

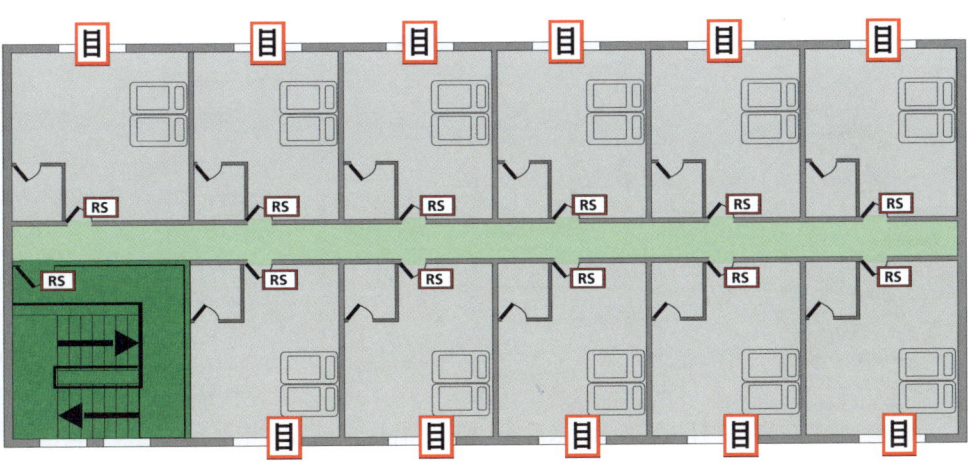

Bild 170: *Geschossplan für das 2. Obergeschoss des abgebildeten Hotels. Hier sind elf Beherbergungsräume zu finden, die alle als Doppelzimmer ausgeführt sind. Jeder Beherbergungsraum verfügt über zwei voneinander unabhängige Rettungswege, von denen eine als anleiterbare Stelle ausgeführt ist.*

9 Taktische Schlussfolgerungen aus Kapitel 8

Die Türen aller Beherbergungsräume sind als Rauchschutztüren ausgeführt, die sich selbsttätig schließen. Zudem sind die Beherbergungsräume mit feuerhemmenden Wänden voneinander getrennt. Feuerwehrpläne werden von der Muster-Beherbergungsstättenverordnung für diese Größenordnung von Übernachtungsbetrieben nicht gefordert.

Die konkrete Lage

Wir gehen wieder davon aus, dass es in einem Beherbergungsraum brennt und die Bewohner erst durch den ausgelösten Rauchwarnmelder auf den Brand aufmerksam werden. Wie zuvor sind sie nicht mehr in der Lage wirksame Löschmaßnahmen zu ergreifen, da der Brand sich schnell ausbreitet. Die beiden Übernachtungsgäste des betroffenen Beherbergungsraumes begeben sich daher auf dem schnellsten Weg ins Freie, vergessen aber wieder die Tür hinter sich aktiv zu schließen. Da es sich jedoch um eine Rauchschutztür handelt, schließt sich diese selbsttätig und verhindert somit für die erste Zeit eine Verrauchung des notwendigen Flurs. Der erste Rettungsweg für alle anderen Nutzer der Beherbergungsräume bleibt somit in den ersten Minuten gefahrlos nutzbar. Von den, bei Eintreffen der ersten Kräfte, vor dem Gebäude aufgefundenen Personen klagt, außer den beiden Übernachtungsgästen aus dem brennenden Beherbergungsraum, folglich niemand über typische Symptome einer Rauchgasvergiftung.

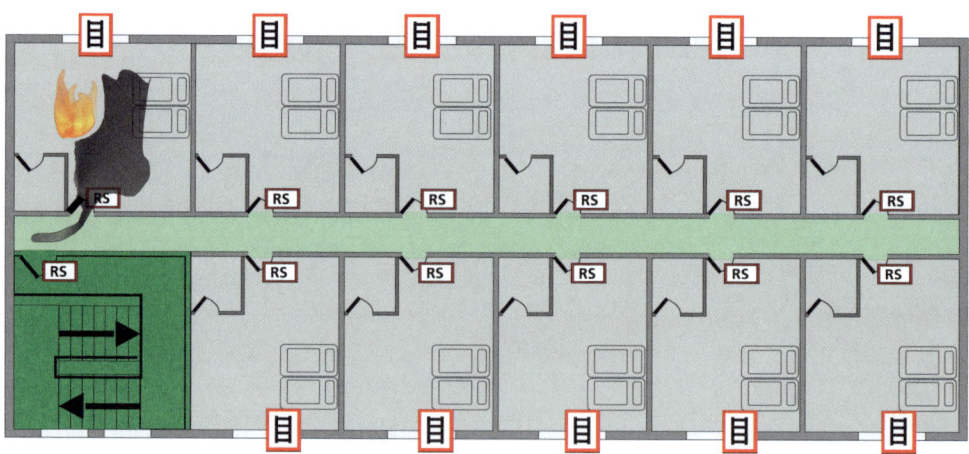

Bild 171: *Da in allen Beherbergungsräumen Rauchschutztüren verbaut sind, die sich selbsttätig schließen, kann der Rauchaustritt aus dem Brandraum in den notwendigen Flur deutlich verringert werden. Der notwendige Flur als erster Rettungsweg bleibt daher besonders in den ersten Minuten gefahrlos nutzbar.*

9.1 Das Szenario

Wir springen zurück zu dem Zeitpunkt, an dem die beiden Übernachtungsgäste vor dem Gebäude angekommen sind. Sie stellen (wie in der vorherigen Lage) fest, dass sich ja noch andere Menschen im Hotel befinden, die durch den Brand gefährdet werden könnten. Da die Verrauchung im notwendigen Treppenraum gar nicht wahrnehmbar ist, beschließen sie, sich wieder ins Gebäude zu begeben und von dort die im vom Brand betroffenen Geschoss schlafenden Menschen durch Rufen zu wecken. Dabei stoßen sie im notwendigen Treppenraum auf den Auslöseknopf für die Alarmierungseinrichtung mit der Aufschrift »Hausalarm«, den sie sofort betätigen. In allen Beherbergungsräumen ertönt nun ein kaum zu überhörendes akustisches Signal, das die Übernachtungsgäste veranlasst, sich ins Freie zu begeben (▶ Bild 172). Die Wahrscheinlichkeit, dass Personen mit Gehörschutz, alkoholisierte Übernachtungsgäste oder Menschen unter Einfluss von Schlafmitteln diesen lauten und durchdringenden Warnton überhören, ist nicht auszuschließen, aber eher gering.

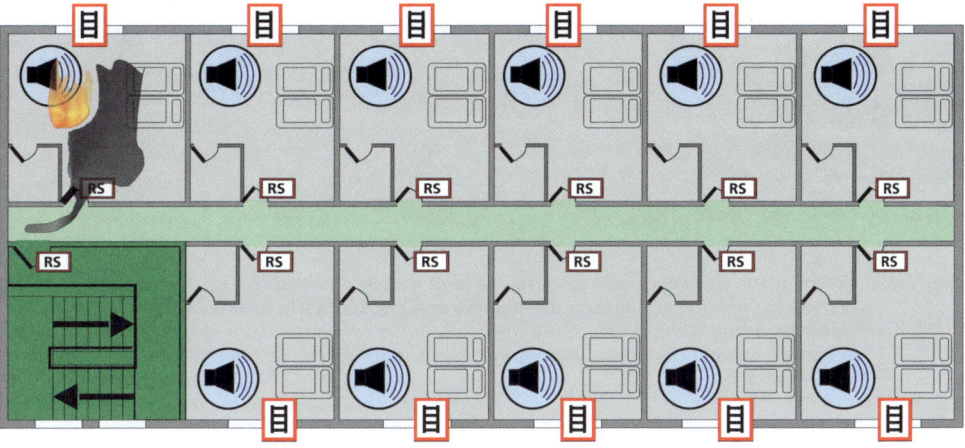

Bild 172: *Die Auslösung der Alarmierungseinrichtung lässt in den Beherbergungs- und Gasträumen einen deutlich wahrnehmbaren Warnton erklingen, sodass sich alle Menschen im Gebäude ins Freie begeben sollten.*

Wir gehen wieder davon aus, dass ein Drittel der Übernachtungsgäste des voll ausgebuchten Hotels sich nicht vor dem Gebäude eingefunden hat. In unserem Fall wären das 20 Nutzer. Unmittelbar gefährdet wären allerdings zunächst nur die Menschen im Geschoss mit dem Brandraum. Von den 22 Übernachtungsgästen aus den elf Doppelzimmern im Brandgeschoss sind sieben nicht auffindbar, sodass auch

9 Taktische Schlussfolgerungen aus Kapitel 8

hier im Zweifel von einer Menschenrettung ausgegangen werden muss. Allerdings ist die potenzielle Gefährdungslage dieser Personen anders einzuschätzen: Da der notwendige Flur nicht bis kaum verraucht ist, ist der erste Rettungsweg nicht abgeschnitten. Selbst wenn der notwendige Flur verraucht wäre, würden die Rauchschutztüren an den Beherbergungsräumen den Raucheintritt in die Zimmer der Gäste deutlich verzögern (▶ Bild 173). Auch im ungünstigsten Fall, d. h. einem aus irgendwelchen Gründen doch verrauchten notwendigen Flur, wäre also vorerst nicht mit einer akuten Lebensgefahr der Nutzer zu rechnen.

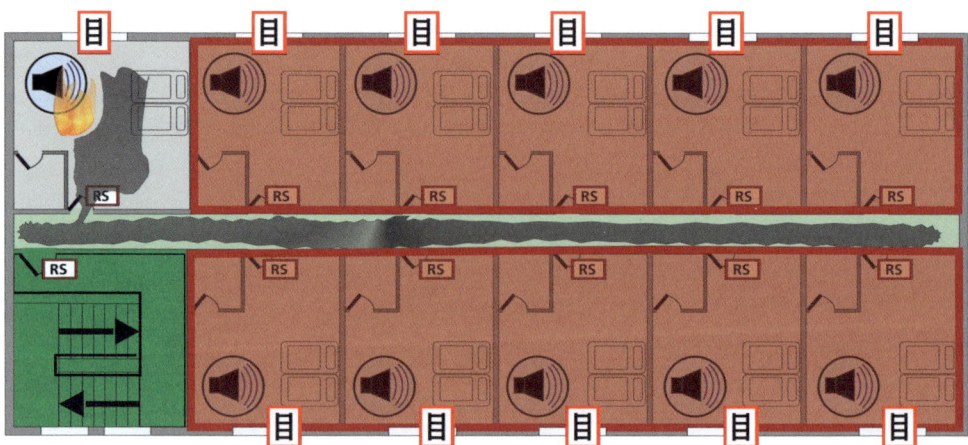

Bild 173: *Selbst wenn das Feuer sich längere Zeit entwickeln und dadurch nach und nach den notwendigen Flur verrauchen würde, würden die Rauchschutztüren an den anderen Beherbergungsräumen den Raucheintritt deutlich begrenzen. Die möglicherweise in den anderen, rot markierten Beherbergungsräumen verbliebenen Menschen sind demnach zunächst sicher.*

Für die Führungskraft bedeutet das, dass sie ihre Prioritäten nicht auf die Menschenrettung legen muss, solange sich im vom Brand betroffenen und den benachbarten Beherbergungsräumen sicher keine Personen mehr befinden. Stattdessen kann sie die Kräfte auf eine schnelle Brandbekämpfung konzentrieren und damit die Ursache für den Rauch eliminieren.

Gleichzeitig verhindert die kleinteilige Zellenbildung mit den feuerhemmenden Trennwänden zwischen den Beherbergungsräumen, dass es zu einer schnellen Brandausbreitung kommt (▶ Bild 174). Es bestehen demnach gute Chancen, das Feuer bereits in einer frühen Einsatzphase unter Kontrolle zu bekommen.

9.1 Das Szenario

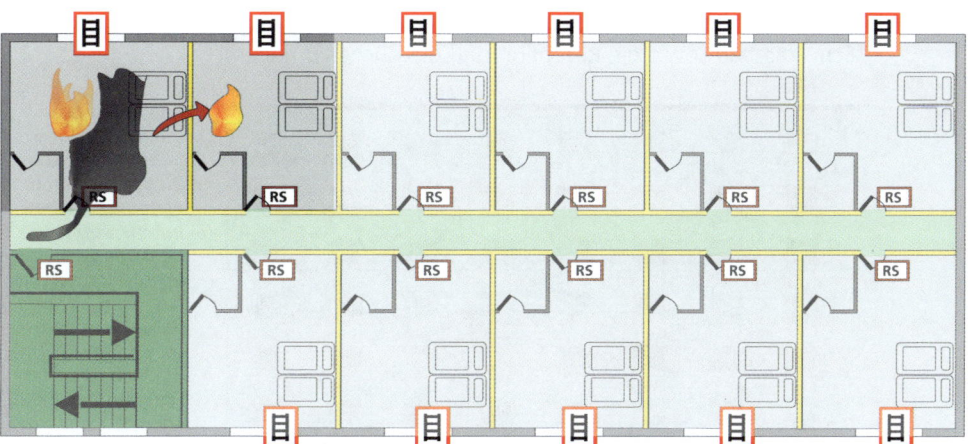

Bild 174: *Durch die kleinteilige Zellenbildung, d. h. durch die feuerhemmenden Trennwände zwischen den Beherbergungsräumen, wird die Wahrscheinlichkeit einer schnellen Brandausbreitung auf die benachbarten Beherbergungsräume deutlich reduziert. Trotzdem sollten die unmittelbar an den Brandraum angrenzenden Beherbergungsräume geräumt werden.*

Insgesamt stellt sich in dieser Einsatzlage der initial vor Ort benötigte Kräftebedarf also deutlich geringer dar als bei der brennenden Pension: Obwohl nun sieben statt nur vier Menschen nicht vor dem Hotel auffindbar sind, hält sich der für die zur Menschenrettung einzukalkulierende Personalansatz in Grenzen. Gleichzeitig sind aufgrund des begrenzten Raucheintrags in den notwendigen Flur sehr wahrscheinlich weniger Hotelgäste von Rauchgasvergiftungen betroffen, sodass die Führungskraft in der Ersteinsatzphase bereits einen Teil der Kräfte auf die Brandbekämpfung konzentrieren kann.

9.1.3 Szenario 3: Ein Hotel mit mehr als 60 Gastbetten

Das Gebäude
Nun betrachten wir ein typisches Hotel gehobenen Standards, wie man es in fast allen größeren Städten findet: Der äußere Eindruck ist ebenso chic und modern wie die Inneneinrichtung. Die Bausubstanz ist erst wenige Jahre alt und die Planungen entsprechen in jeglicher Hinsicht aktuellen Standards. Das Gebäude verfügt über sieben Obergeschosse, die jeweils größtenteils aus Beherbergungsräumen bestehen

9 Taktische Schlussfolgerungen aus Kapitel 8

(▶ Bild 175). Im Erdgeschoss sind die Geräume wie z. B. Speisesaal, Sportraum und Schwimmbad sowie die Rezeption und die Küche zu finden.

Bild 175: *Ein modernes Hotel mit gehobenem Standard, wie man es in vielen deutschen Innenstädten findet. Das Gebäude entspricht in jeglicher Hinsicht den aktuellen Anforderungen, dies gilt auch für die Maßnahmen des baulichen Brandschutzes.*

Das Hotel verfügt über einen rechteckigen Grundriss, der in der Mitte durch einen Innenhof aufgelockert wird. An den Wänden des Innenhofs sind drei notwendige Treppenräume angeordnet, über die die sieben Obergeschosse erreicht werden können. Somit stehen den Beherbergungsgästen drei voneinander unabhängige, bauliche Rettungswege zur Verfügung.

In jedem Geschoss sind zwischen 35 und 45 Beherbergungsräume untergebracht, wobei die Anzahl von Geschoss zu Geschoss aufgrund von anderweitig für den Hotelbetrieb benötigten Räumen (z. B. Wäschelager, Personalumkleiden etc.) schwankt. Die Beherbergungsräume werden durch einen ringförmig verlaufenden und in mehrere Rauchabschnitte unterteilten notwendigen Flur erschlossen (▶ Bild 176).

Das Gebäude ist zudem in zwei Brandabschnitte aufgeteilt, wobei die Brandabschnittstrennung ungefähr mittig durch das Gebäude läuft. Von außen ist die Brandwand nicht zu erkennen, da sie nicht über die Dachhaut hinausragt, sondern unter ihr seitlich auskragt.

9.1 Das Szenario

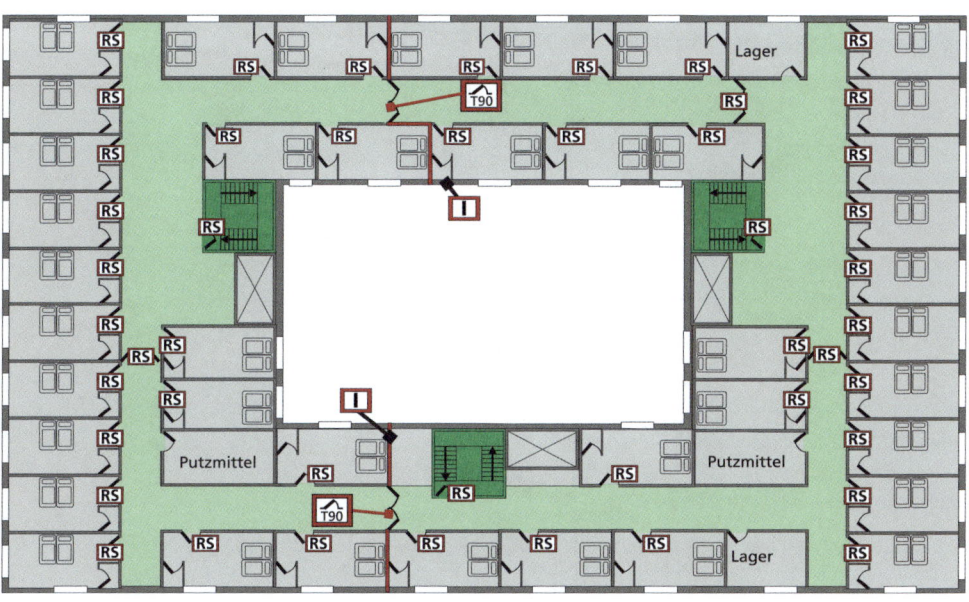

Bild 176: *Geschossplan für das 3. Obergeschoss des Hotels. Das Geschoss weist drei notwendige Treppenräume auf, die allesamt am Innenhof angeordnet sind. Das Gebäude ist in zwei Brandabschnitte aufgeteilt, der notwendige Flur ist in mehrere Rauchabschnitte unterteilt. Im 3. Obergeschoss sind alle 41 Beherbergungsräume als Doppelzimmer ausgeführt.*

Wie von der Muster-Beherbergungsstättenverordnung vorgesehen, ist in diesem Hotel eine Brandmeldeanlage mit automatisch auslösenden Rauchmeldern (▶ Bild 177) installiert. Wir werden allerdings eine kleine Fallunterscheidung einführen: Einmal werden wir die Situation betrachten, dass wirklich nur die notwendigen Flure durch die Rauchmelder der Brandmeldeanlage überwacht sind, wie es von der Muster-Beherbergungsstättenverordnung als Mindestanforderung definiert ist. Da in beiden Szenarien eine Brandmeldeanlage verbaut ist, liegt der Führungskraft neben Feuerwehr-Laufkarten auch ein Feuerwehrplan vor, anhand dessen er seine einsatztaktischen Maßnahmen planen kann.

9 Taktische Schlussfolgerungen aus Kapitel 8

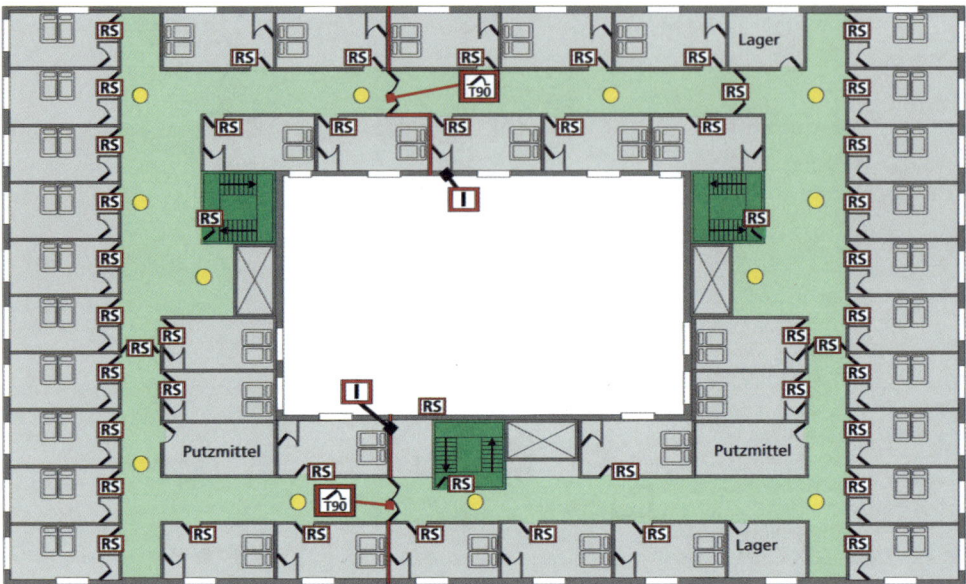

Bild 177: *Wir werden in einem Szenario betrachten, dass gemäß der Mindestanforderung der Muster-Beherbergungsstättenverordnung nur die notwendigen Flure über Rauchmelder überwacht werden.*

Und dann werden wir vergleichend betrachten, wie die Lage verlaufen wäre, wenn sowohl die Beherbergungsräume als auch die notwendigen Flure durch Rauchmelder der Brandmeldeanlage überwacht worden wären (▶ Bild 178).

9.1 Das Szenario

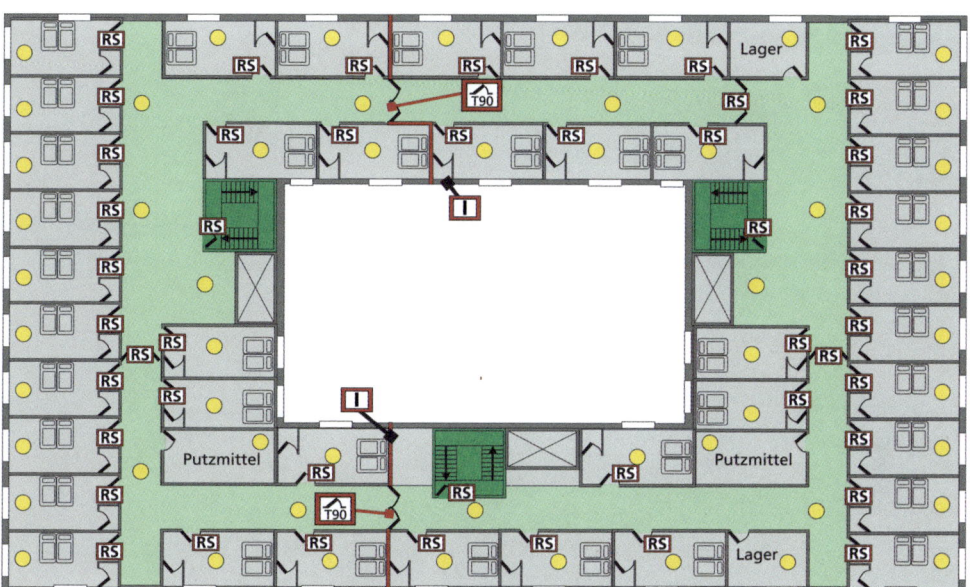

Bild 178: *In einer zweiten Betrachtung werden wir vergleichen, wie die Lage verlaufen wäre, wenn es eine flächendeckende Überwachung durch die Rauchmelder der Brandmeldeanlage gegeben hätte.*

Das Szenario 1 – nur der notwendige Flur ist durch Rauchwarnmelder überwacht

Bisher sind wir in unseren Szenarien immer davon ausgegangen, dass die Übernachtungsgäste im brennenden Beherbergungsraum durch das Auslösen eines Rauchwarnmelders geweckt werden und sich in Sicherheit bringen. Diese Annahme können wir nicht beibehalten, wenn wir für unser fiktives Hotel nur von einer Überwachung der notwendigen Flure durch die Rauchmelder der Brandmeldeanlage ausgehen. Aufgrund der Rauchschutztüren zwischen den Beherbergungsräumen und dem notwendigen Flur ist davon auszugehen, dass nur sehr langsam Rauch aus dem Beherbergungsraum in den notwendigen Flur eindringt (▶ Bild 179). Der überwiegende Teil des Rauches wird sich im Beherbergungsraum stauen und damit mit hoher Wahrscheinlichkeit die dort befindlichen Personen gefährden oder töten, bevor die Rauchkonzentration im notwendigen Flur ausreichend hoch ist, um die Rauchmelder der Brandmeldeanlage auszulösen.

9 Taktische Schlussfolgerungen aus Kapitel 8

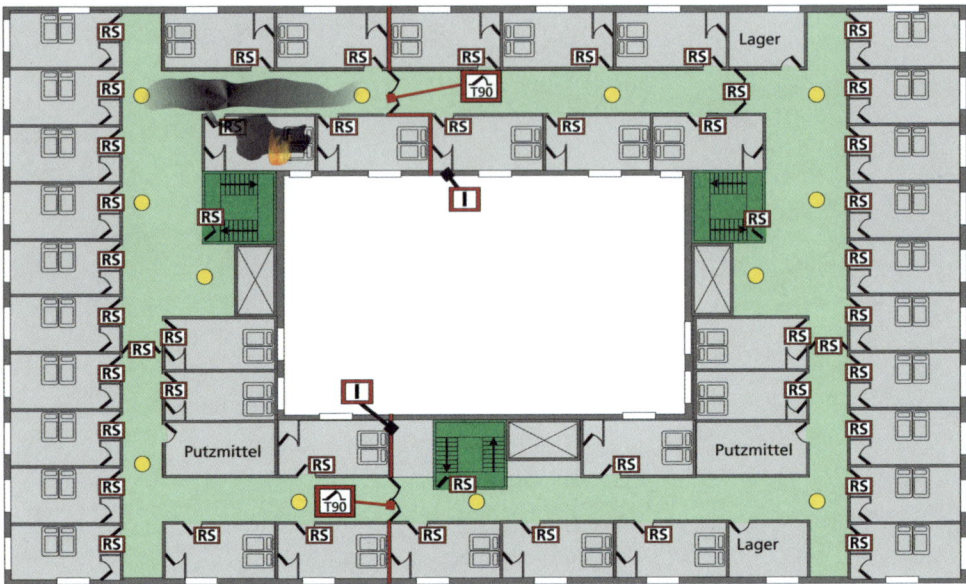

Bild 179: Da die Rauchschutztür zwischen dem brennenden Beherbergungsraum und dem notwendigen Flur den Raucheintrag in den notwendigen Flur deutlich verlangsamt, ist mit einer sehr verzögerten Auslösung der Brandmeldeanlage zu rechnen. Für die Übernachtungsgäste im Beherbergungsraum könnte eine Rettung dadurch möglicherweise zu spät kommen.

Mit Auslösung der Brandmeldeanlage werden nun automatisch alle anderen Menschen im betroffenen Teil des Gebäudes gewarnt und sollten sich folglich ins Freie begeben. Dabei ist davon auszugehen, dass die geringe Verrauchung des notwendigen Flurs, die zur Auslösung der Brandmeldeanlage führte, die Selbstrettung der anderen Hotelgäste nicht beeinträchtigen wird. Dies gilt umso mehr, da mehrere voneinander unabhängige bauliche Rettungswege vorhanden sind, die es den meisten Übernachtungsgästen ermöglichen in Richtung der Rauchausbreitung (also vom Rauch weg) zu flüchten (▶ Bild 180). Wir rechnen demnach nicht mit einer höheren Anzahl von Personen mit Rauchgasvergiftung.

9.1 Das Szenario

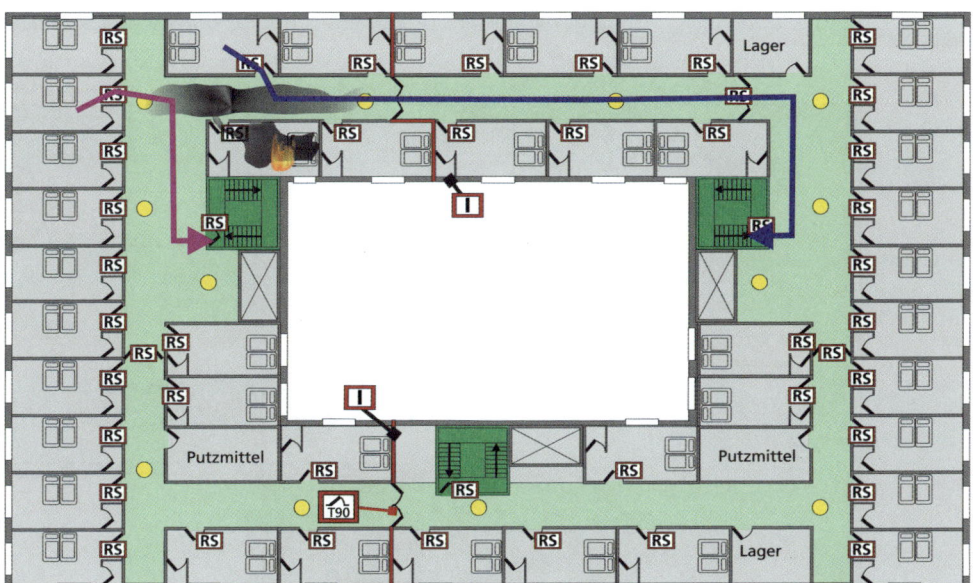

Bild 180: *Das Vorhandensein von mehreren baulichen Rettungswegen gibt den Menschen im Gebäude die Wahl, den Rettungsweg zu nehmen, der weniger vom Rauch betroffen ist. Das Risiko von Rauchgasvergiftungen wird für die Gebäudenutzer damit geringer.*

Wenn wir als Feuerwehr vor Ort eintreffen, dürften also sehr viele Personen bereits vor dem Gebäude warten. Bei voller Belegung des Hotels sind es wahrscheinlich sogar so viele Menschen, dass wir gar nicht in kurzer Zeit durchzählen können, um abzugleichen, wie viele Menschen noch vermisst werden. Es spielt aber auch keine große Rolle, da wir davon ausgehen können, dass alle zur Selbstrettung fähigen Personen das Gebäude selbstständig verlassen haben. Denn es ist unwahrscheinlich, dass selbstrettungsfähige Personen das laute und durchdringende Alarmsignal ignorieren und stattdessen weiterschlafen. Dies gilt auch für Menschen mit beeinträchtigtem Hörsinn, da für Hotels mit mehr als 60 Betten eine Wiedergabe des Alarmsignals der Brandmeldeanlage als optisches und akustisches Signal gefordert wird.

Für die Führungskraft ist also zunächst die Menschenrettung und Brandbekämpfung im brennenden Beherbergungsraum die oberste Priorität. Trotz der Tatsache, dass er wahrscheinlich einen hohen Kräfteansatz für diese beiden Maßnahmen einplant, kann es einen Moment dauern, bis eine wirksame Brandbekämpfung erfolgt. Damit das Feuer sich bis dahin nicht ausbreitet, fordert die Muster-Beherbergungsstättenverordnung mindestens feuerhemmende Trennwände zwischen den Beherbergungsräumen (▶ Bild 181).

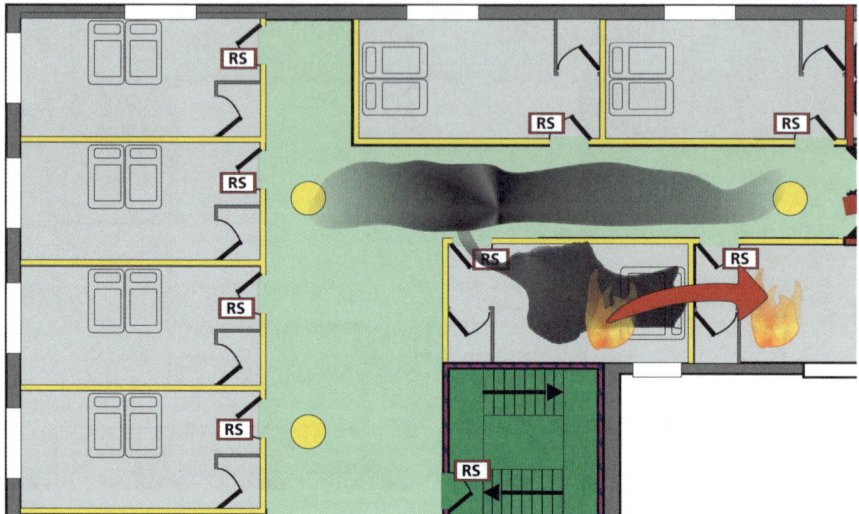

Bild 181: Die Zellenbildung mit feuerhemmenden Wänden zwischen den Beherbergungsräumen kann in der ersten Einsatzphase die Brandausbreitung auf benachbarte Beherbergungsräume mit hoher Wahrscheinlichkeit verhindern. Mit fortschreitender Entwicklung des Brandes ist eine Ausbreitung auf die benachbarten Beherbergungsräume allerdings nicht mehr ausgeschlossen.

Bevor wir bewerten, wie sich die Anbringung von Rauchmeldern ausschließlich in den notwendigen Fluren des Hotels auswirkt, betrachten wir Szenario 2, in dem eine flächendeckende Überwachung durch Rauchmelder gewährleistet wird.

Das Szenario 2 – flächendeckende Überwachung durch Rauchmelder
In diesem Szenario gehen wir davon aus, dass sowohl die notwendigen Flure als auch jeder Beherbergungsraum mit Rauchmeldern ausgestattet sind, die an die Brandmeldeanlage angeschlossen sind. In manchen Bundesländern, wie z. B. Nordrhein-Westfalen oder Baden-Württemberg, entspricht dies der aktuellen Gesetzeslage. Nun gehen wir wieder von einem Feuer in einem Beherbergungsraum aus, der mit zwei schlafenden Personen belegt ist (▶ Bild 182). Der Rauchmelder im Beherbergungsraum löst aus, wodurch sowohl die Personen im Brandraum als auch alle anderen Personen im Gebäude durch die Brandmeldeanlage geweckt werden.

9.1 Das Szenario

Sowohl die Übernachtungsgäste aus dem Brandraum als auch alle anderen Nutzer des Gebäudes begeben sich unverzüglich ins Freie.

Die frühzeitige Auslösung der Brandmeldeanlage führt dazu, dass die Nutzer des Gebäudes bereits bei einer verhältnismäßig geringen Verrauchung des Brandraumes gewarnt werden. Wenn die Rauchgaskonzentration im Brandraum gerade erst die Auslöseschwelle der Rauchmelder erreicht hat, kann man davon ausgehen, dass die Rauchschutztür zwischen dem betroffenen Beherbergungsraum und dem notwendigen Flur die Verrauchung des notwendigen Flurs wirkungsvoll verhindert. Abgesehen von den Nutzern des brennenden Beherbergungsraumes ist also nicht davon auszugehen, dass die über den notwendigen Flur flüchtenden Personen mit Brandrauch in Kontakt kommen. Daher ist zwar ggf. mit einer medizinischen Behandlungsbedürftigkeit der Übernachtungsgäste aus dem Brandraum zu rechnen, aber sonst mit keinen weiteren verletzten Personen.

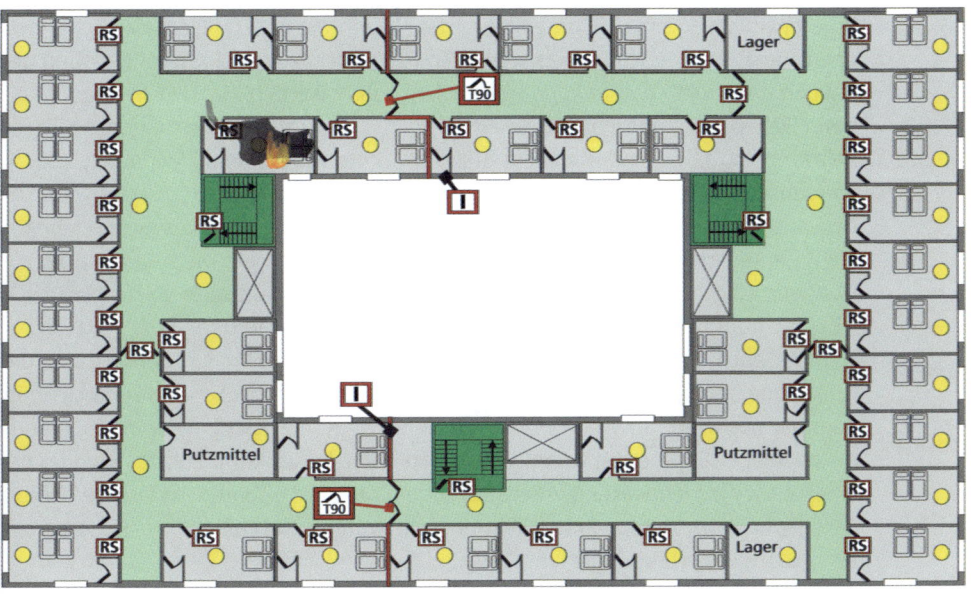

Bild 182: *Im Szenario 2 wird der Brand aufgrund der flächendeckenden Überwachung durch Rauchmelder der Brandmeldeanlage sehr früh entdeckt, sodass sich alle Menschen frühzeitig in Sicherheit bringen können und eine Verrauchung des notwendigen Flurs zu dem Zeitpunkt sehr unwahrscheinlich ist.*

9 Taktische Schlussfolgerungen aus Kapitel 8

Die frühe Brandentdeckung führt zudem zu einer zeitgleichen Alarmierung der Feuerwehr, sodass diese üblicherweise zeitnah nach Brandausbruch an der Einsatzstelle eintrifft. Aus den bereits zuvor erläuterten Gründen kann die Führungskraft davon ausgehen, dass alle zur Selbstrettung fähigen Personen das Gebäude bereits verlassen haben – darunter auch die Personen aus dem Brandraum. Sie kann sich demnach voll auf die Brandbekämpfung konzentrieren.

Diese frühe Brandbekämpfung in Kombination mit der Zellenbildung, d. h. den feuerhemmenden Trennwänden zwischen den Beherbergungsräumen, sorgt dafür, dass eine Brandausbreitung auf andere Beherbergungsräume sehr unwahrscheinlich wird.

Vergleich der beiden Szenarien

Der im Brandfall zu erwartende Personenschaden, insbesondere für die Menschen im Brandraum, kann durch eine flächendeckende Überwachung durch Rauchmelder der Brandmeldeanlage massiv gesenkt werden: Wenn die Rauchmelder der Brandmeldeanlage ausschließlich den notwendigen Flur abdecken, erfolgt die Auslösung der Rauchmelder sehr spät. Es kann nicht sichergestellt werden, dass die im Brandraum befindlichen Personen bei der sie umgebenden Rauchgaskonzentration noch zur Selbstrettung fähig sind – was im Brandfall akute Lebensgefahr bedeutet. Zudem werden die anderen im Geschoss befindlichen Personen einer gewissen Rauchgaskonzentration im notwendigen Flur ausgesetzt, auch wenn diese wahrscheinlich nicht als kritisch oder gar lebensbedrohlich zu betrachten ist. Die flächendeckende Überwachung durch Rauchmelder der Brandmeldeanlage ist also vor allem für die Übernachtungsgäste des Brandraumes eine Lebensversicherung.

Aber auch der für den Hotelier zu erwartende Brandschaden dürfte durch die frühzeitige Auslösung der Brandmeldeanlage mit flächendeckender Überwachung geringer ausfallen, als wenn nur die Rettungswege mit Rauchmeldern der Brandmeldeanlage ausgestattet wären. Schließlich ist die Entdeckungszeit des Brandes bei einer nicht flächendeckend überwachenden Anlage verspätet, sodass der Brand Gelegenheit hat, sich zu entwickeln und die Wahrscheinlichkeit einer Ausbreitung auf andere Beherbergungsräume steigt.

9.2 Fazit

Intuitiv denkt man gerne: »Je mehr Nutzer ein Gebäude hat, desto gefährlicher wird es für diese Menschen im Falle eines Brandes«. Für Beherbergungsstätten gilt diese Annahme nicht, da die Muster-Beherbergungsstättenverordnung mit steigender

9.2 Fazit

Nutzerzahl auch höhere Anforderungen an den baulichen und technischen Brandschutz stellt.

Besonders deutlich wurde dies bei der Betrachtung eines Brandes in einer kleinen Pension mit zwölf Betten, die nicht in den Regelungsbereich der Muster-Beherbergungsstättenverordnung fällt und daher gemäß der Musterbauordnung geplant und genehmigt wird: Dass bei Entdeckung eines Brandes alle anderen Nutzer der Beherbergungsstätte schnell gewarnt und zum Verlassen des Gebäudes aufgefordert werden können, ist bei einem solchen Objekt nicht sichergestellt. Zudem werden keine baulichen oder technischen Maßnahmen getroffen, die die Ausbreitung von Feuer und Rauch (Brandausbreitung) möglichst lange auf den betroffenen Brandraum begrenzen. Die Folge ist, dass viele Gebäudenutzer erst dann von einem Brand erfahren, wenn die Rettungswege hinter ihnen verraucht sind. Sie können dann nur auf ihren Zimmern bleiben, die sich aufgrund der fehlenden Rauchschutztür zum notwendigen Flur nach und nach mit Rauch füllen werden.

Für die Führungskraft bedeutet dieses Szenario, dass er die wenigen ihm in der Ersteinsatzphase zur Verfügung stehenden Kräfte massiv auf die Menschenrettung konzentrieren muss. Und dabei sollte beachtet werden, dass sich solche kleinen Pensionen auch häufig in kleinen Dörfern befinden, in denen die Feuerwehr beileibe nicht die gleiche Schlagkraft hat wie in großen Städten! Die Anzahl der verfügbaren Einsatzkräfte, insbesondere der Atemschutzgeräteträger, ist in ländlich geprägten Regionen meist deutlich geringer. Als weitere Erschwernis kommt hinzu, dass bei einem Objekt wie unserer betrachteten, fiktiven Pension keine Feuerwehrpläne zur Verfügung stehen anhand derer die Führungskraft seine einsatztaktischen Maßnahmen planen könnte.

In der Einsatzvorbereitung kannst Du nur wenige der genannten Probleme wirksam beheben: Der Gesetzgeber nimmt diese Risiken für Beherbergungsstätten von bis zu zwölf Betten in Kauf und daran kannst Du nichts ändern. Du kannst einzig versuchen, einen Überblick über die Gasthöfe und Pensionen in Deinem Einsatzbereich zu bekommen, damit Du im Einsatzfall grundsätzliche Informationen hast, mit wie vielen Nutzern zu rechnen ist und wie das Gebäude aufgeteilt ist. Hier sind Ortskenntnis und vielleicht sogar ein skizzenhaft angefertigter Plan des Grundrisses ein echter Trumpf (▶ Bild 183). Zudem kann die örtliche Feuerwehr ein Alarmstichwort für Brände in kleinen Beherbergungsstätten einrichten lassen, das mit einer umfangreichen Einsatzmittelkette hinterlegt ist, um frühestmöglich einen ausreichenden Personalansatz heranzuführen.

9 Taktische Schlussfolgerungen aus Kapitel 8

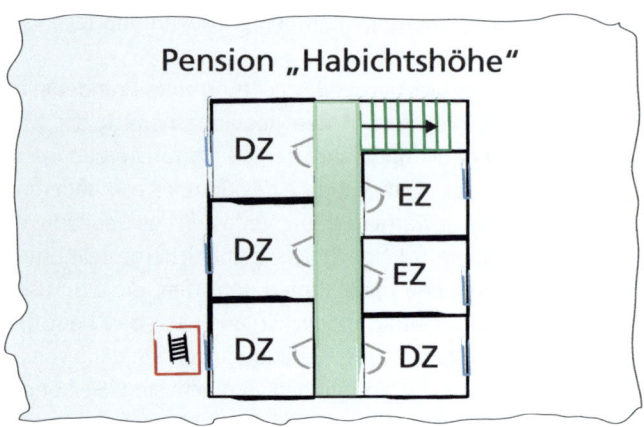

Bild 183: *Wenn die baulichen und technischen Brandschutzmaßnahmen schon nicht dem entsprechen, was wir uns als Feuerwehr wünschen würden, sollten wir wenigstens grundlegende Objektkenntnis haben. Ein einfacher, ggf. sogar skizzenhaft angefertigter Plan kann für die Planung der einsatztaktischen Maßnahmen schon sehr hilfreich sein.*

Eine schon deutlich andere Lage ergab sich bei unserem fiktiven Hotel mit nicht mehr als 60 Gastbetten: Obwohl hier wesentlich mehr Menschen im Gebäude bzw. im Brandgeschoss anwesend waren als im Falle der Pension, ist doch von einer weniger großen Gefährdung dieser Personen auszugehen. Die Regelungen der Muster-Beherbergungsstättenverordnung sorgen dafür, dass die Rauchausbreitung wirksam verlangsamt wird, sodass der notwendige Flur weitestgehend rauchfrei bleibt. Der Rettungsweg für die anderen im Geschoss anwesenden Personen bleibt damit gefahrlos passierbar. Zudem können alle Gebäudenutzer gleichzeitig über die Alarmierungsanlage gewarnt und zum Verlassen des Gebäudes aufgefordert werden. In Kombination mit in jedem Beherbergungsraum installierten Rauchmeldern, ergibt sich ein Sicherheitskonzept, das fast lückenlos ist und gut funktioniert. Die Führungskraft kann sich demnach auf die Brandbekämpfung konzentrieren – und etwas provokant könnte man behaupten, dass der dafür benötigte Kräfteansatz sich kaum von einem normalen Wohnungsbrand unterscheidet.

Ebenso sieht es bei den Hotels mit mehr als 60 Gastbetten aus: Das Sicherheitskonzept ist auch hier darauf ausgelegt, die notwendigen Flure rauchfrei zu halten und damit die Selbstrettung der Menschen im Gebäude zu gewährleisten. Brände in großen Hotels geraten daher in der Regel nicht zu dramatischen Großeinsätzen, bei denen viele Löschzüge eingesetzt werden müssen, sondern lassen sich mit verhält-

9.2 Fazit

nismäßig geringem Kräfteansatz beherrschen. Allerdings gibt es ein wichtiges Detail zu beachten: Bei Hotels mit mehr als 60 Gastbetten werden automatische Rauchmelder einer Brandmeldeanlage von der Muster-Beherbergungsstättenverordnung gefordert – aber nur auf den notwendigen Fluren. Das kann zu einer verzögerten Brandentdeckung führen, die die Menschen im Brandraum das Leben kosten kann. Daher haben einige Bundesländer in ihren Sonderbauvorschriften für Beherbergungsstätten die Vorgaben verschärft und setzen automatische Rauchmelder einer Brandmeldeanlage in jedem Aufenthaltsraum für eine genehmigungsfähige Beherbergungsstätte voraus. Um einen Eindruck zu bekommen, mit welchen Regelungen Du in Deinem Bundesland rechnen kannst, solltest Du einfach mal in die bei Dir gültige Sonderbauvorschrift schauen. Beachte dabei aber bitte, dass möglicherweise keine Pflicht besteht entsprechende Bestandsbauten nachzurüsten!

Fazit/Ausblick

Die Brandtechnik ist nicht etwa [...] eine Sammlung starrer, stetig gleichbleibender Handlungen und Gesichtspunkte, welche in ihrer vorbeugenden Tätigkeit alle Bauausführungen in ein totes Schema einzwängt. Vielmehr ist sie in ihren beiden Zweigen, im Abwehrenden wie im Vorbeugenden, ein lebendiger Baum, der wächst und gedeiht. Der auch, weil er lebt, den Gesetzen der Wandlung unterworfen ist. Stillstand würde auch für die Brandtechnik Rückschritt bedeuten. (Reddemann 1908, III)

Wie Branddirektor Dr. jur. Bernhard Reddemann treffend formulierte, ist das Bauwesen einem stetigen Wandel unterworfen. Gerade die Herausforderungen der Gegenwart verlangen eine Anpassung von Gebäuden und Bauweisen, was auch die im Brandfall zu erwartenden Phänomene beeinflusst. Insbesondere der verstärkte Einsatz von Baustoffen aus nachwachsenden Rohstoffen (beispielsweise Holz) kann den Brandverlauf maßgebend verändern und die Feuerwehr vor bislang nicht erwartete Herausforderungen stellen. Wenn sich die baugesetzlichen bzw. bautechnischen Rahmenbedingungen ändern, müssen stets die Möglichkeiten und Grenzen des abwehrenden Brandschutzes im Blick behalten werden.

Hierbei werden die grundsätzlichen bauordnungsrechtlichen Anforderungen, beispielsweise manifestiert in den Schutzzielen der Musterbauordnung, sicherlich Bestand haben. Die Maßnahmen zur Erreichung dieser Ziele können aber durchaus eine Änderung erfahren. Stillstand ist Rückschritt! Diese vielzitierte Feststellung gilt insbesondere für den Brandschutz, der keinen Selbstzweck erfüllt, sondern der Gewährleistung von Grundrechten dient.

Insbesondere der urbane Holzbau ist ein Trend, der es erforderlich macht, die brandschutz-technischen Prinzipien der letzten 150 Jahre zu hinterfragen. Die Feuerwehren sind auf den Brandschutz in Städten und urbanen Siedlungsstrukturen konditioniert, in denen das Tragwerk der Gebäude überwiegend aus nicht brennbaren Baustoffen besteht. Dies führt im Brandfall zu Gewissheiten, die in Zukunft ggf. nicht mehr gelten. Als Beispiel sei genannt, dass Wohnungen in einem konventionell errichteten Mehrfamilienhaus ausbrennen können, ohne dass das Tragwerk schwerwiegend beschädigt wird. Dies kann bei Gebäuden mit brennbaren Tragelementen nicht vorausgesetzt werden. Greift die Feuerwehr nicht ein, ist über kurz oder lang ein Einsturz zu erwarten.

Auch die zunehmende Verbreitung brennbarer Fassaden, beispielsweise im Kontext der energetischen Sanierung bestehender Gebäude oder durch die aufgrund

Fazit/Ausblick

klimatischer Veränderungen gebotene Begrünung von Gebäuden, beeinflusst den Einsatz der Feuerwehr. Die Präzisierung der Schnittstellen zwischen vorbeugendem und abwehrendem Brandschutz, und damit die Gewährleistung eines effizienten Systems, dürfte daher in Zukunft von noch größerer Bedeutung sein als in den vergangenen Jahrzehnten, denn: »Verschiedene Brandschutzmaßnahmen konkurrieren hier nicht nur untereinander, sondern auch mit lebensrettenden Maßnahmen aus anderen Bereichen, z. B. dem Gesundheitswesen, der Verkehrssicherheit oder dem Schutz vor Naturgefahren.« (Fischer et al. 2012, S. 11)

Dieses Buch kann als Auftakt verstanden werden, die unabdingbare Verknüpfung zwischen vorbeugendem und abwehrendem Brandschutz zu stärken. Die Resonanz auf dieses Werk wird zeigen, ob die Verfasser auf dem richtigen Weg sind und eine Ausweitung auf weitere »Gebäude besonderer Art oder Nutzung«, um die bauordnungsrechtlich korrekte Formulierung zu verwenden, einen Sinn ergibt.

Quellen- und Vorschriftenverzeichnis

Quellen

Fischer, K., Kohler, J., Fontana, M., Faber, M. H.: Wirtschaftliche Optimierung im vorbeugenden Brandschutz. ETH Zürich, Zürich, 2012.

Reddemann, B.: Die Fürsorge gegen Feuersgefahr bei Bauausführungen. Ein Handbuch für Architekten, Brandtechniker, Bau- und Verwaltungsbeamte von Dr. Reddemann, Branddirektor der Provinzialhauptstadt Posen. Springer-Verlag GmbH, 1908.

Stude, A., Reichel, M.: Bericht über die am 9., 10. und 11. Februar 1893 in Berlin vorgenommenen Prüfungen feuersicherer Baukonstruktionen. Springer-Verlag GmbH, 1893.

Vorschriften

Musterbauordnung (MBO)
Muster-Verwaltungsvorschrift Technische Baubestimmungen (MVV TB)
Muster-Beherbergungsstättenverordnung (MBeVO)
Muster-Verkaufsstättenverordnung (MVKVO)
Muster-Feuerungsverordnung (MFeuV)
Muster-Versammlungsstättenverordnung (MVStättVO)
Muster-Industriebaurichtlinie (MIndBauRL)
Muster-Holzbaurichtlinie (MHolzBauRL)
Muster-Hochhaus-Richtlinie (MHHR)
Diese Vorschriften sind abrufbar auf der Seite der IS-Argebau unter: https://www.bauministerkonferenz.de/verzeichnis.aspx?id=986&o=7590986, letzter Zugriff am 07.04.2025.